Étienne Bonnot de Condillac

Essai sur l'origine des connaissances humaines

essai

Étienne Bonnot de Condillac

Essai sur l'origine des connaissances humaines

essai

Table de Matières

Avertissement des Éditeurs,
Exécuteurs testamentaires de Mably.

Nous désirions, depuis longtemps, donner une édition complète des ouvrages de Condillac : Mably, son frère, devait lui-même la donner ; sa mort en suspendit l'exécution : il nous a laissé ce soin. Nous remplissons aujourd'hui ce devoir, que l'amitié, l'estime et la reconnaissance nous ont imposé. Nous espérons que la reconnaissance nationale célébrera un jour la mémoire de ces deux grands hommes, qui ont éclairé leur patrie par leurs écrits, et qui l'ont honorée par leurs vertus.

Le public jouirait, depuis plus de dix ans, de cette édition, si divers accidents, que nous croyons inutile de rapporter ici, n'avaient opposé des difficultés que nous n'avons pu faire lever que depuis quelques mois.

Les ouvrages de Condillac sont en grand nombre ; il en a revu, corrigé et augmenté la presque totalité. Ces corrections sont considérables, et les augmentations le sont encore davantage. Les seuls, auxquels il n'ait pas touché, sont celui de l'Origine des Connaissances Humaines et la Logique.

Il a laissé un manuscrit sur la Langue des Calculs, ouvrage élémentaire des plus intéressants, qui manquait à son Cours d'Études : le lecteur en sera convaincu en lisant cette édition.

Condillac avait demandé à Mably un ouvrage sur l'Étude de l'Histoire, pour servir à l'éducation du Prince confié à ses talents, à ses lumières et à ses vertus ; Mably ne refusa pas ce secours à son frère. Nous avons joint cet ouvrage au Cours d'Études.

L'exemplaire sur lequel Condillac a fait ses corrections et ses additions, ainsi que le manuscrit autographe sur la Langue des Calculs, ont été déposés, par les éditeurs, dans la Bibliothèque Nationale.

Nous avons cru faire une chose très avantageuse à la nation française, utile même à toutes les nations civilisées, en donnant cette édition. Quel temps plus favorable pouvions-nous choisir pour cette publication ! La cessation de l'enseignement public et l'espérance de l'établissement de nouveaux collèges la faisaient désirer.

Nous présentons à cette intéressante jeunesse, qui doit être un jour la lumière, le conseil et le guide de la nation, tous les secours dont elle a besoin pour acquérir les connaissances qui doivent tourner à son avantage, à la prospérité et à la gloire de la nation. Nous présentons aux maîtres chargés de l'honorable et pénible emploi de l'instruction publique, la marche qu'ils doivent tenir dans leur ministère. Les maîtres commenceront eux-mêmes à la suivre, pour la faire suivre à leurs élèves.

Nous ne pouvons pas nous dissimuler tous les vices de l'enseignement des anciens collèges. Les collèges de Paris méritent ici une exception bien honorable pour eux : le grand nombre d'hommes célèbres qui y ont été élevés fait leur éloge ; il est bien satisfaisant pour nous de leur rendre cette justice. S'ils n'ont pas fait tous les changements que les lumières qu'ils avaient répandues demandaient, c'est qu'ils n'en ont pas été les maîtres ; ils ont été obligés de se conformer à des usages que le temps avait consacrés.

Condillac n'ignorait pas ces vices quand il a bien voulu se charger, de l'éducation d'un prince. Il a pensé avec raison qu'il fallait prendre une autre route ; l'ancienne était trop couverte d'épines et d'embarras, elle rebutait les élèves ; elle inspirait le dégoût de l'étude, au lieu d'en inspirer l'amour.

Pour marcher avec sûreté sur cette nouvelle route, il lui a fallu étudier l'homme, connaître ses facultés physiques et intellectuelles, et ne rien oublier de tout ce qui a quelque rapport à sa nature. Avec le secours de ces connaissances, il a donné son Cours d'Études, et composé tous ses autres ouvrages. Son génie, esprit simple, qui trouve ce que personne n'avait trouvé avant lui, le véritable génie est toujours tel, nous a démontré que l'homme, dont l'organisation n'est pas vicieuse, peut parvenir à toutes les connaissances que sa nature comporte, et qu'aucune science n'est au-dessus de ses facultés ; mais pour cela ses connaissances doivent être plutôt son ouvrage que celui des maîtres. On ne sait bien que ce qu'on a appris soi-même, et une chose qu'on sait bien conduit à celle qu'on ne sait pas et qu'on veut savoir.

Quand on ne met dans sa mémoire que les connaissances des autres, ces connaissances sont stériles, au lieu qu'elles deviennent fécondes quand nous les acquérons nous-mêmes.

Les maîtres dignes de ce nom savent que la nature est notre premier maître, qui ne nous égare jamais et qui nous conduit toujours sûrement quand nous sommes dociles à ses leçons ; ils savent aussi que les erreurs et les préjugés, qui font le malheur de l'individu et qui font le fléau de la société, ne sont que l'ouvrage de l'homme trop paresseux pour observer et trop vain pour suivre une route commune que la nature a tracée pour tous. Voulez-vous savoir et bien savoir ? Lisez et étudiez Condillac avec toute l'attention dont vous êtes capable, vous serez en état de vous approprier ses idées. Faites comme il a fait : vous avez ses moyens. La nature ne lui avait pas donné d'autres facultés que les vôtres ; il a su les faire valoir, parce qu'il l'a bien voulu ; si vous le voulez, comme lui, vos progrès n'auront t d'autre terme que celui de vos facultés.

Si on voulait descendre jusqu'au premier âge et se rappeler qu'alors nos besoins étaient nos seuls maîtres, on sentirait que, dans un âge plus avancé, ils ne doivent pas cesser de l'être. Nos instituteurs ont étudié ces besoins ; ils les connaissent ; ils se servent des premières connaissances que nous avons acquises par leurs moyens et qui tiennent à celles qu'ils nous font encore acquérir ; ils perfectionnent aussi le langage que les nourrices n'ont fait qu'ébaucher : leur surveillance, leurs lumières et leur expérience nous sont nécessaires, elles nous épargnent les écarts et les erreurs qui suspendraient le cours de nos succès.

Le don précieux de la parole nous a rendus capables de former une langue régulière ; c'est cette langue qui a succédé aux premiers signes quand nous avons commencé à en bégayer quelques mots. Elle a secondé notre éducation. L'analogie a présidé à sa formation. Nous devons la lui conserver pour la porter à sa plus grande perfection, et pour rendre nos idées avec plus de facilité et de précision ; sans cela nous nous exposerions à prendre les mots pour des choses.

Nous ne parlons que pour faire comprendre ce que nous pensons. Combien de fois nous parlons sans nous entendre nous-mêmes, et par conséquent sans être entendus ! Cela n'arriverait pas si nous avions soin de n'employer que les mots propres qui rendent parfaitement nos idées.

La langue vulgaire est celle que nous devons cultiver la première, puisqu'elle est la première que nous parlons ; il est de la plus grande importance que nous la sachions bien.

Rien n'était plus commun dans les anciens collèges que de trouver des écoliers qui faisaient souvent autant de fautes dans leurs versions françaises que dans leurs compositions latines. On s'y occupait plus de leur faire éviter les fautes latines que les fautes françaises. Tous ceux qui y ont été élevés conviendront de cette vérité ; ils conviendront encore qu'après en être sortis, ils ont été obligés, pour s'épargner la honte de mal parler, d'étudier leur propre langue.

Quant à la langue latine, qu'ils savaient très mal, ils l'oubliaient tout-à-fait, s'ils n'en faisaient pas une étude particulière et s'ils ne se familiarisaient longtemps avec elle.

Il serait à souhaiter que l'exemple du père de Montaigne fût suivi, non pour commencer à faire apprendre le latin à un enfant, la langue vulgaire doit précéder toute autre langue, mais pour le placer dans un établissement où l'on ne parlerait que le latin, et là *sans art, sans livres, sans grammaire ou précepte, sans fouet et sans larmes, j'avais appris le latin*, dit Montagne ; *j'avais appris*, ajoute-t-il, *du latin tout aussi pur que mon maître d'école le savait ; car je ne pouvais l'avoir mêlé ni altéré* [1]. Si nous avions cet établissement où tous ceux qui seraient employés à enseigner le latin sauraient bien cette langue et ne parleraient qu'elle, les élèves, dans deux ans, la parleraient avec la même facilité et la même élégance que leurs maîtres ; au lieu que, dans nos anciens collèges, les écoliers, après dix ans d'enseignement, étaient quelquefois embarrassés pour l'explication d'un passage latin ; et s'ils voulaient lire avec quelque peu de facilité les auteurs latins, ils étaient obligés d'en faire une nouvelle étude.

La cause de cet embarras était l'usage d'enseigner cette langue avec une métaphysique qui dégoûtait et rebutait les élèves. Si on voulait la leur enseigner comme Montaigne l'a apprise, cette méthode satisferait le maître et l'écolier. L'enseignement du grec demanderait le même établissement.

Ces deux langues mortes sont fort utiles, si elles ne sont pas nécessaires, quand on veut parcourir la carrière des lettres. Il n'y a point d'auteur, qui ait eu quelque réputation, qui n'ait su au moins une de ces deux langues : c'est dans ces deux langues que nous avons

---

1 Essais, tome I, chap. 25.

des modèles dans tous les genres. Les Grecs ont été les maîtres des Romains ; les Grecs et les Romains ont été les nôtres : ils le seront toujours, tant que le goût de la belle et de la bonne littérature régnera en France.

Quant aux langues vivantes, que nos relations commerciales et politiques rendent nécessaires, il conviendrait d'avoir un établissement conforme à ceux que nous proposons pour les langues grecque et latine. Des maîtres instruits, qu'on prendrait dans les pays où on les parle, formeraient des élèves qui rempliraient les vues du commerce et du gouvernement.

Les Grecs parcouraient les pays pour acquérir des connaissances : l'Égypte et l'Asie étaient les lieux où ils en trouvaient le plus ; à leur retour ils les répandaient dans leur patrie, avec cette satisfaction que l'amour et la gloire de la patrie inspirent aux grandes âmes.

Nous ne sommes pas obligés d'aller les chercher loin de nous ; nous avons dans notre sein des savants dans tous les genres : nos anciennes académies les possédaient. Il est vrai, qu'à notre grande satisfaction, une partie de leurs membres a été appelée à l'Institut national : les lettres et les sciences les y appellent tous. Cette réunion de talents et de lumières rendra à la France son premier éclat ; elle échauffera le génie naissant ; elle excitera à l'étude, et cette ardente Jeunesse, poussée par une noble émulation, travaillera à se rendre digne un jour d'y occuper une place. Combien de littérateurs et de savants, qui ont acquis une grande célébrité, seraient aujourd'hui dans l'oubli, et n'auraient fait que végéter dans l'ignorance, si les anciennes académies n'avaient pas existé ! Elles ne sont plus : une chose doit adoucir nos regrets. Espérons que l'Institut national deviendra un jour le temple des muses et le centre des arts.

A cet espoir flatteur nous joignons celui de voir les ouvrages de Condillac entre les mains des maîtres chargés de l'éducation de la jeunesse et entre celles de leurs élèves. Cette lecture, faite avec réflexion, assurera la gloire des maîtres et les progrès des élèves. C'est dans cette espérance que nous donnons cette édition. Les pères se féliciteront d'avoir pour l'éducation de leurs enfants des secours qui leur ont manqué.

ARNOUX. MOUSNIER.

Étienne Bonnot de Condillac

Introduction

La science qui contribue le plus à rendre l'esprit lumineux, précis et étendu, et qui, par conséquent, doit le préparer à l'étude de toutes les autres, c'est la métaphysique. Elle est aujourd'hui si négligée en France, que ceci paraîtra sans douta un paradoxe à bien des lecteurs. J'avouerai qu'il a été un temps où j'en aurais porté le même jugement. De tous les philosophes, les métaphysiciens me paraissaient les moins sages : leurs ouvrages ne m'instruisaient point : je ne trouvais presque partout que des fantômes, et je faisais un crime à la métaphysique des égarements de ceux qui la cultivaient. Je voulus dissiper cette illusion et remonter à la cause de tant d'erreurs : ceux qui se sont le plus éloignés de la vérité y me devinrent les plus utiles. A peine eus-je connu les voies peu sûres qu'ils avaient suivies, que je crus apercevoir la route que je de vois prendre. Il me parut qu'on pouvait raisonner en métaphysique et en morale avec autant d'exactitude qu'en géométrie ; se faire, aussi bien que les géomètres, des idées justes ; déterminer, comme eux, le sens des expressions d'une manière précise et invariable ; enfin se prescrire, peut-être mieux qu'ils n'ont fait, un ordre assez simple et assez facile pour arriver à l'évidence. Il faut distinguer deux sortes de métaphysique. L'une, ambitieuse, veut percer tous les mystères ; la nature, l'essence des êtres, les causes les plus cachées, voilà ce qui la flatte et ce qu'elle se promet de découvrir ; l'autre, plus retenue, proportionne ses recherches à la faiblesse de l'esprit humain, et aussi peu inquiète de ce qui doit lui échapper, qu'avide de ce qu'elle peut saisir, elle sait se contenir dans les bornes qui lui sont marquées. La première fait de toute la nature une espèce d'enchantement qui se dissipe comme elle : la seconde, ne cherchant à voir les choses que comme elles sont en effet, est aussi simple que la vérité même. Avec celle-là les erreurs s'accumulent sans nombre, et l'esprit se contente de notions vagues et de mots qui n'ont aucun sens : avec celle-ci on acquiert peu de connaissances ; mais on évite l'erreur : l'esprit devient juste et se forme toujours des idées nettes.

Les philosophes se sont particulièrement exercés sur la première, et n'ont regardé l'autre que comme une partie accessoire qui mérite à peine le nom de métaphysique. Locke est le seul que je crois devoir excepter : il s'est borné à l'étude de l'esprit humain, et a rempli cet objet avec succès. Descartes n'a connu ni l'origine ni la génération de nos idées [1]. C'est à quoi il faut attribuer l'insuffisance de sa méthode ; car nous ne découvrirons point une manière sûre de conduire nos pensées, tant que nous ne saurons pas comment elles se sont formées. Malebranche, de tous les Cartésiens celui qui a le mieux aperçu les causes de nos erreurs, cherche tantôt dans la matière des comparaisons pour expliquer les facultés de l'âme [2] : tantôt il se perd dans un *monde intelligible*, où il s'imagine avoir trouvé la source de nos idées [3]. D'autres créent et anéantissent des êtres, les ajoutent à notre âme, ou les en retranchent à leur gré, et croient, par cette imagination, rendre raison des différentes opérations de notre esprit, et de la manière dont il acquiert ou perd des connaissances [4]. Enfin les Leibniziens font de cette substance un être bien plus parfait : c'est, selon eux, un petit monde, c'est un miroir vivant de l'univers ; et, par la puissance qu'ils lui donnent de représenter tout ce qui existe, ils se flattent d'en expliquer l'essence, la nature et toutes les propriétés. C'est ainsi que chacun se laisse séduire par ses propres systèmes. Nous ne voyons qu'autour de nous, et nous croyons voir tout ce qui est : nous sommes comme des enfants qui s'imaginent qu'au bout d'une plaine ils vont toucher le ciel avec la main. Serait-il donc inutile de lire les philosophes ? Mais qui pourrait se flatter de réussir mieux que tant de génies qui ont fait l'admiration de leur siècle, s'il ne les étudie au moins dans la vue de profiter de leurs fautes ? Il est essentiel pour quiconque veut faire par lui-même des progrès dans la recherche de la vérité, de connaître les méprises de ceux qui ont cru lui en ouvrir la carrière. L'expérience du philosophe, comme celle du pilote, est la connaissance des écueils où les autres ont échoué ; et, sans cette connaissance, il n'est point de boussole qui puisse le guider.

Ce ne serait pas assez de découvrir les erreurs des philosophes, si l'on n'en pénétrait les causes : il faudrait même remonter d'une cause à l'autre, et parvenir jusqu'à la première ; car il y en a une qui doit être la même pour tous ceux qui s'égarent, et qui est comme un

---

1 Je renvoie à sa troisième Méditation. Rien ne me paraît moins philosophique que ce qu'il dit à ce sujet.
2 Recher. de la Vér., l. 1, c. 1.,
3 Recher. de la Vér., l. 3. Voyez aussi ses Entretiens et ses Méditations métaphysiques, avec ses Réponses à M. Arnaud.
4 L'auteur de l'action de Dieu sur les créatures.

Étienne Bonnot de Condillac

point unique où commencent tous les chemins qui mènent à l'erreur. Peut-être qu'alors, à côté de ce point on en verrait un autre où commence l'unique chemin qui conduit à la vérité. Notre premier objet, celui que nous ne devons jamais perdre de vue, c'est l'étude de l'esprit humain, non pour en découvrir la nature, mais pour en connaître les opérations ; observer avec quel art elles se combinent, et comment nous devons les conduire, afin d'acquérir toute l'intelligence dont nous sommes capables. Il faut remonter à l'origine de nos idées, en développer la génération, les suivre jusqu'aux limites que la nature leur a prescrites, par là fixer l'étendue et les bornes de nos connaissances et renouveler tout l'entendement humain.

Ce n'est que par la voie des observations que nous pouvons faire ces recherches avec succès, et nous ne devons aspirer qu'à découvrir une première expérience que personne ne puisse révoquer en doute et qui suffise pour expliquer toutes les autres. Elle doit montrer sensiblement quelle est la source de nos connaissances, quels en sont les matériaux, par quel principe ils sont mis en œuvre, quels instruments on y emploie et quelle est la manière dont il faut s'en servir. J'ai, ce me semble, trouvé la solution de tous ces problèmes dans la liaison des idées, soit avec les signes, soit entre elles : on en pourra juger à mesure, qu'on avancera dans la lecture de cet ouvrage.

On voit que mon dessein est de rappeler à un seul principe tout ce qui concerne l'entendement humain, et que ce principe ne sera ni une proposition vague, ni une maxime abstraite, ni une supposition gratuite ; mais une expérience constante, dont toutes les conséquences seront confirmées par de nouvelles expériences.

Les idées se lient avec les signes, et ce n'est que par ce moyen, comme je le prouverai, qu'elles se lient entre elles. Ainsi, après avoir dit un mot sur les matériaux de nos connaissances, sur la distinction de l'âme et du corps, et sur les sensations, j'ai été obligé, pour développer mon principe, non seulement de suivre les opérations de l'âme dans tous leurs progrès, mais encore de rechercher comment nous avons contracté l'habitude des signes de toute espèce, et quel est l'usage que nous en devons faire.

Dans le dessein de remplir ce double objet, j'ai pris les choses d'aussi haut qu'il m'a été possible. D'un autre côté, je suis remonté à la perception, parce que c'est la première opération qu'on peut remarquer dans l'âme ; et j'ai fait voir comment et dans quel ordre elle produit toutes celles dont nous pouvons acquérir l'exercice. D'un autre côté, j'ai commencé au langage d'action. On verra comment il a produit tous les arts qui sont propres à exprimer nos pensées ; l'art des gestes, la danse, la parole, la déclamation, l'art de noter, celui des pantomimes, la musique, la poésie, l'éloquence, l'écriture et les différents caractères des langues. Cette histoire du langage montrera les circonstances où les signes sont imaginés ; elle en fera connaître le vrai sens, apprendra à en prévenir les abus, et ne laissera, je pense, aucun doute sur l'origine de nos idées.

Enfin, après, avoir développé les progrès des opérations de l'âme et ceux du langage, j'essaie d'indiquer par quels moyens on peut éviter l'erreur, et de montrer l'ordre qu'on doit suivre, soit pour faire des découvertes, soit pour instruire les autres de celles qu'on a faites. Tel est en général le plan de cet essai.

Souvent un philosophe se déclare pour la vérité, sans la connaître. Il voit une opinion qui jusqu'à lui a été abandonnée, et il l'adopte, non parce quelle lui paraît meilleure, mais dans l'espérance de devenir le chef d'une secte. En effet, la nouveauté d'un système a presque toujours été suffisante pour en assurer le succès.

Il se peut que ce soit là le motif qui a engagé les Péripatéticiens à prendre pour principe que toutes nos connaissances viennent des sens. Ils étaient si éloignés de connaître cette vérité, qu'aucun d'eux n'a su la développer, et qu'après plusieurs siècles, c'était encore une découverte à faire.

Bacon est peut-être le premier qui l'ait aperçue. Elle est le fondement d'un ouvrage dans lequel il donne d'excellents conseils pour l'avancement des sciences [1]. Les Cartésiens ont rejeté ce principe avec mépris, parce qu'ils n'en ont jugé que d'après les écrits des Péripatéticiens. Enfin Locke l'a saisi, et il a l'avantage d'être le premier qui l'ait démontré.

Il ne paraît pas cependant que ce philosophe ait jamais fait son principal objet du traité qu'il a laissé sur l'Entendement Humain. Il l'entreprit par occasion, et le continua de même ; et, quoiqu'il

_____

1 Nov. orig. scient.

prévit qu'un ouvrage composé de la sorte, ne pouvait manquer de lui attirer des reproches, il n'eut, comme il le dit, ni le courage, ni le loisir de le refaire [1]. Voilà sur quoi il faut rejeter les longueurs, les répétitions, et le désordre qui y règnent. Locke était très capable de corriger ces défauts, et c'est peut-être ce qui le rend moins excusable. Il a vu, par exemple, que les mots et la manière dont nous nous en servons, peuvent fournir des lumières sur le principe de nos idées [2] : mais parce qu'il s'en est aperçu trop tard [3], il n'a traité que dans son troisième livre une matière, qui devait être l'objet du second. S'il eût pu prendre sur lui de recommencer son ouvrage, on a lieu de conjecturer qu'il eût beaucoup mieux développé les ressorts de l'entendement humain. Pour ne l'avoir pas mit, il a passé trop légèrement sur l'origine de nos connaissances, et c'est la partie qu'il a le moins approfondie. Il suppose, par exemple, qu'aussitôt que l'âme reçoit des idées par les sens, elle peut, à son gré, les répéter, les composer, les unir ensemble avec une variété infinie, et en faire toutes sortes de notions complexes. Mais il est constant que, dans l'enfance, nous avons éprouvé des sensations, longtemps avant d'en savoir tirer des idées. Ainsi, l'âme n'ayant pas, dès le premier instant l'exercice de toutes ses opérations, il était essentiel, pour développer mieux l'origine de nos connaissances, de montrer comment elle acquiert cet exercice, et quel en est le progrès. Il ne paraît pas que Locke y ait pensé, ni que personne lui en ait fait le reproche, ou ait essayé de suppléer à cette partie de son ouvrage. Peut-être même que le dessein d'expliquer la génération des opérations de l'âme, en les faisant naître d'une simple perception, est si nouveau, que le lecteur a bien de la peine à comprendre de quelle manière je l'exécuterai.

Locke, dans le premier livre de son Essai, examine l'opinion des idées innées. Je ne sais s'il ne s'est point trop arrêté à combattre cette erreur : l'ouvrage que je donne la détruira indirectement. Dans quelques endroits du second livre, il traite, mais superficiellement, des opérations de l'âme. Les mots sont l'objet du troisième, et il me paraît le premier qui ait écrit sur cette matière en vrai philosophe.

---

1 Voyez sa Préface.
2 Liv. III, ch. VIII, § 1.
3 J'avoue (dit-il, liv. III, ch. IX, § 21.) que, lorsque je commençai cet ouvrage, et longtemps après, il ne me vint nullement dans l'esprit qu'il fut nécessaire de faire aucune réflexion sur les mots.

Cependant j'ai cru qu'elle devait faire une partie considérable de mon ouvrage, soit parce qu'elle peut encore être envisagée d'une manière neuve et plus étendue, soit parce que je suis convaincu que l'usage des signes est le principe qui développe le germe de toutes nos idées. Au reste, parmi d'excellentes choses que Locke dit dans son second livre sur la génération de plusieurs sortes d'idées, telles que l'espace, la durée, etc. ; et dans son quatrième, qui a pour titre : *de la Connaissance*, il y en a beaucoup que je suis bien éloigné d'approuver ; mais comme elles appartiennent plus particulièrement à l'étendue de nos connaissances, elles n'entrent pas dans mon plan, et il est inutile que je m'y arrête.

PREMIÈRE PARTIE.
Des Matériaux de nos connaissances,
et particulièrement des opérations de l'Ame.

SECTION PREMIÈRE.

CHAPITRE PREMIER.
Des Matériaux de nos connaissances,
et de la distinction de l'Ame et du Corps.

§. 1. SOIT que nous nous élevions, pour parler métaphoriquement, jusques dans les cieux ; soit que nous descendions dans les abîmes, nous ne sortons point de nous-mêmes ; et ce n'est jamais que notre propre pensée que nous apercevons. Quelles que soient nos connaissances, si nous voulons remonter à leur origine, nous arriverons enfin à une première pensée simple, qui a été l'objet d'une seconde, qui l'a été d'une troisième, et ainsi de suite. C'est cet ordre de pensées qu'il faut développer, si nous voulons connaître les idées que nous avons des choses.

§. 2. Il serait inutile de demander quelle est la nature de nos pensées. La première réflexion sur soi-même peut convaincre que nous n'avons aucun moyen pour faire cette recherche. Nous sentons notre pensée ; nous la distinguons parfaitement de tout ce qui n'est point elle ; nous distinguons même toutes nos pensées les unes des autres : c'en est assez. En partant de là, nous partons d'une chose que nous connaissons si clairement, qu'elle ne saurait nous engager dans aucune erreur.

§. 3. Considérons un homme au premier moment de son existence : son âme éprouve d'abord différentes sensations, telle que la lumière, les couleurs, la douleur, le plaisir, le mouvement, le repos : voilà ses premières pensées.

§. 4. Suivons-le dans les moments où il commence à réfléchir sur ce que les sensations occasionnent en lui, et nous le verrons se former des idées des différentes opérations de son âme ; telles qu'apercevoir, imaginer : voilà ses secondes pensées.

Ainsi, selon que les objets extérieurs agissent sur nous, nous recevons différentes idées par les sens, et selon que nous réfléchissons sur les opérations que les sensations occasionnent dans notre âme, nous, acquérons toutes les idées que nous n'aurions pu recevoir des choses extérieures.

§. 5. Les sensations et les opérations de l'âme sont donc les matériaux de toutes nos connaissances : matériaux que la réflexion met en œuvre, en cherchant par des combinaisons, les rapports qu'il renferment. Mais tout le succès dépend des circonstances par où l'on passe. Les plus favorables sont celles qui nous offrent en plus grand nombre des objets propres à exercer notre réflexion. Les grandes circonstances où se trouvent ceux qui sont destinés à gouverner les hommes, sont, par exemple, une occasion de se faire des vues fort étendues ; et celles qui se répètent continuellement dans le grand monde, donnent cette sorte d'esprit, qu'on appelle naturel, parce que n'étant pas le fruit de l'étude, on ne sait pas remarquer les causes qui le produisent. Concluons qu'il n'y a point d'idées qui ne soient acquises : les premières viennent immédiatement des sens ; les autres sont dues à l'expérience, et se multiplient à proportion qu'on est plus capable de réfléchir.

§. 6. Le péché originel a rendu l'âme si dépendante du corps, que bien des philosophes ont confondu ces deux substances. Ils ont cru que la première n'est que ce qu'il y a dans le corps de plus délié, de plus subtil, et de plus capable de mouvement : mais cette opinion est une suite du peu de soin qu'ils ont eu de raisonner d'après des

idées exactes. Je leur demande ce qu'ils entendent par un corps.
S'ils veulent répondre d'une manière précise, ils ne diront pas que
c'est une substance unique ; mais ils le regarderont comme un assemblage, une collection de substances. Si la pensée appartient au
corps, ce sera donc en tant qu'il est assemblage et collection, ou
parce qu'elle est une propriété de chaque substance qui le compose.
Or ces mots *assemblage et collection* ne signifient qu'un rapport ex-
terne entre plusieurs choses, une manière d'exister dépendamment
les unes des autres. Par cette union, nous les regardons comme formant un seul tout, quoique, dans la réalité, elles ne soient pas plus
une que si elles étaient séparées. Ce ne sont là par conséquent, que
des termes abstraits, qui au-dehors, ne supposent pas une substance unique, mais une multitude de substances. Le corps, en tant
qu'assemblage et collection, ne peut donc pas être le sujet de la
pensée. Diviserons-nous la pensée entre toutes les substances dont
il est composé ? D'abord cela ne sera pas possible, quand elle ne
sera qu'une perception unique et indivisible. En second lieu, il faudra encore rejeter cette supposition, quand la pensée sera formée
d'un certain nombre de perceptions. Qu'A, B, C, trois substances
qui entrent dans la composition du corps, se partagent en trois
perceptions différentes ; je demande où s'en fera la comparaison.
Ce ne sera pas dans A, puisqu'il ne saurait comparer une perception qu'il a avec celles qu'il n'a pas. Par la même raison, ce ne sera
ni dans B, ni dans C. Il faudra donc admettre un point de réunion ;
une substance qui soit en même temps un sujet simple et indivisible de ces trois perceptions ; distincte, par conséquent, du corps ;
une âme, en un mot.

§. 7. Je ne sais pas comment Locke [1] a pu avancer qu'il nous sera
peut-être éternellement impossible de connaître si Dieu n'a point
donné à quelque amas de matière, disposée d'une certaine façon,
la puissance de penser. Il ne faut pas s'imaginer que, pour résoudre
cette question, il faille connaître l'essence et la nature de la matière.
Les raisonnements qu'on fonde sur cette ignorance, sont tout-à-
fait frivoles. Il suffit de remarquer que le sujet de la pensée doit
être *un*. Or un amas de matière n'est pas *un* ; c'est une multitude [2].

---

1 L. IV., c. 3.

2 La propriété de marquer le temps, m'a-t-on objecté, est indivisible. On ne peut pas
dire qu'elle se partage entre les roues d'une montre : elle est dans le tout. Pourquoi
donc la propriété de penser ne pourrait-elle pas se trouver dans un tout organisé ? Je

Étienne Bonnot de Condillac

§. 8. L'âme étant distincte et différente du corps, celui-ci ne peut être que cause occasionnelle. D'où il faut conclure que nos sens ne sont qu'occasionnellement la source de nos connaissances. Mais ce qui se fait à l'occasion d'une chose, peut se faire sans elle, parce qu'un effet ne dépend de sa cause occasionnelle que dans une certaine hypothèse. L'âme peut donc absolument, sans le secours des sens, acquérir des connaissances. Avant le péché, elle était dans un système tout différent de celui où elle se trouve aujourd'hui. Exempte d'ignorance et de concupiscence, elle commandait à ses sens, en suspendait l'action, et la modifiait à son gré. Elle avait donc des idées antérieures à l'usage des sens. Mais les choses ont bien changé par sa désobéissance. Dieu lui a ôté tout cet empire : elle est devenue aussi dépendante des sens, que s'ils étaient la cause physique ; de ce qu'ils ne font qu'occasionner ; et il n'y a plus pour elle de connaissances que celles qu'ils lui transmettent. De là l'ignorance et la concupiscence. C'est cet état de l'âme que je me propose d'étudier, le seul qui puisse être l'objet de la philosophie, puisque c'est le seul que l'expérience fait connaître. Ainsi, quand je dirai *que nous n'avons point d'idées qui ne nous viennent des sens*, il faut bien au souvenir que je ne parle que de l'état où nous sommes depuis le péché. Cette proposition appliquée à l'âme dans l'état d'innocence, ou après sa séparation du corps, serait tout-à-fait fausse. Je ne traite pas des connaissances de l'âme dans ces deux derniers états, parce que je ne sais raisonner que d'après l'expérience. D'ailleurs, s'il nous importe beaucoup, comme on n'en saurait douter, de connaître les facultés dont Dieu, malgré le péché de notre premier père, nous a conservé l'usage, il est inutile de vouloir deviner celles qu'il nous a enlevées, et qu'il ne doit nous rendre qu'après cette vie.

Je me borne donc, encore un coup, à l'état présent. Ainsi il ne s'agit pas de considérer l'âme comme indépendante du corps, puisque sa dépendance n'est que trop bien constatée, ni comme unique à un corps dans un système différent de celui où nous sommes. Notre réponds que la propriété de marquer le temps peut, par sa nature, appartenir à un sujet composé ; parce que le temps n'étant qu'une succession, tout ce qui est capable de mouvement peut le mesurer. On m'a encore objecté que l'unité convient à un amas de matière ordonné, quoiqu'on ne puisse pas la lui appliquer, quand la confusion est telle qu'elle empêche de le considérer comme un tout. J'en conviens ; mais j'ajoute qu'alors l'unité ne se prend pas dans la rigueur. Elle se prend pour une unité, composée d'autres unités, par conséquent elle est proprement collection, multitude : or ce n'est pas de cette unité que je prétends parler.

PREMIÈRE PARTIE

unique objet doit être de consulter l'expérience, et de ne raisonner que d'après des faits que personne ne puisse révoquer en doute.

CHAPITRE II.
Des Sensations.

§. 9. C'est une chose bien évidente que les idées qu'on appelle sensations, sont telles que si nous avions été privés des sens, nous n'aurions jamais pu les acquérir. Aussi aucun Philosophe n'a avancé qu'elles fussent innées, c'eût été trop visiblement contredire l'expérience. Mais ils ont prétendu qu'elles ne sont pas des idées, comme si elles n'étaient pas, par elles-mêmes, autant représentatives qu'aucune autre pensée de l'âme. Ils ont donc regardé les sensations comme quelque chose qui ne vient qu'après les idées, et qui les modifie ; erreur qui leur a fait imaginer des systèmes aussi bizarres qu'inintelligibles.

La plus légère attention doit nous faire connaître que, quand nous apercevons de la lumière, des couleurs, de la solidité, ces sensations et autres semblables sont plus que suffisantes pour nous donner toutes les idées qu'on a communément des corps. En est-il en effet quelqu'une qui ne soit pas renfermée dans ces premières perceptions ? N'y trouve-t-on pas les idées d'étendue, de figure, de lieu, de mouvement, de repos, et toutes celles qui dépendent de ces dernières ?

Qu'on rejette donc l'hypothèse des idées innées, et qu'on suppose que Dieu ne nous donne, par exemple, que des perceptions de lumière et de couleur ; ces perceptions ne traceront-elles pas à nos yeux de l'étendue, des lignes et des figures ? Mais, dit-on, on ne peut s'assurer par les sens, si ces choses sont telles qu'elles le paraissent : donc les sens n'en donnent point d'idées. Quelle conséquence ! S'en assure-t-on mieux avec des idées innées ? Qu'importe qu'on puisse, par les sens, connaître avec certitude quelle est la figure d'un corps ? La question est de savoir si, même quand ils nous trompent, ils ne nous donnent pas l'idée d'une figure. J'en vois une que je juge être un pentagone, quoiqu'elle forme, dans un de ses côtés, un angle imperceptible, c'est une erreur. Mais enfin, m'en donne-t-elle moins l'idée d'un pentagone ?

Étienne Bonnot de Condillac

§. 10. Cependant les Cartésiens et les Malebranchistes crient si fort contre les sens, ils répètent si souvent qu'ils ne sont qu'erreur et illusion, que nous les regardons comme un obstacle à acquérir quelques connaissances ; et par zèle pour la vérité, nous voudrions, s'il était possible, en être dépouillés. Ce n'est pas que les reproches de ces philosophes soient absolument sans, fondement. Ils ont relevé, à ce sujet, plusieurs erreurs, avec tant de sagacité, qu'on ne saurait désavouer, sans injustice, les obligations que nous leur avons. Mais n'y aurait-il pas un milieu à prendre ? Ne pourrait-on pas trouver dans nos sens une source de vérités, comme une source d'erreurs, et les distinguer si bien l'une de l'autre, qu'on pût constamment puiser dans la première ? C'est ce qu'il est à propos de rechercher.

§. 11. Il est d'abord bien certain que rien n'est plus clair et plus distinct que notre perception, quand nous éprouvons quelques sensations. Quoi de plus clair que les perceptions de son et de couleur ! Quoi de plus distinct ! Nous est-il jamais arriva de confondre deux de ces choses ? Mais si nous en voulons rechercher la nature, et savoir comment elles se produisent en nous, il ne faut pas dire que nos sens nous trompent, ou qu'ils nous donnent des idées obscures et confuses : la moindre réflexion fait voir qu'ils n'en donnent aucune.

Cependant, quelle que soit la nature de ces perceptions, et de quelque manière qu'elles se produisent, si nous y cherchons l'idée de l'étendue, celle d'une ligne, d'un angle, et de quelques figures, il est certain, que nous l'y trouverons très clairement et très distinctement. Si nous y cherchons encore à quoi nous rapportons cette étendue et ces figures, nous apercevons aussi clairement et aussi distinctement que ce n'est pas à nous, ou à ce qui est en nous le sujet de la pensée, mais à quelque chose hors de nous.

Mais si nous y voulons chercher l'idée de la grandeur absolue de certains corps, ou même celle de leur grandeur relative, et de leur propre figure, nous n'y trouverons que des jugements fort suspects. Selon qu'un objet sera plus près ou plus loin, les apparences de grandeur et de figure sous lesquelles il se présentera, seront tout-à-fait différentes.

Il y a donc trois choses à distinguer dans nos sensations : 1°. La perception que nous éprouvons. 2°. Le rapport que nous en faisons à quelque chose hors de nous. 3°. Le jugement que ce que nous rapportons aux choses leur appartient en effet.

Il n'y a ni erreur, ni obscurité, ni confusion dans ce qui se passe en nous, non plus que dans le rapport que nous en faisons au dehors. Si nous réfléchissons, par exemple, que nous avons les idées d'une certaine grandeur et d'une certaine figure, et que nous les rapportons à tel corps, il n'y a rien là qui ne soit vrai, clair et distinct ; voilà où toutes les vérités ont leur force. Si l'erreur survient, ce n'est qu'autant que nous jugeons que telle grandeur et telle figure appartiennent en effet à tel corps. Si, par exemple, je vois de loin un bâtiment carré, il me paraîtra rond. Y a-t-il donc de l'obscurité et de la confusion dans l'idée de rondeur ; ou dans le rapport que j'en fais ? Non ; mais je jugé ce bâtiment rond ; voilà l'erreur.

Quand je dis donc que toutes nos connaissances viennent des sens, il ne faut pas oublier que ce n'est qu'autant qu'on les tire de ces idées claires et distinctes qu'ils renferment. Pour les jugements qui les accompagnent, ils ne peuvent nous être utiles qu'après qu'une expérience bien réfléchie en a corrigé les défauts.

§. 12. Ce que nous avons dit de l'étendue et des figures s'applique parfaitement bien aux autres idées de sensations, et peut résoudre la question des Cartésiens : savoir si les couleurs, les odeurs, etc. sont dans les objets.

Il n'est pas douteux qu'il ne faille admettre dans les corps des qualités qui occasionnent les impressions qu'ils font sur nos sens. La difficulté qu'on prétend faire, est de savoir si ces qualités sont semblables à ce que nous éprouvons. Sans doute que ce qui nous, embarrasse, c'est qu'apercevant en nous l'idée de l'étendue, et ne voyant aucun inconvénient à supposer dans les corps quelque chose de semblable, on imagine qu'il s'y trouve aussi quelque chose qui ressemble aux perceptions de couleurs, d'odeurs, etc. C'est là un jugement précipité, qui n'est fondé que sur cette comparaison, et dont on n'a en effet aucune idée.

La notion de l'étendue dépouillée de toutes ses difficultés, et prise par le côté le plus clair ; n'est que l'idée de plusieurs êtres qui nous paraissent les uns hors des autres [1]. C'est pourquoi, en supposant

1 Et unis, disent les Leibniziens, mais cela est inutile, quand il s'agit de l'étendue abstraite. Nous ne pouvons nous représenter des êtres séparés, qu'autant que nous en

au-dehors quelque chose de conforme à cette idée, nous nous le représentons toujours d'une manière aussi claire que si nous ne le considérions que dans l'idée même. Il en est tout autrement des couleurs, des odeurs, etc. Tant qu'en réfléchissant sur ces sensations, nous les regardons comme à nous, comme nous étant, propres, nous en avons des idées fort claires. Mais si nous voulons, pour ainsi dire, les détacher de notre être, et en enrichir les objets, nous faisons une chose dont nous n'avons plus d'idée. Nous ne sommes portés à les leur attribuer que parce que d'un côté nous sommes obligés d'y supposer quelque chose qui les occasionne, et que, de l'autre, cette cause nous est tout-à-fait cachée.

§. 13. C'est en vain qu'on aurait recours à des idées ou à des sensations obscures et confuses. Ce langage ne doit point passer parmi des philosophes, qui ne sauraient mettre trop d'exactitude dans leurs expressions. Si vous trouvez qu'un portrait ressemble obscurément et confusément, développez cette pensée, et vous verrez qu'il est, par quelques endroits, conforme à l'original, et que, par d'autres, il ne l'est point. Il en est de même de chacune de nos perceptions ; ce qu'elles renferment, est clair et distinct ; et ce qu'on leur suppose d'obscur et de confus, ne leur appartient en aucune manière. On ne peut pas dire d'elles, comme d'un portrait, qu'elles ne ressemblent qu'en partie. Chacune est si simple que tout ce qui aurait avec elles quelque rapport d'égalité, leur serait égal en tout. C'est pourquoi j'avertis que, dans mon langage, avoir des idées claires et distinctes, ce sera, pour parler plus brièvement, avoir des idées ; et avoir des idées obscures et confuses, ce sera n'en point avoir.

§. 14. Ce qui nous fait croire que nos idées sont susceptibles d'obscurité, c'est que nous ne les distinguons pas assez des expressions en usage. Nous disons, par exemple, que la *neige est blanche* ; et nous faisons mille autres jugements sans penser à ôter l'équivoque des mots. Ainsi parce que nos jugements sont exprimés d'une manière obscure, nous nous imaginons que cette obscurité retombe sur les jugements mêmes, et sur les idées qui les composent : une définition corrigerait tout. La neige est blanche, si l'on entend par *blancheur* la cause physique de notre perception : elle ne l'est pas, si l'on entend par *blancheur* quelque chose de semblable à la per-

---

supposons d'autres qui les séparent ; et la totalité emporte l'idée d'union.

ception même. Ces jugements ne sont donc pas obscurs ; mais ils sont vrais ou faux, selon le sens dans lequel on prend les termes.

Un motif nous engage encore à admettre des idées obscures et confuses ; c'est la démangeaison que nous avons de savoir beaucoup. Il semble que ce soit une ressource pour notre curiosité de connaître au moins obscurément et confusément. C'est pourquoi nous avons quelquefois de la peine à nous apercevoir que nous manquons d'idées [1].

D'autres ont prouvé que les couleurs, les odeurs, etc. ne sont pas dans les objets. Mais il m'a toujours paru que leurs raisonnements ne tendent pas assez à éclairer l'esprit. J'ai pris une route différente, et j'ai cru qu'en ces matières, comme en bien d'autres, il suffisait de développer nos idées, pour déterminer à quel sentiment on doit donner la préférence.

SECTION SECONDE.
L'analyse et la génération des opérations de l'Ame.

ON peut distinguer les opérations de l'âme en deux espèces, selon qu'on les rapporte plus particulièrement à l'entendement ou à la volonté. L'objet de cet essai indique que je me propose de ne les considérer que par le rapport qu'elles ont à l'entendement.

Je ne me bornerai pas à en donner des définitions. Je vais essayer de les envisager sous un point de vue plus lumineux qu'on n'a encore fait. Il s'agit d'en développer les progrès, et de voir comment elles s'engendrent toutes d'une première qui n'est qu'une simple perception. Cette seule recherche est plus utile que toutes les règles des logiciens. En effet, pourrait-on ignorer la manière de conduire les opérations de l'âme, si on en connaissait bien la génération ? Mais toute cette partie de la métaphysique a été jusqu'ici dans un si grand chaos, que j'ai été obligé de me faire, en quelque sorte, un nouveau langage. Il ne m'était pas possible d'allier l'exactitude avec

---

1 Locke admet des idées claires et obscures, distinctes et confuses, vraies ou fausses ; mais les explications qu'il en donne, font voir que nous ne différons que par la manière de nous expliquer. Celle dont je me sers a l'avantage d'être plus nette et plus simple. Par cette raison elle doit avoir la préférence ; car ce n'est qu'à force de simplifier le langage, qu'on en pourra prévenir les abus, tout cet ouvrage en sera la preuve.

Étienne Bonnot de Condillac

des signes aussi mal déterminés qu'ils le sont dans l'usage ordinaire. Je n'en serai cependant que plus facile à entendre pour ceux qui me liront avec attention.

CHAPITRE PREMIER.
De la Perception, de la Conscience, de l'Attention, et de la Réminiscence.

§. 1. LA perception, ou l'impression occasionnée dans l'âme par l'action des sens, est la première opération de l'entendement. L'idée en est telle qu'on ne peut l'acquérir par aucun discours. La seule réflexion sur ce que nous éprouvons, quand nous sommes affectés de quelque sensation, peut la fournir.

§. 2. Les objets agiraient inutilement sur les sens, et l'âme n'en prendrait jamais connaissance, si elle n'en avait pas perception. Ainsi le premier et le moindre degré de connaissance, c'est d'apercevoir.

§. 3. Mais, puisque la perception ne vient qu'à la suite des impressions qui se font sur les sens, il est certain que ce premier degré de connaissance doit avoir plus ou moins d'étendue, selon qu'on est organisé pour recevoir plus ou moins de sensations différentes. Prenez des créatures qui soient privées de la vue, d'autres qui le soient de la vue et de l'ouïe, et ainsi successivement ; vous aurez bientôt des créatures qui, étant privées de tous les sens, ne recevront aucune connaissance. Supposez au contraire, s'il est possible, de nouveaux sens dans des animaux plus parfaits que l'homme. Que de perceptions nouvelles ! Par conséquent, combien de connaissances à leur portée, auxquelles nous ne saurions atteindre, et sur lesquelles nous ne saurions même former de conjectures !

§. 4. Nos recherches sont quelquefois d'autant plus difficiles, que leur objet est plus simple. Quoi de plus facile en apparence que de décider si l'âme prend connaissance de toutes celles qu'elle éprouve ? Faut-il autre chose que de réfléchir sur soi-même ? sans doute que tous les Philosophes l'ont fait : mais quelques-uns préoccupés de leurs principes, ont dû admettre dans l'âme des perceptions dont elle ne prend jamais connaissance [1] ; et d'autres ont

---

1 Les Cartésiens, les Malebranchistes, et les Leibniziens.

dû trouver cette opinion tout-à-fait inintelligible [1]. Je tâcherai de résoudre cette question dans les paragraphes suivants. Il suffit dans celui-ci de remarquer que, de l'aveu de tout le monde, il y a dans l'âme des perceptions qui n'y sont pas à son insu. Or ce sentiment qui lui en donne la connaissance, et qui l'avertit du moins d'une partie de ce qui se passe en elle, je l'appellerai *Conscience*. Si comme le veut Locke, l'âme n'a point de perception dont elle ne prenne connaissance, en sorte qu'il y ait contradiction qu'une perception ne soit pas connue, la perception et la conscience ne doivent être prises que pour une seule et même opération. Si au contraire le sentiment opposé était le véritable, elles seraient deux opérations distinctes ; et ce serait à la conscience et non à la perception ; comme je l'ai supposé, que commencerait proprement notre connaissance.

§. 5. Entre plusieurs perceptions dont nous avons en même temps conscience, il nous arrive souvent d'avoir plus conscience des unes que des autres, ou d'être plus vivement averti de leur existence. Plus même la conscience de quelques-unes augmente, plus celle des autres diminue. Que quelqu'un soit dans un spectacle, où une multitude d'objets paraissent se disputer ses regards, son âme sera assaillie de quantité de perceptions, dont il est constant qu'il prend connaissance ; mais peu-à-peu quelques-unes lui plairont et l'intéresseront davantage : il s'y livrera donc plus volontiers. Dès-là il commencera à être moins affecté par les autres : la conscience en diminuera même insensiblement, jusqu'au point que, quand il reviendra à lui, il ne se souviendra pas d'en avoir pris connaissance. L'illusion qui se fait au théâtre en est la preuve. Il y a des moments où la conscience ne paraît pas se partager entre l'action qui se passe et le reste du spectacle. Il semblerait d'abord que l'illusion devrait être d'autant plus vive, qu'il y aurait moins d'objets capables de distraire. Cependant chacun a pu remarquer qu'on n'est jamais plus porté à se croire le seul témoin d'une scène intéressante, que quand le spectacle est bien rempli. C'est peut-être que le nombre, la variété et la magnificence des objets remuent les sens, échauffent, élèvent l'imagination, et par-là nous rendent plus propres aux impressions que le poète veut faire naître. Peut-être encore que les spectateurs se portent mutuellement, par l'exemple qu'ils se donnent, à fixer

---

1 Locke et ses sectateurs.

Étienne Bonnot de Condillac

la vue sur la scène. Quoi qu'il en soit, cette opération par laquelle notre conscience, par rapport à certaines perceptions, augmente si vivement qu'elles paraissent les seules dont nous ayons pris connaissance, je l'appelle *attention*. Ainsi être attentif à une chose, c'est avoir plus conscience des perceptions qu'elle fait naître, que de celles que d'autres produisent, en agissant comme elle sur nos sens ; et l'attention a été d'autant plus grande, qu'on se souvient moins de ces dernières.

§. 6. Je distingue donc de deux sortes de perceptions parmi celles dont nous avons conscience : les unes dont nous nous souvenons au moins le moment suivant, les autres que nous oublions aussitôt que nous les avons eues. Cette distinction est fondée sur l'expérience que je viens d'apporter. Quelqu'un qui s'est livré à l'illusion se souviendra fort bien de l'impression qu'a fait sur lui une scène vive et touchante, mais il ne se souviendra pas toujours de celle qu'il recevait en même temps du reste du spectacle.

§. 7. On pourrait ici prendre deux sentiments différents du mien. Le premier serait de dire que l'âme n'a point éprouvé, comme je le suppose, les perceptions que je lui fais oublier si promptement ; ce qu'on essaierait d'expliquer par des raisons physiques : il est certain, dirait-on, que l'âme n'a de perceptions qu'autant que l'action des objets sur les sens se communique au cerveau [1].

Or on pourrait supposer les fibres de celui-ci dans une si grande contention par l'impression qu'elles reçoivent de la scène qui cause l'illusion, qu'elles résisteraient à toute autre. D'où l'on conclurait que l'âme n'a eu d'autres perceptions que celles dont elle conserve le souvenir.

Mais il n'est pas vraisemblable que, quand nous donnons notre attention à un objet, toutes les fibres du cerveau soient également agitées, en sorte qu'il n'en reste pas beaucoup d'autres capables de recevoir une impression différente. Il y a donc lieu de présumer qu'il se passe en nous des perceptions dont nous ne nous souvenons pas le moment d'après que nous les avons eues. Ce qui n'est encore qu'une présomption, sera bientôt démontré, même du plus grand nombre.

§. 8. Le second sentiment serait de dire qu'il ne se fait point d'im-

---

1 Ou, si l'on veut, à la partie du cerveau qu'on appelle *sensorium commune*.

pression dans les sens, qui ne se communique au cerveau, et ne produise, par conséquent, une perception dans l'âme. Mais on ajouterait qu'elle est sans conscience, ou que l'âme n'en prend point connaissance. Ici je me déclare pour Locke ; car je n'ai point d'idée d'une pareille perception : j'aimerais autant qu'on dît que j'aperçois sans apercevoir.

§. 9. Je pense donc que nous avons toujours conscience des impressions qui se font dans l'âme, mais quelquefois d'une manière si légère, qu'un moment après nous ne nous en souvenons plus. Quelques exemples mettront ma pensée dans tout son jour.

J'avouerai que pendant un temps il m'a semblé qu'il se passait en nous des perceptions dont nous n'avons pas conscience. Je me fondais sur cette expérience qui paraît assez simple, que nous fermons des milliers de fois les yeux, sans que nous paraissions prendre connaissance que nous sommes dans les ténèbres ; mais en faisant d'autres expériences, je découvris mon erreur. Certaines perceptions que je n'avais pas oubliées, et qui supposaient nécessairement que j'en avais eu d'autres dont je ne me souvenais plus un instant après les avoir eues, me firent changer de sentiment. Entre plusieurs expériences qu'on peut faire, en voici une qui est sensible.

Qu'on réfléchisse sur soi-même au sortir d'une lecture, il semblera qu'on n'a eu conscience que des idées qu'elle a fait naître. Il ne paraîtra pas qu'on en ait eu davantage de la perception de chaque lettre, que de celle des ténèbres, à chaque fois qu'on baissait involontairement la paupière ; mais on ne se laissera pas tromper par cette apparence, si l'on fait réflexion que sans la conscience de la perception des lettres, on n'en aurait point eu de celle des mots, ni, par conséquent, des idées.

§. 10. Cette expérience conduit naturellement à rendre raison d'une chose dont chacun a fait l'épreuve. C'est la vitesse étonnante avec laquelle le temps paraît quelquefois s'être écoulé. Cette apparence vient de ce que nous avons oublié la plus considérable partie des perceptions qui se sont succédées dans notre âme. Locke fait voir que nous ne nous formons une idée de la succession du temps que par la succession de nos pensées. Or des perceptions, au moment qu'elles sont totalement oubliées, sont comme non avenues. Leur succession doit donc être autant de retranché de

Étienne Bonnot de Condillac

celle du temps. Par conséquent, une durée assez considérable, des heures, par exemple, doivent nous paraître avoir passé comme des instants.

§. 11. Cette explication m'exempte d'apporter de nouveaux exemples : elle en fournira suffisamment à ceux qui voudront y réfléchir. Chacun peut remarquer que, parmi les perceptions qu'il a éprouvées pendant un temps qui lui paraît avoir été fort court, il y en a un grand nombre dont sa conduite prouve qu'il a eu conscience, quoiqu'il les ait tout-à-fait oubliées. Cependant tous les exemples n'y sont pas également propres. C'est ce qui me trompa, quand je m'imaginai que je baissais involontairement la paupière, sans prendre connaissance que je fusse dans les ténèbres. Mais il n'est rien de plus raisonnable que d'expliquer un exemple par un autre. Mon erreur provenait de ce que la perception des ténèbres était si prompte, si subite, et la conscience si faible, qu'il ne m'en restait aucun souvenir. En effet, que je donne mon attention au mouvement de mes yeux ; cette même perception deviendra si vive, que je ne douterai plus de l'avoir eue.

§. 12. Non seulement nous oublions ordinairement une partie de nos perceptions, mais quelquefois nous les oublions toutes. Quand nous ne fixons point notre attention, en sorte que nous recevons les perceptions qui se produisent en nous, sans être plus avertis des unes que des autres, la conscience en est si légère, que, si l'on nous retire de cet état, nous ne nous souvenons pas d'en avoir éprouvé. Je suppose qu'on me présente un tableau fort composé, dont à la première vue les parties ne me frappent pas plus vivement les unes que les autres ; et qu'on me l'enlève avant que j'aie eu le temps de le considérer en détail ; il est certain qu'il n'y a aucune de ses parties sensibles qui n'ait produit en moi des perceptions ; mais la conscience en a été si faible, que je ne puis m'en souvenir. Cet oubli ne vient pas de leur peu de durée. Quand on supposerait que j'ai eu pendant longtemps les yeux attachés sur ce tableau, pourvu qu'on ajoute que je n'ai pas rendu tout-à-tour plus vive la conscience des perceptions de chaque partie ; je ne serai pas plus en état, au bout de plusieurs heures, d'en rendre compte, qu'au premier instant Ce qui se trouve vrai des perceptions qu'occasionne ce tableau, doit l'être par la même raison de celles que produisent les objets qui m'environnent. Si, agissant sur les sens avec des forces presque

PREMIÈRE PARTIE

égales, ils produisent en moi des perceptions toutes à-peu-près dans un pareil degré de vivacité ; et si mon âme se laisse aller à leur impression, sans chercher à avoir plus conscience d'une perception que d'une autre, il ne me restera aucun souvenir de ce qui s'est passé en moi. Il me semblera que mon âme a été pendant tout ce temps dans une espèce d'assoupissement où elle n'était occupée d'aucune pensée. Que cet état dure plusieurs heures ou seulement quelques secondes, je n'en saurais remarquer la différence dans la suite des perceptions que j'ai éprouvées, puisqu'elles sont également oubliées dans l'un et l'autre cas. Si même on le faisait durer des jours, des mois ou des années, il arriverait que quand on en sortirait par quelque sensation vive, on ne se rappellerait plusieurs années que comme un moment.

§. 13. Concluons que nous ne pouvons tenir aucun compte du plus grand nombre de nos perceptions, non qu'elles aient été sans conscience, mais parce qu'elles sont oubliées un instant après. Il n'y en a donc point dont l'âme ne prenne connaissance. Ainsi la perception et la conscience ne sont qu'une même opération sous deux noms. En tant qu'on ne la considère que comme une impression dans l'âme, on peut lui conserver celui de perception ; en tant qu'elle avertit l'âme de sa présence, on peut lui donner celui de *conscience*. C'est en ce sens que j'emploierai désormais ces deux mots.

§. 14. Les choses attirent notre attention par le côté où elles ont le plus de rapport avec notre tempérament, nos passions et notre état. Ce sont ces rapports qui font qu'elles nous affectent avec plus de force, et que nous en avons une conscience plus vive. D'où il arrive que, quand ils viennent à changer, nous voyons les objets tout différemment, et nous en portons des jugements tout-à-fait contraires. On est communément si fort la dupe de ces sortes de jugements, que celui qui dans un temps voit et juge d'une manière, et dans un autre voit et juge tout autrement, croit toujours bien voir et bien juger ; penchant qui nous devient si naturel, que, nous faisant toujours considérer les objets par les rapports qu'ils ont à nous, nous ne manquons pas de critiquer la conduite des autres autant que nous approuvons la nôtre. Joignez à cela que l'amour-propre nous persuade aisément que les choses ne sont louables qu'autant qu'elles ont attiré notre attention avec quelque satisfaction de notre part, et vous comprendrez pourquoi ceux même qui ont assez de discernement pour les apprécier, dispensent d'ordinaire si mal leur estime, que tantôt ils la refusent injustement, et tantôt ils la prodiguent.

§. 15. Lorsque les objets attirent notre attention, les perceptions qu'ils occasionnent en nous, se lient avec le sentiment de notre être et avec tout ce qui peut y avoir quelque rapport. De là il arrive que non seulement la conscience nous donne connaissance de nos perceptions, mais encore, si elles se répètent, elle nous avertit souvent que nous les avons déjà eues, et nous les fait connaître comme étant à nous, ou comme affectant, malgré leur variété et leur succession, un être qui est constamment le même *nous*. La conscience, considérée par rapport à ces nouveaux effets, est une nouvelle opération qui nous sert à chaque instant et qui est le fondement de l'expérience. Sans elle chaque moment de la vie nous parait le premier de notre existence, et notre connaissance ne s'étendrait jamais au-delà d'une première perception : je la nommerai *réminiscence*.

Il est évident que si la liaison qui est entre les perceptions que j'éprouve actuellement, celles que j'éprouvai hier, et le sentiment de mon être, était détruite, je ne saurais reconnaître que ce qui m'est arrivé hier, soit arrivé à moi-même. Si, à chaque nuit, cette liaison était interrompue, je commencerais, pour ainsi dire, chaque jour une nouvelle vie, et personne ne pourrait me convaincre que le *moi* d'aujourd'hui fût le *moi* de la veille. La réminiscence est dont produite par la liaison que conserve la suite de nos perceptions. Dans les chapitres suivants, les effets de cette liaison se développeront de plus en plus ; mais si l'on me demande comment elle peut elle-même être formée par l'attention, je réponds que la raison en est uniquement dans la nature de l'âme et du corps. C'est pourquoi je regarde cette liaison comme une première expérience qui doit suffire pour expliquer toutes les autres.

Afin de mieux analyser la réminiscence, il faudrait lui donner deux noms ; l'un, en tant qu'elle nous fait reconnaître notre être ; l'autre, en tant qu'elle nous fait reconnaître les perceptions qui s'y répètent : car ce sont là des idées bien distinctes. Mais la langue ne me fournit pas de terme dont je puisse me servir, et il est peu utile pour mon dessein d'en imaginer. Il suffira d'avoir fait remarquer de quelles idées simples la notion complexe de cette opération est composée.

§. 16. Le progrès des opérations dont je viens de donner l'analyse et d'expliquer la génération, est sensible. D'abord il n'y a dans l'âme qu'une simple perception, qui n'est que l'impression qu'elle reçoit à la présence des objets : de là naissent dans leur ordre les trois autres opérations. Cette impression, considérée comme avertissant l'âme de sa présence, est ce que j'appelle conscience. Si la connaissance qu'on en prend est telle qu'elle paraisse la seule perception dont on ait conscience, c'est attention. Enfin, quand elle se fait connaître comme ayant déjà affecté l'âme, c'est réminiscence. La conscience dit en quelque sorte à l'âme, voilà une perception : l'attention, voilà une perception qui est la seule que vous ayez : la réminiscence, voilà une perception que tous avez déjà eue.

CHAPITRE II.
De l'Imagination, de la Contemplation, et de la Mémoire.

§. 17. LE premier effet de l'attention, l'expérience l'apprend ; c'est de faire subsister dans l'esprit, en l'absence des objets, les perceptions qu'ils ont occasionnées. Elles s'y conservent même ordinairement dans le même ordre qu'elles avoient, quand les objets étaient présents. Par là il se forme entre elles une liaison, d'où plusieurs opérations tirent, ainsi que la réminiscence, leur origine. La première est l'imagination : elle a lieu quand une perception, par la seule force de la liaison que l'attention a mise entre elle et un objet, se retrace à la vue de cet objet. Quelquefois, par exemple, c'est assez d'entendre le nom d'une chose, pour se la représenter comme si on l'avait sous les yeux.

§. 18. Cependant il ne dépend pas de nous de réveiller toujours les perceptions que nous avons éprouvées. Il y a des occasions où tous nos efforts se bornent à en rappeler le nom, quelques-unes des circonstances qui les ont accompagnées, et une idée abstraite de perception : idée que nous pouvons former à chaque instant, parce que nous ne pensons jamais sans avoir conscience de quelque perception qu'il ne tient qu'à nous de généraliser. Qu'on songe, par exemple, à une fleur dont l'odeur est peu familière ; on s'en rappellera le nom, on se souviendra des circonstances où on l'a vue, on s'en représentera le parfum sous l'idée générale d'une perception qui affecte l'odorat ; mais on ne réveillera pas la perception même. Or j'appelle *mémoire*, l'opération qui produit cet effet.

§. 19. Il naît encore une opération de la liaison que l'attention met entre nos idées, c'est la contemplation. Elle consiste à conserver, sans interruption, la perception, le nom ou les circonstances d'un objet qui vient de disparaître. Par son moyen nous pouvons continuer à penser à une chose au moment qu'elle cesse d'être présente. On peut, à son choix, la rapporter à l'imagination ou à la mémoire : à l'imagination, si elle conserve la perception même ; à la mémoire, si elle n'en conserve que le nom ou les circonstances.

§. 20. Il est important de bien distinguer le point qui sépare l'imagination de la mémoire. Chacun en jugera par lui-même, lorsqu'il verra quel jour cette différence, qui est peut-être trop simple pour paraître essentielle, va répandre sur toute la génération des opérations de l'âme. Jusqu'ici, ce que les philosophes ont dit à cette occasion, est si confus, qu'on peut souvent appliquer à la mémoire ce qu'ils disent de l'imagination, et à l'imagination ce qu'ils disent de la mémoire. Locke fait lui-même consister celle-ci en ce que l'âme a la puissance de réveiller les perceptions qu'elle a déjà eues, avec un sentiment qui, dans ce temps-là, la convainc qu'elle les a eues auparavant. Cependant cela n'est point exact, car il est constant qu'on peut fort bien se souvenir d'une perception qu'on n'a pas le pouvoir de réveiller.

Tous les Philosophes sont ici tombés dans l'erreur de Locke. Quelques-uns qui prétendent que chaque perception laisse dans l'âme une image d'elle-même, à-peu-près comme un cachet laisse son empreinte, ne font pas exception : car que serait-ce que l'image d'une perception, qui ne serait pas la perception même ? La méprise, en cette occasion, vient de ce que, faute d'avoir assez considéré la chose, on a pris, pour la perception même de l'objet, quelques circonstances, ou quelque idée générale, qui en effet se réveillent. Afin d'éviter de pareilles méprises, je vais distinguer les différentes perceptions que nous sommes capables d'éprouver, et je les examinerai chacune dans leur ordre.

§. 21. Les idées d'étendue sont celles que nous réveillons le plus aisément, parce que les sensations, d'où nous les tirons, sont telles que, tant que nous veillons, il nous est impossible de nous en séparer. Le goût et l'odorat peuvent n'être point affectés ; nous pouvons n'entendre aucun son et ne voir aucune couleur : mais il n'y a que le sommeil qui puisse nous enlever les perceptions du toucher. Il faut absolument que notre corps porte sur quelque chose, et que ses parties pèsent les unes sur les autres. De là naît une perception qui nous les représente comme distantes et limitées, et qui, par conséquent, emporte l'idée de quelque étendue.

Or, cette idée, nous pouvons la généraliser, en la considérant d'une manière indéterminée, nous pouvons ensuite la modifier, et en tirer, par exemple, l'idée d'une ligne droite ou courbe. Mais nous ne saurions réveiller exactement la perception de la grandeur d'un corps, parce que nous n'avons point là-dessus d'idée absolue qui puisse nous servir de mesure fixe. Dans ces occasions, l'esprit ne se rappelle que les noms de pied, de toise, etc. avec une idée de grandeur d'autant plus vague, que celle qu'il veut se représenter est plus considérable.

Avec le secours de ces premières idées, nous pouvons, en l'absence des objets, nous représenter exactement les figures les plus simples : tels sont des triangles et des carrés. Mais que le nombre des côtés augmente considérablement, nos efforts deviennent superflus. Si je pense à une figure de mille côtés et à une de neuf cent quatre-vingt-dix-neuf, ce n'est pas par des perceptions que je les distingue, ce n'est que par les noms que je leur ai donnés. Il en est de même de toutes les notions complexes. Chacun peut remarquer que, quand il en veut faire usage, il ne s'en retrace que les noms. Pour les idées simples quelles renferment, il ne peut les réveiller que l'une après l'autre, et il faut l'attribuer à une opération différente de la mémoire.

§.22. L'imagination s'aide naturellement de tout ce qui peut lui être de quelque secours. Ce sera par comparaison avec notre propre figure, que nous représenterons celle d'un ami absent ; et nous l'imaginerons grand ou petit, parce que nous en mesurerons en quelque sorte la taille avec la nôtre. Mais l'ordre et la symétrie sont principalement ce qui aide l'imagination parce qu'elle y trouve différents points auxquels elle se fixe, et auxquels elle rapporte le tout. Que je songe à un beau visage, les yeux ou d'autres traits, qui m'auront le plus frappé, s'offriront d'abord ; et ce sera relativement à ces premiers traits que les autres viendront prendre place dans mon imagination. On imagine donc plus aisément une figure, à proportion qu'elle est plus régulière. On pourrait même dire qu'elle est plus facile à voir : car le premier coup-d'œil suffit pour s'en former une idée. Si au contraire elle est fort irrégulière, on n'en viendra à bout qu'après en avoir longtemps considéré les différentes parties.

§. 23. Quand les objets qui occasionnent les sensations de goût, de son, d'odeur, de couleur et de lumière, sont absents, il ne reste point en nous de perception que nous puissions modifier, pour en faire quelque chose de semblable à la couleur, à l'odeur et au goût, par exemple, d'une orange. Il n'y a point non plus d'ordre, de symétrie qui vienne ici au secours de l'imagination. Ces idées ne peuvent donc se réveiller qu'autant qu'on se les est rendues familières. Par cette raison, celles de la lumière et des couleurs doivent se retracer le plus aisément, ensuite celles des sons. Quant aux odeurs et aux saveurs, on ne réveille que celles pour lesquelles on a un goût plus marqué. Il reste donc bien des perceptions dont on peut se souvenir, et dont cependant on ne se rappelle que les noms. Combien de fois même cela n'a-t-il pas lieu par rapport aux plus familières, surtout dans la conversation où l'on se contente souvent de parler des choses sans les imaginer ?

§. 24. On peut observer différents progrès dans l'imagination.

Si nous voulons réveiller une perception qui nous est peu familière, telle que le goût d'un fruit dont nous n'avons mangé qu'une fois ; nos efforts n'aboutiront ordinairement qu'à causer quelque ébranlement dans les fibres du cerveau et de la bouche ; et la perception que nous éprouverons ne ressemblera point au goût de ce fruit. Elle serait la même pour un melon, pour une pêche, ou même pour un fruit dont nous n'aurions jamais goûté. On en peut remarquer autant par rapport aux autres sens.

Quand une perception est familière, les fibres du cerveau, accoutumées à fléchir sous l'action des objets, obéissent plus facilement à nos efforts. Quelquefois même nos idées se retracent sans que nous y ayons part, et se présentent avec tant de vivacité que nous y sommes trompés, et que nous croyons avoir les objets sous les yeux. C'est ce qui arrive aux fous et à tous les hommes, quand ils ont des songes. Ces désordres ne sont vraisemblablement produits que par le grand rapport des mouvements qui sont la cause physique de l'imagination, avec ceux qui font apercevoir les objets présents [1].

§. 25. Il y a entre l'imagination, la mémoire et la réminiscence un progrès qui est la seule chose qui les distingue. La première réveille les perceptions mêmes ; la seconde n'en rappelle que les signes ou les circonstances, et la dernière fait reconnaître celles qu'on a déjà eues. Sur quoi il faut remarquer que la même opération, que j'appelle mémoire par rapport aux perceptions dont elle ne retrace que les signes ou les circonstances, est imagination par rapport aux signes ou aux circonstances qu'elle réveille, puisque ces signes et ces circonstances sont des perceptions. Quant à la contemplation, elle participe de l'imagination ou de la mémoire, selon qu'elle conserve les perceptions même d'un objet absent auquel on continue a penser, ou qu'elle n'en conserve que le nom et les circonstances où on l'a vu. Elle ne diffère de l'une et de l'autre que parce qu'elle ne suppose point d'intervalle entre la présence d'un objet et l'attention qu'on lui donne encore, quand il est absent. Ces différences paraîtront peut-être bien légères, mais elles sont absolument nécessaires. Il en est ici comme dans les nombres, où une fraction négligée, parce qu'elle paraît de peu de conséquence, entraîne infailliblement dans de faux calculs. Il est bien à craindre que ceux qui traitent cette exactitude de subtilité, ne soient pas capables d'apporter dans les sciences toute la justesse nécessaire pour y réussir.

§.26. En remarquant, comme je viens de le faire, la différence qui se trouve entre les perceptions qui ne nous quittent que dans le sommeil, et celles que nous n'éprouvons, quoiqu'éveillés, que par intervalles, on voit aussitôt jusqu'où s'étend le pouvoir que nous avons de les réveiller : on voit pourquoi l'imagination retrace à

---

1 Je suppose ici et ailleurs que les perceptions de l'âme ont pour cause physique l'ébranlement des fibres du cerveau, non que je regarde cette hypothèse comme démontrée, mais parce qu'elle me paraît plus commode pour expliquer ma pensée. Si la chose ne se fait pas de cette manière, elle se fait de quelque autre qui n'en est pas bien différente. Il ne peut y avoir dans le cerveau que du mouvement. Ainsi, qu'on juge que les perceptions sont occasionnées par l'ébranlement des fibres, par la circulation des esprits animaux, ou par toute autre cause, tout cela est égal pour le dessein que j'ai en vue.

Étienne Bonnot de Condillac

notre gré certaines figures peu composées, tandis que nous ne pouvons distinguer les autres que par les noms que la mémoire nous rappelle : on voit pourquoi les perceptions de couleur, de goût, etc., ne sont à nos ordres qu'autant qu'elles nous sont familières, et comment la vivacité avec laquelle les idées se reproduisent est la cause des songes et de la folie ; enfin on aperçoit sensiblement la différence qu'on doit mettre entre l'imagination et la mémoire.

CHAPITRE III.
Comment la liaison des idées, formée par l'attention, engendre l'Imagination, la Contemplation et la Mémoire.

§. 27. ON pourrait, à l'occasion de ce qui a été dit dans le chapitre précèdent, me faire deux questions : la première, pourquoi nous avons le pouvoir de réveiller quelques-unes de nos perceptions ; la seconde, pourquoi, quand ce pouvoir nous manque, nous pouvons souvent nous en rappeler, au moins, les noms ou les circonstances.

Pour répondre d'abord à la seconde question, je dis que nous ne pouvons nous rappeler les noms ou les circonstances, qu'autant qu'ils sont familiers : alors ils rentrent dans la classe des perceptions qui sont à nos ordres, et dont nous allons parler en répondant à la première question, qui demande un plus grand détail.

§.28. La liaison de plusieurs idées ne peut avoir d'autre cause que l'attention que nous leur avons donnée, quand elles se sont présentées ensemble : ainsi les choses n'attirant notre attention que par le rapport qu'elles ont à notre tempérament, à nos passions, à notre état, ou, pour tout dire en un mot, à nos besoins ; c'est une conséquence que la même attention embrasse tout-à-la-fois les idées des besoins et celles des choses qui s'y rapportent, et qu'elle les lie.

§. 29. Tous nos besoins tiennent les uns aux autres, et l'on en pourrait considérer les perceptions comme une suite d'idées fondamentales, auxquelles on rapporterait tout ce qui fait partie de nos connaissances. Au-dessus de chacune s'élèveraient d'autres suites d'idées qui formeraient des espèces de chaînes dont la force serait entièrement dans l'analogie des signes, dans l'ordre des perceptions et dans la liaison que les circonstances, qui réunissent quelquefois les idées les plus disparates auraient formée. A un besoin est liée l'idée de la chose qui est propre à le soulager ; à cette idée est liée celle du lieu où cette chose se rencontre ; à celle-ci celle des personnes qu'on y a vues ; à cette dernière, les idées des plaisirs ou des chagrins qu'on en a reçus, et plusieurs autres. On peut même remarquer qu'à mesure que la chaîne s'étend, elle se subdivise en différents chaînons ; en sorte que, plus on s'éloigne du premier anneau, plus les chaînons s'y multiplient. Une première idée fondamentale est liée à deux, ou trois autres ; chacune de celles-ci à un égal nombre, ou même à un plus grand, et ainsi de suite.

§. 3o. Les différentes chaînes ou chaînons que je suppose au-dessus de chaque idée fondamentale, seraient liés par la suite des idées fondamentales et par quelques anneaux qui seraient vraisemblablement communs à plusieurs ; car les mêmes objets, et par conséquent les mêmes idées, se rapportent souvent à différents besoins. Ainsi de toutes nos connaissances il ne se formerait qu'une seule et même chaîne, dont les chaînons se réuniraient à certains anneaux, pour se séparer à d'autres.

§. 31. Ces suppositions admises, il suffirait, pour se rappeler les idées qu'on s'est rendues familières, de pouvoir donner son attention à quelques-unes de nos idées fondamentales auxquelles elles sont liées. Or cela se peut toujours, puisque, tant que nous veillons, il n'y a point d'instant où notre tempérament, nos passions et notre état n'occasionnent en nous quelques-unes de ces perceptions que j'appelle fondamentales. Nous réussirions donc avec plus ou moins de facilité, à proportion que les idées que nous voudrions nous retracer, tiendraient à un plus grand nombre de besoins et y tiendraient plus immédiatement.

§. 32. Les suppositions que je viens de faire ne sont pas gratuites : j'en appelle à l'expérience, et je suis persuadé que chacun remarquera qu'il ne cherche à se ressouvenir d'une chose [1], que par le rapport qu'elle a aux circonstances ou il se trouve, et qu'il y réussit d'autant plus facilement que les circonstances sont en grand nombre, ou qu'elles ont avec elle une liaison plus immédiate. L'attention que nous donnons à une perception qui nous affecte actuellement, nous en rappelle le signe : celui-ci en rappelle

---

1 Je prends le mot de *ressouvenir* conformément à l'usage ; c'est-à-dire, pour le pouvoir de réveiller les idées d'un objet absent, ou d'en rappeler les signes. Ainsi il se rapporte également à l'imagination et à la mémoire.

Étienne Bonnot de Condillac

d'autres avec lesquels il a quelque rapport : ces derniers réveillent les idées auxquelles ils sont liés : ces idées retracent d'autres signes ou d'autres idées, et ainsi successivement. Deux amis, par exemple, qui ne se sont pas vus depuis longtemps, se rencontrent. L'attention qu'ils donnent à la surprise et à la joie qu'ils ressentent leur fait naître aussitôt le langage qu'ils doivent se tenir. Ils se plaignent de la longue absence où ils ont été l'un de l'autre ; s'entretiennent des plaisirs dont, auparavant, ils jouissaient ensemble, et de tout ce qui leur est arrivé depuis leur séparation. On voit facilement comment toutes ces choses sont liées entre elles et à beaucoup d'autres. Voici encore un exemple.

Je suppose que quelqu'un me fait sur cet ouvrage une difficulté à laquelle je ne sais dans le moment de quelle manière satisfaire ; il est certain que si elle n'est pas solide, elle doit elle-même m'indiquer ma réponse. Je m'applique donc à en considérer toutes les parties, et j'en trouve qui, étant liées avec quelques-unes des idées qui entrent dans la solution que je cherche, ne manquent pas de les réveiller. Celles-ci, par l'étroite liaison qu'elles ont avec les autres, les retracent successivement ; et je vois enfin tout ce que j'ai à répondre.

D'autres exemples se présenteront en quantité à ceux qui voudront remarquer ce qui arrive dans les cercles. Avec quelque rapidité que la conversation change de sujet, celui qui conserve son sang-froid, et qui connaît un peu le caractère de ceux qui parlent, voit toujours par quelle liaison d'idées on passe d'une matière à une autre. Je me crois donc en droit de conclure que le pouvoir de réveiller nos perceptions, leurs noms, ou leurs circonstances, vient uniquement de la liaison que l'attention a mise entre ces choses, et les besoins auxquels elles se rapportent. Détruisez cette liaison, vous détruisez l'imagination et la mémoire.

§. 33. Tous les hommes ne peuvent pas lier leurs idées avec une égale force, ni dans une égale quantité : voilà pourquoi l'imagination et la mémoire ne les servent pas tous également. Cette impuissance vient de la différente conformation des organes, ou peut-être encore de la nature de l'âme ; ainsi les raisons qu'on en pourrait donner sont toutes physiques, et n'appartiennent pas à cet ouvrage. Je remarquerai seulement que les organes ne sont quelquefois peu propres à la liaison des idées, que pour n'avoir pas été assez exercés.

§. 34. Le pouvoir de lier nos idées a ses inconvénients, comme ses avantages. Pour les faire apercevoir sensiblement, je suppose deux hommes ; l'un, chez qui les idées n'ont jamais pu se lier ; l'autre, chez qui elles se lient avec tant de facilité et tant de force, qu'il n'est plus le maître de les séparer. Le premier serait sans imagination et sans mémoire, et n'aurait, par conséquent, l'exercice d'aucune des opérations que celles-ci doivent produire. Il serait absolument incapable de réflexion ; ce serait un imbécile. Le second aurait trop de mémoire et trop d'imagination, et cet excès produirait presque le même effet qu'une entière privation de l'une et de l'autre. Il aurait à peine l'exercice de sa réflexion, ce serait un fou. Les idées les plus disparates étant fortement liées dans son esprit, par la seule raison qu'elles se sont présentées ensemble, il les jugerait naturellement liées entre elles, et les mettrait les unes à la suite des autres comme de justes conséquences.

Entre ces deux excès on pourrait supposer un milieu, où le trop d'imagination et de mémoire ne nuirait pas à la solidité de l'esprit, et où le trop peu ne nuirait pas à ses agréments. Peut-être ce milieu est-il si difficile que les plus grands génies ne s'y sont encore trouvés qu'à-peu-près. Selon que différents esprits s'en écartent, et tendent vers les extrémités opposées, ils ont des qualités plus ou moins incompatibles, puisqu'elles doivent plus ou moins participer aux extrémités qui s'excluent tout-à-fait. Ainsi ceux qui se rapprochent de l'extrémité où l'imagination et la mémoire dominent, perdent à proportion des qualités qui rendent un esprit juste, conséquent et méthodique ; et ceux qui se rapprochent de l'autre extrémité, perdent dans la même proportion des qualités qui concourent à l'agrément. Les premiers écrivent avec plus de grâce, les autres avec plus de suite et plus de profondeur.

On voit non seulement comment la facilité de lier nos idées produit l'imagination, la contemplation et la mémoire, mais encore comment elle est le vrai principe de la perfection, ou du vice de ces opérations.

CHAPITRE IV.

Que l'usage des Signes est la vraie cause des progrès de l'imagina-

Étienne Bonnot de Condillac

tion, de la contemplation et de la mémoire.

Pour développer entièrement les ressorts de l'imagination, de la contemplation et de la mémoire, il faut rechercher quels secours ces opérations retirent de l'usage des signes.

§. 35. Je distingue trois sortes de signes. 1°. Les signes accidentels, ou les objets que quelques circonstances particulières ont liés avec quelques-unes de nos idées, en sorte qu'ils sont propres à les réveiller. 2°. Les signes naturels, ou les cris que la nature a établis pour les sentiments de joie, de crainte, de douleur, etc. 3°. Les signes d'institution, ou ceux que nous avons nous-mêmes choisis, et qui n'ont qu'un rapport arbitraire avec nos idées.

§. 36. Ces signes ne sont point nécessaires pour l'exercice des opérations qui précèdent la réminiscence : car la perception et la conscience ne peuvent avoir lieu tant qu'on est éveillé ; et l'attention n'étant que la conscience qui nous avertit plus particulièrement de la présence d'une perception, il suffit, pour l'occasionner, qu'un objet agisse sur les sens avec plus de vivacité que les autres. Jusques là les signes ne seraient propres qu'à fournir des occasions plus fréquentes d'exercer l'attention.

§. 37. Mais supposons un homme qui n'ait l'usage d'aucun signe arbitraire. Avec le seul secours des signes accidentels, son imagination et sa réminiscence pourront déjà avoir quelque exercice ; c'est-à-dire, qu'à la vue d'un objet, la perception avec laquelle il s'est lié, pourra se réveiller, et qu'il pourra la reconnaître pour celle qu'il a déjà eue. Il faut cependant remarquer que cela n'arrivera qu'autant que quelque cause étrangère lui mettra cet objet sous les yeux. Quand il est absent, l'homme que je suppose n'a point de moyens pour se rappeler de lui-même, puisqu'il n'a à sa disposition aucune des choses qui y pourraient être liées. Il ne dépend donc point de lui de réveiller l'idée qui y est attachée. Ainsi l'exercice de son imagination n'est point encore en son pouvoir.

§. 38. Quant aux cris naturels, cet homme les formera aussitôt qu'il éprouvera les sentiments auxquels ils sont affectés ; mais ils ne seront pas, dès la première fois, des signes à son égard, puisqu'au lieu de lui réveiller des perceptions, ils n'en seront que des suites.

Lorsqu'il aura souvent éprouvé le même sentiment, et qu'il aura tout aussi souvent poussé le cri qui doit naturellement l'accompagner, l'un et l'autre se trouveront si vivement liés dans son imagination, qu'il n'entendra plus le cri, qu'il n'éprouve le sentiment en quelque manière. C'est alors que ce cri sera un signe ; mais il ne donnera de l'exercice à l'imagination de cet homme que quand le hasard le lui fera entendre. Cet exercice ne sera donc pas plus à sa disposition que dans le cas précédent.

Il ne faudrait pas m'opposer qu'il pourrait, à la longue, se servir de ces cris pour se retracer à son gré les sentiments qu'ils expriment. Je répondrais qu'alors ils cesseraient d'être des signes naturels, dont le caractère est de faire connaître par eux-mêmes, et indépendamment du choix que nous en avons fait, l'impression que nous éprouvons, en occasionnant quelque chose de semblable chez les autres. Ce seraient des sons que cet homme aurait choisis, comme nous avons fait ceux de crainte, de joie, etc. Ainsi il aurait l'usage de quelques signes d'institution, ce qui est contraire à la supposition dans laquelle je raisonne actuellement.

§. 39. La mémoire, comme nous l'avons vu, ne consiste que dans le pouvoir de nous rappeler les signes de nos idées, ou les circonstances qui les ont accompagnées ; et ce pouvoir n'a lieu qu'autant que par l'analogie des signes que nous avons choisis, et par l'ordre que nous avons mis entre nos idées, les objets que nous voulons retracer, tiennent à quelques-uns de nos besoins présents. Enfin, nous ne saurions nous rappeler une chose qu'autant qu'elle est liée par quelque endroit, à quelques-unes de celles qui sont à notre disposition. Or un homme qui n'a que des signes accidentels et des signes naturels, n'en a point qui soient à ses ordres. Ses besoins ne peuvent donc occasionner que l'exercice de son imagination. Ainsi il doit être sans mémoire.

§. 40. De là on peut conclure que les bêtes n'ont point de mémoire, et qu'elles n'ont qu'une imagination dont elles ne sont point maîtresses de disposer. Elles ne se représentent une chose absente qu'autant que, dans leur cerveau, l'image en est étroitement liée à un objet présent. Ce n'est pas la mémoire qui les conduit dans un lieu où, la veille, elles ont trouvé de la nourriture ; mais c'est que le sentiment de la faim est si fort lié avec les idées de ce lieu et du chemin qui y mène, que celles-ci se réveillent aussitôt qu'elles l'éprouvent. Ce n'est pas la mémoire qui les fait fuir devant les ani-

Étienne Bonnot de Condillac

maux qui leur font la guerre ; mais quelques-unes de leur espèce ayant été dévorées à leurs yeux, les cris dont, à ce spectacle, elles ont été frappées, ont réveillé dans leur âme les sentiments de douleur dont ils sont les signes naturels, et elles ont fui. Lorsque ces animaux reparaissent, ils retracent en elles les mêmes sentiments, parce que ces sentiments ayant été produits la première fois à leur occasion, la liaison est faite. Elles reprennent donc encore la fuite.

Quant à celles qui n'en auraient vu périr aucune de cette manière, on peut, avec fondement, supposer que leurs mères ou quelques autres, les ont, dans les commencements, engagées à fuir avec elles, en leur communiquant, par des cris, la frayeur qu'elles conservent, et qui se réveille toujours à la vue de leur ennemi. Si l'on rejette toutes ces suppositions, je ne vois pas ce qui pourrait les porter à prendre la fuite.

Peut-être me demandera-t-on qui leur a appris à reconnaître les cris qui sont les signes naturels de la douleur ? l'expérience. Il n'y en a point qui n'ait éprouvé la douleur de bonne heure, et qui, par conséquent, n'ait eu occasion d'en lier le cri avec le sentiment. Il ne faut pas s'imaginer qu'elles ne puissent fuir qu'autant qu'elles auraient une idée précise du péril qui les menace, il suffit que les cris de celles de leur espèce réveillent en elles le sentiment d'une douleur quelconque.

§. 41. On voit que, si, faute de mémoire, les bêtes ne peuvent pas, comme nous, se rappeler d'elles-mêmes et à leur gré, les perceptions qui sont liées dans leur cerveau, l'imagination y supplée parfaitement. Car, en leur retraçant les perceptions même des objets absents, elle les met dans le cas de se conduire comme si elles avoient ces, objets sous les yeux, et par là de pourvoir à leur conservation plus promptement et plus sûrement que nous ne faisons quelquefois nous-mêmes avec le secours de la raison. Nous pouvons remarquer en nous quelque chose de semblable dans les occasions où la réflexion serait trop lente pour nous faire échapper à un danger. A la vue, par exemple, d'un corps prêt à nous écraser, l'imagination nous retrace l'idée de la mort, ou quelque chose d'approchant, et cette idée nous porte aussitôt à éviter le coup qui nous menace. Nous péririons infailliblement si, dans ces moments, nous n'avions que le secours de la mémoire et de la réflexion.

44

§. 42. L'imagination produit même souvent en nous des effets qui paraîtraient devoir appartenir à la réflexion la plus présente. Quoique fort occupés d'une idée, les objets qui nous environnent continuent d'agir sur nos sens : les perceptions qu'ils occasionnent en réveillent d'autres auxquelles elles sont liées, et celles-ci déterminent certains mouvements dans notre corps. Si toutes ces choses nous affectent moins vivement que l'idée qui nous occupe, elles ne peuvent nous en distraire, et par là il arrive que, sans réfléchir sur ce que nous faisons, nous agissons de la même manière que si notre conduite était raisonnée : il n'y a personne qui ne l'ait éprouvé. Un homme traverse Paris et évite tous les embarras avec les mêmes précautions que s'il ne pensait qu'à ce qu'il fait : cependant il est assuré qu'il était occupé de toute autre chose. Bien plus, il arrive même souvent que, quoique notre esprit ne soit point à ce qu'on nous demande, nous y répondons exactement ; c'est que les mots qui expriment la question sont liés à ceux qui forment la réponse, et que les derniers déterminent les mouvements propres à les articuler. La liaison des idées est le principe de tous ces phénomènes.

Nous connaissons donc par notre expérience, que l'imagination, lorsque même nous ne sommes pas maîtres d'en régler l'exercice, suffit pour expliquer des actions qui paraissent raisonnées, quoiqu'elles ne le soient pas : c'est pourquoi on a lieu de croire qu'il n'y a point d'autre opération dans les bêtes. Quels que soient les faits qu'on en rapporte, les hommes en fourniront d'aussi surprenants et qui pourront s'expliquer par le principe de la liaison des idées.

§. 43. En suivant les explications que je viens de donner, on se fait une idée nette de ce qu'on appelle *instinct*. C'est une imagination qui, à l'occasion d'un objet, réveille les perceptions qui y sont immédiatement liées, et, par ce moyen dirige, sans le secours de la réflexion, toutes sortes d'animaux.

Faute d'voir connu les analyses que je viens de faire, et surtout ce que j'ai dit sur la liaison des idées, les philosophes ont été fort embarrassés pour expliquer l'instinct des bêtes. Il leur est arrivé, ce qui ne peut manquer toutes les fois qu'on raisonne sans être remonté à l'origine des choses : je veux dire qu'incapables de prendre un juste milieu, ils se sont égarés dans les deux extrémités. Les uns

Étienne Bonnot de Condillac

ont mis l'instinct à côté ou même au-dessus de la raison ; les autres ont rejeté l'instinct et ont pris les bêtes pour de purs automates. Ces deux opinions sont également ridicules, pour ne rien dire de plus. La ressemblance qu'il y a entre les bêtes et nous, prouve qu'elles ont une âme ; et la différence qui s'y rencontre prouve qu'elle est inférieure à la nôtre. Mes analyses rendent la chose sensible, puisque les opérations de l'âme des bêtes se bornent à la perception, à la conscience, à l'attention, à la réminiscence et à une imagination qui n'est point à leur commandement, et que la nôtre a d'autres opérations dont je vais exposer la génération.

§. 44. Il faut appliquer à la contemplation ce que je viens de dire de l'imagination et de la mémoire, selon qu'on la rapportera à l'une ou à l'autre. Si on la fait consister à conserver les perceptions, elle n'a, avant l'usage des signes d'institution, qu'un exercice qui ne dépend pas de nous ; et elle n'en a point du tout, si on la fait consister à conserver les signes mêmes.

§. 45. Tant que l'imagination, la contemplation et la mémoire n'ont point d'exercice, ou que les deux premières n'en ont qu'un dont on n'est pas maître, on ne peut disposer soi-même de son attention. En effet, comment en disposerait-on, puisque l'âme n'a point encore d'opération à son pouvoir ? Elle ne va donc d'un objet à l'autre qu'autant qu'elle est entraînée par la force de l'impression que les choses font sur elle.

§. 46. Mais aussitôt qu'un homme commence à attacher des idées à des signes qu'il a lui-même choisis, on voit se former en lui la mémoire. Celle-ci acquise, il commence a disposer par lui-même de son imagination et à lui donner un nouvel exercice ; car, par le secours des signes qu'il peut rappeler à son gré, il réveille, ou du moins il peut réveiller souvent les idées qui y sont liées, Dans la suite, il acquerra d'autant plus d'empire sur son imagination, qu'il inventera davantage de signes, parce qu'il se procurera un plus grand nombre de moyens pour l'exercer.

Voilà où l'on commence à apercevoir la supériorité de notre âme sur celle des bêtes ; car, d'un côté, il est constant qu'il ne dépend point d'elles d'attacher leurs idées à des signes arbitraires ; et de l'autre, il paraît certain que cette impuissance ne vient pas uniquement de l'organisation. Leur corps n'est-il pas aussi propre au lan-

gage d'action que le nôtre ? Plusieurs d'entre elles n'ont-elles pas
tout ce qu'il faut pour l'articulation des sons ? Pourquoi donc, si
elles étaient capables des mêmes opérations que nous, n'en donne-
raient-elles pas des preuves ?

Ces détails démontrent comment l'usage de différentes sortes de
signes concourt aux progrès de l'imagination, de la contemplation
et de la mémoire. Tout cela va encore se développer davantage
dans le chapitre suivant.

CHAPITRE V.
De la Réflexion.

§. 47. AUSSITÔT que la mémoire est formée, et que l'exercice de
l'imagination est à notre pouvoir, les signes que celle-là rappelle,
et les idées que celle-ci réveille, commencent à retirer l'âme de la
dépendance où elle était de tous les objets qui agissaient sur elle.
Maîtresse de se rappeler les choses qu'elle a vues, elle y peut porter
son attention, et la détourner de celles qu'elle voit. Elle peut ensuite
la rendre à celle-ci, ou seulement à quelques-unes, et la donner
alternativement aux unes et aux autres. A la vue d'un tableau, par
exemple, nous nous rappelons les connaissances que nous avons
de la nature, et des règles qui apprennent à l'imiter ; et nous portons notre attention successivement de ce tableau à ces connaissances, et de ces connaissances à ce tableau, ou tout-à-tour à ses
différentes parties. Mais il est évident que nous ne disposons ainsi
de notre attention que par le secours que nous prête l'activité de
l'imagination, produite par une grande mémoire. Sans cela nous
ne la réglerions pas nous-mêmes, mais elle obéirait uniquement à
l'action des objets.

§. 48. Cette manière d'appliquer de nous-mêmes notre attention
tout-à-tour à divers objets, ou aux différentes parties d'un seul,
c'est ce qu'on a appelé *réfléchir*. Ainsi on voit sensiblement comment la réflexion naît de l'imagination et de la mémoire. Mais il y
a des progrès qu'il ne faut pas laisser échapper.

§. 49. Un commencement de mémoire suffit pour commencer à
nous rendre maîtres de l'exercice de notre imagination. C'est assez
d'un seul signe arbitraire pour pouvoir réveiller de soi-même une

idée ; et c'est là certainement le premier et le moindre degré de la mémoire et de la puissance qu'on peut acquérir sur son imagination. Le pouvoir qu'il nous donne de disposer de notre attention, est le plus faible qu'il soit possible. Mais tel qu'il est, il commence à faire sentir l'avantage des signes ; et, par conséquent, il est propre à faire saisir au moins quelqu'une des occasions, où il peut être utile ou nécessaire d'en inventer de nouveaux. Par ce moyen il augmentera l'exercice de la mémoire et de l'imagination ; dès lors la réflexion pourra, aussi en avoir davantage ; et réagissant sur l'imagination et la mémoire qui l'ont produite, elle leur donnera à son tour un nouvel exercice. Ainsi, par les secours mutuels que ces opérations se prêteront, elles concourront réciproquement à leurs progrès.

Si, en réfléchissant sur les faibles commencements de ces opérations, on ne voit pas, d'une manière assez sensible, l'influence réciproque des unes sur les autres, on n'a qu'à appliquer ce que je viens de dire, à ces opérations considérées dans le point de perfection où nous les possédons. Combien, par exemple, n'a-t-il pas fallu de réflexions pour former les langues, et de quel secours ces langues ne sont-elles pas à la réflexion ! Mais c'est là une matière à laquelle je destine plusieurs Chapitres. Il semble qu'on ne saurait se servir des signes d'institution, si l'on n'était pas déjà capable d'assez de réflexion pour les choisir et pour y attacher des idées : comment donc, m'objectera-t-on peut-être, l'exercice de la réflexion ne s'acquerrait-il que par l'usage de ces signes ?

Je réponds que je satisferai à cette difficulté lorsque je donnerai l'histoire du langage. Il me suffit ici de faire connaître qu'elle ne m'a pas échappé.

§. 50. Par tout ce qui a été dit, il est constant qu'on ne peut mieux augmenter l'activité de l'imagination, l'étendue de la mémoire, et faciliter l'exercice de la réflexion, qu'en s'occupant des objets qui, exerçant davantage l'attention, lient ensemble un plus grand nombre de signes et d'idées ; tout dépend de là. Cela fait voir, pour le remarquer en passant, que l'usage où l'on est de n'appliquer les enfants, pendant les premières années de leurs études, qu'à des choses auxquelles ils ne peuvent rien comprendre, ni prendre aucun intérêt, est peu propre à développer leurs talents. Cet usage ne forme point de liaisons d'idées, ou les forme si légères, qu'elles ne

48

se conservent point.

§. 51. C'est à la réflexion que nous commençons à entrevoir tout ce dont l'âme est capable. Tant qu'on ne dirige point soi-même son attention, nous avons vu que l'âme est assujettie à tout ce qui l'environne, et ne possède rien que par une vertu étrangère. Mais si, maître de son attention, on la guide selon ses désirs, l'âme alors dispose d'elle-même, en tire des idées qu'elle ne doit qu'à elle, et s'enrichit de son propre fonds.

L'effet de cette opération est d'autant plus grand que par elle nous disposons de nos perceptions, à-peu-près comme si nous avions le pouvoir de les produire et de les anéantir. Que, parmi celles que j'éprouve actuellement, j'en choisisse une, aussitôt la conscience en est si vive et celle des autres si faible, qu'il me paraîtra qu'elle est la seule dont j'aie pris connaissance ; qu'un instant après je veuille l'abandonner pour m'occuper principalement d'une de celles qui m'affectaient le plus légèrement, elle me paraîtra rentrer dans le néant, tandis qu'une autre m'en paraîtra sortir. La conscience de la première, pour parler moins figureraient, deviendra si faible, et celle de la seconde si vive, qu'il me semblera que je ne les ai éprouvées que l'une après l'autre. On peut faire cette expérience en considérant un objet fort composé. Il n'est pas douteux qu'on n'ait en même temps conscience de toutes les perceptions que ses différentes parties, disposées pour agir sur les sens, font naître. Mais on dirait que la réflexion suspend à son gré les impressions qui se font dans l'âme, pour n'en conserver qu'une seule.

§. 52. La géométrie nous apprend que le moyen le plus propre à faciliter notre réflexion, c'est de mettre sous les sens les objets même des idées dont on veut s'occuper, parce qu'alors la conscience en est plus vive, mais on ne peut pas se servir de cet artifice dans toutes les sciences. Un moyen qu'on emploiera partout avec succès, c'est de mettre dans nos méditations de la clarté, de la précision et de l'ordre. De la clarté, parce que plus les signes sont clairs, plus nous avons conscience des idées qu'ils signifient, et moins, par conséquent, elles nous échappent ; de la précision, afin que l'attention moins partagée se fixe avec moins d'effort ; de l'ordre, afin qu'une première idée plus connue, plus familière, prépare notre attention pour celle qui doit suivre.

Étienne Bonnot de Condillac

§. 53. Il n'arrive jamais que le même homme puisse exercer également sa mémoire, son imagination et sa réflexion sur toutes sortes de matières ; c'est que ces opérations dépendent de l'attention comme de leur cause, et que celle-ci ne peut s'occuper d'un objet qu'à proportion du rapport qu'il a à notre tempérament et à tout ce qui nous touche. Cela nous apprend pourquoi ceux qui aspirent à être universels, courent risque d'échouer dans bien des genres. Il n'y a que deux sortes de talents ; l'un qui ne s'acquiert que par la violence qu'on fait aux organes ; l'autre qui est une suite d'une heureuse disposition et d'une grande facilité qu'ils ont à se développer. Celui-ci appartenant plus à la nature, est plus vif, plus actif et produit des effets bien supérieurs. Celui-là, au contraire, sent l'effort, le travail, et ne s'élève jamais au-dessus du médiocre.

§. 54. J'ai cherché les causes de l'imagination, de la mémoire et de la réflexion dans les opérations qui les précèdent, parce que c'est l'objet de cette section d'expliquer comment les opérations naissent les unes des autres. Ce serait à la physique à remonter à d'autres causes, s'il était possible de les connaître [1].

CHAPITRE VI.
Des opérations qui consistent à distinguer, abstraire, comparer, composer et décomposer nos idées.

Nous avons enfin développé ce qu'il y avait de plus difficile à apercevoir dans le progrès des opérations de l'âme. Celles dont il nous reste à parler sont des effets si sensibles de la réflexion, que la génération s'en explique en quelque sorte d'elle-même.

§. 55. De la réflexion ou du pouvoir de disposer nous-mêmes de notre attention, naît le pouvoir de considérer nos idées séparément ; en sorte que la même conscience qui avertit plus particulièrement de la présence de certaines idées, (ce qui caractérise l'attention) avertit encore qu'elles sont distinctes. Ainsi, quand l'âme n'était point maîtresse de son attention, elle n'était pas capable de distinguer d'elle-même les différentes impressions qu'elle recevait des objets. Nous en faisons l'expérience toutes les fois que

---

1 Tout cet ouvrage porte sur les cinq chapitres qu'on vient de lire ; ainsi il faut les entendre parfaitement avant de passer à d'autres.

nous voulons nous appliquer à des matières pour lesquelles nous ne sommes pas propres. Alors nous confondons si fort les objets, que même nous avons quelquefois de la peine à discerner ceux qui diffèrent davantage ; c'est que, faute de savoir réfléchir, ou porter notre attention sur toutes les perceptions qu'ils occasionnent, celles qui les distinguent nous échappent. Par là on peut juger que si nous étions tout-à-fait privés de l'usage de la réflexion, nous ne distinguerions divers objets qu'autant que chacun ferait sur nous une impression fort vive. Tous ceux qui agiraient faiblement, seraient comptés pour rien.

§. 56. Il est aisé de distinguer deux idées absolument simples ; mais, à mesure qu'elles se composent davantage, les difficultés augmentent. Alors nos notions se ressemblant par un plus grand nombre d'endroits, il est à craindre que nous n'en prenions plusieurs pour une seule, ou que du moins nous ne les distinguions pas autant qu'elles doivent l'être ; c'est ce qui arrive souvent en métaphysique et en morale. La matière que nous traitons actuellement est un exemple bien sensible des difficultés qu'on a à surmonter. Dans ces occasions, on ne saurait prendre trop de précautions pour remarquer jusqu'aux plus légères différences ; c'est là ce qui décidera de la netteté et de la justesse de notre esprit, et ce qui contribuera le plus à donner à nos idées cet ordre et cette précision si nécessaires pour arriver à quelques connaissances. Au reste, cette vérité est si peu reconnue, qu'on court risque de passer pour ridicule, quand on s'engage dans des analyses un peu fines.

§. 57. En distinguant ses idées, on considère quelquefois, comme entièrement séparées de leur sujet, les qualités qui lui sont le plus essentielles ; c'est ce qu'on appelle plus particulièrement *abstraire*. Les idées qui en résultent se nomment *générales*, parce qu'elles représentent les qualités qui conviennent à plusieurs choses différentes. Si, par exemple, ne faisant aucune attention à ce qui distingue l'homme de la bête, je réfléchis uniquement sur ce qu'il y a de commun entre l'un et l'autre, je fais une abstraction qui me donne l'idée générale d'*animal*.

Cette opération est absolument nécessaire à des esprits bornés, qui ne peuvent considérer que peu d'idées à-la-fois, et qui, pour cette raison, sont obligés d'en rapporter plusieurs sous une même classe. Mais il faut avoir soin de ne pas prendre pour autant d'êtres

distincts, des choses qui ne le sont que par notre manière de concevoir. C'est une méprise où bien des philosophes sont tombés : je me
propose d'en parler plus particulièrement dans la cinquième section de cette première partie.

§. 58. La réflexion qui nous donne le pouvoir de distinguer nos
idées, nous donne encore celui de les comparer, pour en connaître
les rapports. Cela se fait en portant alternativement notre attention
des unes aux autres, ou en la fixant en même temps sur plusieurs.
Quand des notions peu composées font une impression assez
sensible pour attirer notre attention, sans efforts de notre part, la
comparaison n'est pas difficile ; mais les difficultés augmentent, à
mesure que les idées se composent davantage, et qu'elles font une
impression plus légère. Les comparaisons sont, par exemple, communément plus aisées en géométrie, qu'en métaphysique.

Avec le secours de cette opération, nous rapprochons les idées
les moins familières de celles qui le sont davantage ; et les rapports que nous y trouvons, établissent entre elles des liaisons très
propres à augmenter et à fortifier la mémoire, l'imagination, et, par
contrecoup, la réflexion.

§. 59. Quelquefois, après avoir distingué plusieurs idées, nous
les considérons comme ne faisant qu'une seule notion : d'autres
fois nous retranchons d'une notion quelques-unes des idées qui
la composent. C'est ce qu'on nomme *composer* et *décomposer* ses
idées. Par le moyen de ces opérations nous pouvons les comparer
sous toutes sortes de rapports, et en faire tous les jours de nouvelles combinaisons.

§. 60. Pour bien conduire la première, il faut remarquer quelles
sont les idées les plus simples de nos notions, comment et dans
quel ordre elles se réunissent à celles qui surviennent. Par là on
sera en état de régler également la seconde ; car on n'aura qu'à défaire ce qui aura été fait. Cela fait voir comment elles viennent l'une
et l'autre de la réflexion.

CHAPITRE VII.
Digression sur l'origine des principes
et de l'opération qui consiste à analyser.

§. 61. Lᴀ facilité d'abstraire et de décomposer a introduit de bonne heure l'usage des propositions générales. On ne peut être long-temps sans s'apercevoir, qu'étant le résultat de plusieurs connaissances particulières, elles sont propres à soulager la mémoire et à donner de la précision au discours ; mais elles dégénérèrent bien-tôt en abus et donnèrent lieu à une manière de raisonner fort imparfaite. En voici la raison :

§. 62. Les premières découvertes dans les sciences ont été si simples et si faciles, que les hommes les firent sans le secours d'aucune méthode ; ils ne purent même imaginer des règles qu'après avoir déjà fait des progrès, qui, les avait mis dans la situation de remarquer comment ils étaient arrivés à quelques vérités, leur firent connaître comment ils pouvaient parvenir à d'autres. Ainsi ceux qui firent les premières découvertes ne purent montrer quelle route il fallait prendre pour les suivre, puisqu'eux-mêmes ils ne savaient pas encore quelle route ils avoient tenue. Il ne leur resta d'autre moyen, pour en montrer la certitude, que de faire voir qu'elles s'accordaient avec les propositions générales que personne ne révoquait en doute. Cela fit croire que ces propositions étaient la vraie source de nos connaissances. On leur donna, en conséquence, le nom de *principe* ; et ce fut un préjugé généralement reçu, et qui l'est encore, qu'on ne doit raisonner que par principes [1]. Ceux qui découvrirent de nouvelles vérités, crurent, pour donner une plus grande idée de leur pénétration, devoir faire un mystère de la méthode qu'ils avaient suivie. Ils se contentèrent de les exposer par le moyen des principes généralement adoptés, et le préjugé reçu, s'accréditant de plus en plus, fit naître des systèmes sans nombre.

§. 63. L'inutilité et l'abus des principes paraît surtout dans la synthèse : méthode où il semble qu'il soit défendu à la vérité de paraître qu'elle n'ait été précédée d'un grand nombre d'axiomes, de définitions et d'autres propositions prétendues fécondes. L'évidence des démonstrations mathématiques, et l'approbation que tous les savants donnent à cette manière de raisonner, suffiraient pour persuader que je n'avance qu'un paradoxe insoutenable ; mais il n'est pas difficile de faire voir que ce n'est point à la méthode syn-

---

1 Je n'entends point ici par *principes* des observations confirmées par l'expérience. Je prends ce mot dans le sens ordinaire aux philosophes qui appellent *principes* les propositions générales et abstraites sur lesquelles ils bâtissent leurs systèmes,

Étienne Bonnot de Condillac

thétique que les mathématiques doivent leur certitude. En effet, si cette science avait été susceptible d'autant d'erreurs, d'obscurités, et d'équivoques que la métaphysique, la synthèse était tout-à-fait propre à les entretenir et à les multiplier de plus en plus. Si les idées des mathématiciens sont exactes, c'est qu'elles sont l'ouvrage de l'algèbre et de l'analyse. La méthode que je blâme, peu propre à corriger un principe vague, une notion mal déterminée, laisse subsister tous les vices d'un raisonnement, ou les cache sous les apparences d'un grand ordre, mais qui est aussi superflu qu'il est sec et rebutant. Je renvoie, pour s'en convaincre, aux ouvrages de métaphysique, de morale et de théologie, où l'on a voulu s'en servir. [1]

§. 64. Il suffit de considérer qu'une proposition générale n'est que le résultat de nos connaissances particulières, pour s'apercevoir qu'elle ne peut nous faire descendre qu'aux connaissances qui nous ont élevés jusqu'à elle, ou qu'à celles qui auraient également pu nous en frayer le chemin. Par conséquent, bien loin d'en être le principe, elle suppose qu'elles sont toutes connues par d'autres moyens, ou que du moins elles peuvent l'être. En effet, pour exposer la vérité avec l'étalage des principes que demande la synthèse, il est évident qu'il faut déjà en avoir connaissance. Cette méthode propre, tout au plus, à démontrer d'une manière fort abstraite des choses qu'on pourrait prouver d'une manière bien plus simple, éclaire d'autant moins l'esprit qu'elle cache la route qui conduit aux découvertes. Il est même à craindre qu'elle n'en impose, en donnant de l'apparence aux paradoxes les plus faux, parce qu'avec des propositions détachées et souvent fort éloignées, il est aisé de prouver tout ce qu'on veut, sans qu'il soit facile d'apercevoir par où un raisonnement pèche. On en peut trouver des exemples en métaphysique. Enfin elle n'abrège pas, comme on se l'imagine communément ; car il n'y a pas d'auteurs qui tombent dans des redites plus fréquentes, et dans des détails plus inutiles, que ceux qui s'en servent.

1 Descartes, par exemple, a-t-il répandu plus de jour sur ses méditations métaphysiques, quand il a voulu les démontrer selon les règles de cette méthode ? Peut-on trouver de plus mauvaises démonstrations que celles de Spinoza ? Je pourrais encore citer Malebranche, qui s'est quelquefois servi de la synthèse : Arnaud, qui en a fait usage dans un assez mauvais traité sur les idées, et ailleurs : l'auteur de l'action de Dieu sur les créatures, et plusieurs autres. On dirait que ces écrivains se sont imaginés que pour démontrer géométriquement, ce soit assez de mettre dans un certain ordre les différentes parties d'un raisonnement, sous les titres d'*axiomes*, de *définitions*, de *demandes*, etc.

PREMIÈRE PARTIE

§. 65. Il me semble, par exemple, qu'il suffit de réfléchir sur la manière dont on se fait l'idée d'un tout, et d'une partie, pour voir évidemment que le tout est plus grand que sa partie. Cependant plusieurs géomètres modernes, après avoir blâmé Euclide, parce qu'il a négligé de démontrer ces sortes de propositions, entreprennent d'y suppléer. En effet, la synthèse est trop scrupuleuse pour laisser rien sans preuve ; elle ne nous fait grâce que sur une seule proposition, qu'elle regarde comme le principe des autres : encore faut-il qu'elle soit identique. Voici donc comment un géomètre a la précaution de prouver que le tout est plus grand que sa partie.

Il établit d'abord, pour définition, *qu'un tout est plus grand, dont une partie est égale à un autre tout* ; et pour axiome, *que le même est égal à lui-même*. C'est la seule proposition qu'il n'entreprend pas de démontrer. Ensuite il raisonne ainsi :

« Un tout, dont une partie est égale à un autre tout, est plus grand que cet autre tout (par la déf.) mais chaque partie d'un tout est égale à elle-même (par l'axiome) ; donc un tout est plus grand que sa partie [1]. »

J'avoue que ce raisonnement aurait besoin d'un commentaire pour être mis à ma portée. Quoi qu'il en soit, il me paraît que la définition n'est ni plus claire ni plus évidente que le théorème, et que par conséquent elle ne saurait servir à sa preuve. Cependant on donne cette démonstration pour exemple d'une analyse parfaite ; car, dit-on, *elle est renfermée* dans un syllogisme, « dont une prémisse est une définition, et l'autre une proposition identique ce qui est le signe d'une analyse parfaite. »

§. 66. Si c'est là ce que les géomètres entendent par *analyse*, je ne vois rien de plus inutile que cette méthode. Ils en ont sans doute une meilleure : les progrès qu'ils ont faits, en sont la preuve. Peut-être même leur analyse ne paraît-elle si éloignée de celle qu'on pourrait employer dans les autres sciences, que parce que les signes en sont particuliers à la géométrie. Quoi qu'il en soit, analyser n'est selon moi, qu'une opération qui résulte du concours des précédentes.

1 Cette démonstration est tirée des éléments de mathématiques d'un homme célèbre. La voici dans tes termes de l'auteur, §. 18. Défi. *Majus est cujus pars alteri toti æqualis est ; minus vero quod parti alterius æquale.* §. 73. Axio. *Idem est æquale sibimetipsi.* Théor. *Totum majus est sua parte.* Démonstr. *Cujus pars alteri toti æqualis est, id ipsum altero majus* (§. 18.) *Sed quælibet pars totius parti totius, hoc est, sibi ipsi æqualis est* (§, 73.) *Ergo totum qualibet sua parte majus est.*

Étienne Bonnot de Condillac

Elle ne consiste qu'à composer et décomposer nos idées pour en faire différentes comparaisons, et pour découvrir, par ce moyen, les rapports qu'elles ont entre elles, et les nouvelles idées qu'elles peuvent produire. Cette analyse est le vrai secret des découvertes, parce qu'elle nous fait toujours remonter à l'origine des choses. Elle a cet avantage qu'elle n'offre jamais que peu d'idées à-la-fois, et toujours dans la gradation la plus simple. Elle est ennemie des principes vagues, et de tout ce qui peut être contraire à l'exactitude et à la précision. Ce n'est point avec le secours des propositions générales qu'elle cherche la vérité, mais toujours par une espèce de calcul, c'est-à-dire, en composant et décomposant les notions, pour les comparer de la manière la plus favorable aux découvertes qu'on a en vue. Ce n'est pas non plus par des définitions, qui d'ordinaire ne font que multiplier les disputes, mais c'est en expliquant la génération de chaque idée. Par ce détail, on voit qu'elle est la seule méthode qui puisse donner de l'évidence à nos raisonnements ; et, par conséquent, la seule qu'on doive suivre dans la recherche de la vérité. Mais elle suppose, dans ceux qui veulent en faire usage, une grande connaissance des progrès des opérations de l'âme.

§. 67. Il faut donc conclure que les principes ne sont que des résultats qui peuvent servir à marquer les principaux endroits par où on a passé ; qu'ainsi que le fil du labyrinthe, inutiles quand nous voulons aller en avant ils ne font que faciliter les moyens de revenir sur nos pas. S'ils sont propres à soulager la mémoire, et à abréger les disputes, en indiquant brièvement les vérités dont on convient de part et d'autre, ils deviennent ordinairement si vagues, que si on n'en use avec précaution, ils multiplient les disputes, et les font dégénérer en pures questions de mot. Par conséquent, le seul moyen d'acquérir des connaissances, c'est de remonter à l'origine de nos idées, d'en suivre la génération et de les comparer sous tous les rapports possibles ; ce que j'appelle *analyser*.

§. 68. On dit communément qu'il faut avoir des principes : on a raison ; mais je me trompe fort, ou la plupart de ceux qui répètent cette maxime, ne savent guères ce qu'ils exigent. Il me paraît même que nous ne comptons pour principes que ceux que nous avons nous-mêmes adoptés, et en conséquence nous accusons les autres d'en manquer, quand ils refusent de les recevoir. Si l'on entend par principes des propositions générales qu'on peut au besoin appliquer à des cas particuliers, qui est-ce qui n'en a pas ? mais aussi quel mérite y a-t-il à en avoir ? Ce sont des maximes vagues, dont rien n'apprend à faire de justes applications. Dire d'un homme qu'il a de pareils principes, c'est faire connaître qu'il est incapable d'avoir des idées nettes de ce qu'il pense. Si l'on doit donc avoir des principes, ce n'est pas qu'il faille commencer par là pour descendre ensuite à des connaissances moins générales : mais c'est qu'il faut avoir bien étudié les vérités particulières, et s'être élevé d'abstraction en abstraction, jusqu'aux propositions universelles. Ces sortes de principes sont naturellement déterminés par les connaissances particulières qui y ont conduit ; on en voit toute l'étendue, et l'on peut s'assurer de s'en servir toujours avec exactitude. Dire qu'un homme a de pareils principes, c'est donner à entendre qu'il connaît parfaitement les arts et les sciences dont il fait son objet, et qu'il apporte partout de la netteté et de la précision.

CHAPITRE VIII.
Affirmer. Nier. Juger. Raisonner. Concevoir. L'Entendement.

§. 69. QUAND nous comparons nos idées, la conscience que nous en avons nous les fait connaître comme étant les mêmes par les endroits que nous les considérons, ce que nous manifestons en liant ces idées par le mot *est*, ce qui s'appelle *affirmer* : ou bien elle nous les fait connaître comme n'étant pas les mêmes, ce que nous manifestons en les séparant par ces mots, *n'est pas*, ce qui s'appelle *nier*. Cette double opération est ce qu'on nomme *juger*. Il est évident qu'elle est une suite des autres.

§. 70. De l'opération de juger naît celle de raisonner. Le raisonnement n'est qu'un enchaînement de jugements qui dépendent les uns des autres. Ces dernières opérations sont celles sur lesquelles il est le moins nécessaire de s'étendre. Ce que les logiciens en ont dit dans bien des volumes, me paraît entièrement superflu et de nul usage. Je me bornerai à rendre raison d'une expérience.

§. 71. On demande comment on peut, dans la conversation, développer, souvent sans hésiter, des raisonnements fort étendus. Toutes les parties en sont-elles présentes dans le même instant ? et si elles ne le sont pas, (comme il est vraisemblable, puisque l'esprit est trop borné pour saisir tout-à-la-fois un grand nombre d'idées,) par quel hasard se conduit-il avec ordre ? Cela s'explique aisément par ce qui a déjà été exposé.

Au moment qu'un homme se propose de faire un raisonnement, l'attention qu'il donne à la proposition qu'il veut prouver, lui fait apercevoir successivement les propositions principales, qui sont le résultat des différentes parties du raisonnement qu'il va faire. Si elles sont fortement liées, il les parcourt si rapidement, qu'il peut s'imaginer les voir toutes ensemble. Ces propositions saisies, il considère celle qui doit être exposée la première. Par ce moyen les idées propres à la mettre dans son jour, se réveillent en lui selon l'ordre de la liaison qui est entre elles. De là il passe à la seconde, pour répéter la même opération, et ainsi de suite, jusqu'à la conclusion de son raisonnement. Son esprit n'en embrasse donc pas en même temps toutes les parties ; mais, par la liaison qui est entre elles, il les parcourt avec assez de rapidité pour devancer toujours la parole, à-peu-près comme l'œil de quelqu'un qui lit haut, devance la prononciation.

Peut-être demandera-t-on comment on peut apercevoir les résultats d'un raisonnement, sans en avoir saisi les différentes parties dans tout leur détail. Je réponds que cela n'arrive que quand nous parlons sur des matières qui nous sont familières, ou qui ne sont pas loin de l'être, par le rapport qu'elles ont à celles que nous connaissons davantage. Voilà le seul cas où le phénomène que je propose peut être remarqué. Dans tout autre, l'on parle en hésitant, ce qui provient de ce que les idées étant liées trop faiblement, se réveillent avec lenteur : ou l'on parle sans suite, et c'est un effet de l'ignorance.

§. 72. Quand par l'exercice des opérations précédentes ; ou du moins de quelques-unes, on s'est fait des idées exactes, et qu'on en connaît les rapports, la conscience que nous en avons, est l'opération qu'on nomme *concevoir*. Par conséquent une condition essentielle pour bien concevoir, c'est de se représenter toujours les choses sous les idées qui leur sont propres.

§. 73. Ces analyses nous conduisent à avoir de l'entendement une idée plus exacte que celle qu'on s'en fait communément. On le regarde comme une faculté différente de nos connaissances, et comme le lieu où elles viennent se réunir. Cependant je crois que, pour parler avec plus de clarté, il faut dire que l'entendement n'est que la collection ou la combinaison des opérations de l'âme. Apercevoir ou avoir conscience, donner son attention, reconnaître, imaginer, se ressouvenir, réfléchir, distinguer ses idées, les abstraire, les composer, les analyser, affirmer, nier, juger, raisonner : concevoir : voilà l'entendement.

§. 74. Je me suis attaché dans ces analyses à faire voir la dépendance des opérations de l'âme, et comment elles s'engendrent toutes de la première. Nous commençons par éprouver des perceptions dont nous avons conscience. Nous formons-nous ensuite une conscience plus vive de quelques perceptions, cette conscience devient attention. Dès lors les idées se lient, nous reconnaissons en conséquence les perceptions que nous avons eues, et nous nous reconnaissons pour le même être qui les a eues : ce qui constitue la réminiscence L'âme réveille-t-elle ses perceptions, les conserve-t-elle, ou en rappelle-t-elle seulement les signes ? c'est imagination, contemplation, mémoire ; et si elle dispose elle-même de son attention, c'est réflexion. Enfin, de celle-ci naissent toutes les autres. C'est proprement la réflexion qui distingue, compare, compose, décompose et analyse ; puisque ce ne sont là que différentes manières de conduire l'attention. De là se forment, par une suite naturelle, le jugement, le raisonnement, la conception ; et résulte l'entendement. Mais j'ai cru devoir considérer les différentes manières dont la réflexion s'exerce, comme autant d'opérations distinctes, parce qu'il y a du plus ou du moins dans les effets qui en naissent. Elle fait, par exemple, quelque chose de plus en comparant des idées, lorsqu'elle s'en tient à les distinguer ; en les composant et décomposant, que lorsqu'elle se borne à les comparer telles qu'elles sont, et ainsi du reste. Il n'est pas douteux qu'on ne puisse, selon la manière dont on voudra concevoir les choses, multiplier plus ou moins les opérations de l'âme. On pourrait même les réduire à une seule, qui serait la conscience. Mais il y a un milieu entre trop diviser et ne pas diviser assez. Afin même d'achever de mettre cette matière dans tout son jour, il faut encore passer à de nouvelles analyses.

Étienne Bonnot de Condillac

CHAPITRE IX.
Des vices et des avantages de l'imagination.

§. 75. LE pouvoir que nous avons de réveiller nos perceptions en l'absence des objets, nous donne celui de réunir et de lier ensemble les idées les plus étrangères. Il n'est rien qui ne puisse prendre dans notre imagination une forme nouvelle. Par la liberté avec laquelle elle transporte les qualités d'un sujet dans un autre, elle rassemble dans un seul ce qui suffit à la nature pour en embellir plusieurs. Rien ne paraît d'abord plus contraire à la vérité que cette manière dont l'imagination dispose de nos idées. En effet, si nous ne nous rendons pas maîtres de cette opération, elle nous égarera infailliblement : mais elle sera un des principaux ressorts de nos connaissances, si nous savons la régler [1].

§. 76. Les liaisons d'idées se font dans l'imagination de deux manières : quelques fois volontairement, et d'autres fois elles ne sont que l'effet d'une impression étrangère. Celles-là sont ordinairement moins fortes, de sorte que nous pouvons les rompre plus facilement : on convient qu'elles sont d'institution. Celles-ci sont souvent si bien cimentées, qu'il nous est impossible de les détruire : on les croit volontiers naturelles. Toutes ont leurs avantages et leurs inconvénients ; mais les dernières sont d'autant plus utiles ou dangereuses, qu'elles agissent sur les esprits avec plus de vivacité.

§. 77. Le langage est l'exemple le plus sensible des liaisons que nous formons volontairement. Lui seul, il fait voir quels avantages nous donne cette opération ; et les précautions qu'il faut prendre pour parler avec justesse, montrent combien il est difficile de la régler. Mais me proposant de traiter bientôt de la nécessité, de l'usage, de l'origine et du progrès du langage, je ne m'arrêterai pas à exposer ici les avantages et les inconvénients de cette partie de l'imagination.

---

1 Je n'ai pris jusqu'ici l'imagination que pour l'opération qui réveille les perceptions en l'absence des objets ; mais actuellement que je considère les effets de cette opération, je ne trouve aucun inconvénient à me rapprocher de l'usage, et je suis même obligé de le faire : c'est pourquoi je prends dans ce chapitre l'imagination pour une opération, qui, en réveillant les idées, en fait à notre gré des combinaisons toujours nouvelles. Ainsi le mot d'*imagination* aura désormais chez moi deux sens différents ; mais cela n'occasionnera aucune équivoque, parce que, par les circonstances où je l'emploierai, je déterminerai à chaque fois le sens que j'aurai particulièrement en vue.

Je passe aux liaisons d'idées qui sont l'effet de quelque impression étrangère.

§. 78. J'ai dit qu'elles sont utiles et nécessaires. Il fallait, par exemple, que la vue d'un précipice, où nous sommes en danger de tomber, réveillât en nous l'idée de mort. L'attention ne peut donc manquer à la première occasion de former cette liaison ; elle doit même la rendre d'autant plus forte qu'elle y est déterminée par le motif le plus pressant : la conservation de notre être.

Malebranche a cru cette liaison naturelle ou en nous dès la naissance. « L'idée, dit-il, d'une grande hauteur que l'on voit au-dessous de soi, et de laquelle on est en danger de tomber, ou l'idée de quelque grand corps qui est prêt à tomber sur nous et à nous écraser, est naturellement liée avec celle qui nous représente la mort, et avec une émotion des esprits qui nous dispose à la fuite, et au désir de fuir. Cette liaison ne change jamais, parce qu'il est nécessaire qu'elle soit toujours la même ; et elle consiste dans une disposition des fibres du cerveau que nous avons dès notre enfance [1] ».

Il est évident que si l'expérience ne nous avait appris que nous sommes mortels, bien loin d'avoir une idée de la mort, nous serions fort surpris à la vue de celui qui mourrait le premier. Cette idée est donc acquise, et Malebranche se trompe pour avoir confondu ce qui est naturel, ou en nous dès la naissance, avec ce qui est commun à tous les hommes. Cette erreur est générale. On ne veut pas s'apercevoir que les mêmes sens, les mêmes opérations et les mêmes circonstances doivent produire partout les mêmes effets [2]. On veut absolument avoir recours à quelque chose d'inné, ou de naturel, qui précède l'action des sens, l'exercice des opérations de l'âme et les circonstances communes.

§. 79. Si les liaisons d'idées qui se forment en nous par des impressions étrangères, sont utiles, elles sont souvent dangereuses. Que l'éducation nous accoutume à lier l'idée de honte ou d'infamie à celle de survivre à un affront, l'idée de grandeur d'âme ou de courage à celle de s'ôter soi-même la vie, ou de l'exposer en cher-

1 Recherche de la Vér., liv. II, c. 5.
2 On suppose qu'un homme fait vient de naître à côté d'un précipice, et on m'a demandé s'il est vraisemblable qu'il évite de s'y jeter. Pour moi, je le crois, non qu'il craigne la mort, car on ne peut craindre ce qu'on ne connaît point, mais parce qu'il me paraît naturel qu'il dirige ses pas du côté où ses pieds peuvent porter sur quelque chose.

Étienne Bonnot de Condillac

chant à en priver celui de qui on a été offensé ; on aura deux pré-jugés : l'un qui a été le point d'honneur des Romains ; l'autre qui est celui d'une partie de l'Europe. Ces liaisons s'entretiennent et se fomentent plus ou moins avec l'âge. La force que le tempérament acquiert, les passions auxquelles on devient sujet, et l'état qu'on embrasse, en resserrent ou en coupent les nœuds.

Ces sortes de préjugés étant les premières impressions que nous ayons éprouvées, ils ne manquent pas de nous paraître des prin-cipes incontestables. Dans l'exemple que je viens d'apporter, l'er-reur est sensible, et la cause en est connue. Mais il n'y a peut-être personne à qui il ne soit arrivé de faire quelquefois des raisonne-ments bizarres, dont on reconnaît enfin tout le ridicule, sans pou-voir comprendre comment on a pu en être la dupe un seul ins-tant. Ils ne sont souvent que l'effet de quelque liaison singulière d'idées : cause humiliante pour notre vanité, et que pour cela nous avons tant de peine à apercevoir. Si elle agit d'une manière si se-crète, qu'on juge des raisonnements qu'elle fait faire au commun des hommes.

§. 80. En général les impressions que nous éprouvons dans diffé-rentes circonstances, nous font lier des idées que nous ne sommes plus maîtres de séparer. On ne peut, par exemple, fréquenter les hommes, qu'on ne lie insensiblement les idées de certains tours d'esprit et de certains caractères avec les figures qui se remarquent davantage. Voilà pourquoi les personnes qui ont de la physiono-mie, nous plaisent ou nous déplaisent plus que les autres : car la physionomie n'est qu'un assemblage de traits auxquels nous avons lié des idées, qui ne se réveillent point sans être accompagnées d'agrément ou de dégoût. Il ne faut donc pas s'étonner si nous sommes portés à juger les autres d'après leur physionomie, et si quelquefois nous sentons pour eux au premier abord de l'éloigne-ment ou de l'inclination.

Par un effet de ces liaisons, nous nous prévenons souvent jusqu'à l'excès en faveur de certaines personnes, et nous sommes tout-à-fait injustes par rapport à d'autres. C'est que tout ce qui nous frappe dans nos amis, comme dans nos ennemis, se lie naturellement avec les sentiments agréables ou désagréables qu'ils nous font éprouver ; et que, par conséquent, les défauts des uns empruntent toujours quelque agrément de ce que nous remarquons en eux de plus aimable, ainsi que les meilleures qualités des autres nous paraissent participer à leurs vices. Par là ces liaisons influent infiniment sur toute notre conduite. Elles entretiennent notre amour ou notre haine, fomentent notre estime ou notre mépris, excitent notre reconnaissance ou notre ressentiment, et produisent ces sympathies, ces antipathies et tous ces penchants bizarres dont on a quelquefois tant de peine à se rendre raison. Je crois avoir lu quelque part que Descartes conserva toujours du goût pour les yeux louches, parce que la première personne qu'il avait aimée, avait ce défaut.

§. 81. Locke a fait voir le plus grand danger des liaisons d'idées lorsqu'il a remarqué qu'elles sont l'origine de la folie. « Un homme, dit-il [1], fort sage et de très bon sens en toute autre chose, peut être aussi fou sur un certain article, qu'aucun de ceux qu'on renferme aux petites maisons, si, par quelque violente impression qui se soit faite subitement dans son esprit, ou par une longue application à une espèce particulière de pensées, il arrive que des idées incompatibles soient jointes si fortement ensemble dans son esprit, qu'elles y demeurent unies ».

§. 82. Pour comprendre combien cette réflexion est juste, il suffit de remarquer que, par le physique, l'imagination et la folie ne peuvent différer que du plus au moins. Tout dépend de la vivacité et de l'abondance avec laquelle les esprits se portent au cerveau. C'est pourquoi, dans les songes, les perceptions se retracent si vivement, qu'au réveil on a quelquefois de la peine à reconnaître son erreur. Voilà certainement un moment de folie. Afin qu'on restât fou, il suffirait de supposer que les fibres du cerveau eussent été ébranlés avec trop de violence pour pouvoir se rétablir. Le même effet peut être produit d'une manière plus lente.

§. 83. Il n'y a, je pense, personne qui dans des moments de désœuvrement, n'imagine quelque roman dont il se fait le héros. Ces fictions, qu'on appelle des *châteaux en Espagne*, n'occasionnent pour l'ordinaire dans le cerveau que de légères impressions, parce qu'on s'y livre peu, et qu'elles sont bientôt dissipées par des objets plus réels, dont on est obligé de s'occuper. Mais qu'il survienne quelque sujet de tristesse, qui nous fasse éviter nos meilleurs amis, et prendre en dégoût tout ce qui nous a plu ; alors, livrés à tout notre chagrin, notre roman favori sera la seule idée qui pourra

1 Liv. II, c. 11, §. 13, il répète à-peu-près la même chose, c. 13, §, 4, du même liv.

Étienne Bonnot de Condillac

nous en distraire. Les esprits animaux creuseront peu-à-peu à ce château des fondements d'autant plus profonds, que rien n'en changera le cours : nous nous endormirons en le bâtissant, nous l'habiterons en songe ; et enfin, quand l'impression des esprits sera insensiblement parvenue à être la même que si nous étions en effet ce que nous avons feint, nous prendrons, à notre réveil, toutes nos chimères pour des réalités. Il se peut que la folie de cet Athénien, qui croyait que tous les vaisseaux qui entraient dans le Pirée, étaient à lui, n'ait pas eu d'autres causes.

§. 84. Cette explication peut faire connaître combien la lecture des romans est dangereuse pour les jeunes personnes du sexe dont le cerveau est fort tendre. Leur esprit, que l'éducation occupe ordinairement trop peu, saisit avec avidité des fictions qui flattent des passions naturelles à leur âge. Elles y trouvent des matériaux pour les plus beaux châteaux en Espagne. Elles les mettent en œuvre avec d'autant plus de plaisir que l'envie de plaire, et les galanteries qu'on leur fait sans cesse, les entretiennent dans ce goût. Alors il ne faut peut-être qu'un léger chagrin pour tourner la tête à une jeune fille, lui persuader qu'elle est Angélique, ou telle autre héroïne qui lui a plu, et lui faire prendre pour des Médors tous les hommes qui l'approchent.

§. 85. Il y a des ouvrages faits dans des vues bien différentes, qui peuvent avoir de pareils inconvénients. Je veux parler de certains livres de dévotion écrits par des imaginations fortes et contagieuses. Ils sont capables de tourner quelquefois le cerveau d'une femme, jusqu'à lui faire croire qu'elle a des visions, qu'elle s'entretient avec les anges, ou que même elle est déjà dans le ciel avec eux. Il serait bien à souhaiter que les jeunes personnes des deux sexes fussent toujours éclairées dans ces sortes de lectures par des directeurs qui connaîtraient la trempe de leur imagination.

§. 86. Des folies comme celles que je viens d'exposer, sont reconnues de tout le monde. Il y a d'autres égarements auxquels on ne pense pas à donner le même nom ; cependant tous ceux qui ont leur cause dans l'imagination, devraient être mis dans la même classe. En ne déterminant la folie que par la conséquence des erreurs, on ne saurait fixer le point où elle commence. Il la faut donc faire consister dans une imagination qui, sans qu'on soit capable de le remarquer, associe des idées d'une manière tout-à-fait désordonnée, et influe quelquefois dans nos jugements ou dans notre conduite. Cela étant, il est vraisemblable que personne n'en sera exempt. Le plus sage ne différera du plus fou, que parce qu'heureusement les travers de son imagination n'auront pour objet que des choses qui entrent peu dans le train ordinaire de la vie ; et qui le mettent moins visiblement en contradiction avec le reste des hommes. En effet, où est celui que quelque passion favorite n'engage pas constamment, dans de certaines rencontres, à ne se conduire que d'après l'impression forte que les choses font sur son imagination, et ne fasse retomber dans les mêmes fautes ? Observez surtout un homme dans ses projets de conduite ; car c'est là l'écueil de la raison pour le grand nombre. Quelle prévention, quel aveuglement même dans celui qui a le plus d'esprit ! Que le peu de succès lui fasse reconnaître combien il a eu tort, il ne se corrigera pas. La même imagination qui l'a séduit, le séduira encore ; et vous le verrez sur le point de commettre une faute semblable à la première, que vous ne l'en convaincrez pas.

§. 87. Les impressions qui se font dans les cerveaux froids, s'y conservent longtemps. Ainsi les personnes, dont l'extérieur est posé et réfléchi, n'ont d'autre avantage, si c'en est un, que de garder constamment les mêmes travers. Par-là, leur folie, qu'on ne soupçonnait pas au premier abord, n'en devient que plus aisée à reconnaître pour ceux qui les observent quelque temps. Au contraire, dans les cerveaux où il y a beaucoup de feu et beaucoup d'activité, les impressions s'effacent, se renouvellent, les folies se succèdent. A l'abord, on voit bien que l'esprit d'un homme a quelque travers, mais il en change avec tant de rapidité, qu'on peut à peine le remarquer.

§. 88. Le pouvoir de l'imagination est sans bornes. Elle diminue ou même dissipe nos peines, et peut seule donner aux plaisirs l'assaisonnement qui en fait tout le prix. Mais quelquefois c'est l'ennemi le plus cruel que nous ayons : elle augmente nos maux, nous en donne que nous n'avions pas, et finit par nous porter le poignard dans le sein.

Pour rendre raison de ces effets, je dis d'abord que, les sens agissant sur l'organe de l'imagination, cet organe réagit sur les sens. On ne le peut révoquer en doute : car l'expérience fait voir une pareille réaction dans les corps les moins élastiques. Je dis, en second lieu,

que la réaction de cet organe est plus vive que l'action des sens ;
parce qu'il ne réagit pas sur eux avec la seule force que suppose
la perception qu'ils ont produite, mais avec les forces réunies de
toutes celles qui sont étroitement liées à cette perception, et qui,
pour cette raison, n'ont pu manquer de se réveiller. Cela étant, il
n'est pas difficile de comprendre les effets de l'imagination. Venons
à des exemples.

La perception d'une douleur réveille dans mon imagination
toutes les idées avec lesquelles elle a une liaison étroite. Je vois le
danger, la frayeur me saisit, j'en suis abattu, mon corps résiste à
peine, ma douleur devient plus vive, mon accablement augmente,
et il se peut que, pour avoir eu l'imagination frappée, une maladie
légère dans ses commencements me conduise au tombeau.

Un plaisir que j'ai recherché retrace également toutes les idées
agréables auxquelles il peut être lié. L'imagination renvoie aux sens
plusieurs perceptions pour une qu'elle reçoit. Mes esprits sont dans
un mouvement qui dissipe tout ce qui pourrait m'enlever aux sentiments que j'éprouve. Dans cet état, tout entier aux perceptions
que je reçois par les sens, et à celles que l'imagination reproduit,
je goûte les plaisirs les plus vifs. Qu'on arrête l'action de mon imagination, je sors aussitôt comme d'un enchantement, j'ai sous les
yeux les objets auxquels j'attribuais mon bonheur, je les cherche, et
je ne les vois plus.

Par cette explication, on conçoit que les plaisirs de l'imagination
sont tout aussi réels et tout aussi physiques que les autres, quoiqu'on
dise communément le contraire. Je n'apporte plus qu'un exemple.
Un homme, tourmenté par la goutte et qui ne peut se soutenir,
revoit au moment qu'il s'y attendait le moins, un fils qu'il croyait
perdu : plus de douleur. Un instant après le feu se met à sa maison :
plus de faiblesse. Il est déjà hors du danger quand on songe à le
secourir. Son imagination subitement et vivement frappée, réagit
sur toutes les parties de son corps, et y produit la révolution qui le
sauve.

Voilà, je pense, les effets les plus étonnants de l'imagination. Je
vais, dans le chapitre suivant, dire un mot des agréments qu'elle
sait prêter à la vérité.

PREMIÈRE PARTIE

CHAPITRE X.
Où l'Imagination puise les agréments qu'elle
donne à la vérité.

§. 89. L'IMAGINATION emprunte ses agréments du droit qu'elle a
de dérober à la nature ce qu'il y a de plus riant et de plus aimable,
pour embellir le sujet qu'elle manie. Rien ne lui est étranger, tout lui
devient propre, dès qu'elle en peut paraître avec plus d'éclat. C'est
une abeille qui fait son trésor de tout ce qu'un parterre produit de
plus belles fleurs. C'est une coquette, qui, uniquement occupée du
désir de plaire, consulte plus son caprice que la raison. Toujours
également complaisante elle se prête à notre goût, à nos passions,
à nos faiblesses ; elle attire et persuade l'un par son air vif et aga-
çant, surprend et étonne l'autre par ses manières grandes et nobles.
Tantôt elle amuse par des propos riants, d'autres fois elle ravit par
la hardiesse de ses saillies. Là, elle affecte la douceur pour intéresser ; ici, la langueur et les larmes pour toucher ; et, s'il le faut,
elle prendra bientôt le masque, pour exciter des ris. Bien assurée
de son empire, elle exerce son caprice sur tout. Elle se plaît quelquefois à donner de la grandeur aux choses les plus communes
et les plus triviales, et d'autres fois à rendre basses et ridicules les
plus sérieuses et les plus sublimes. Quoiqu'elle altère tout ce qu'elle
touche, elle réussit souvent, lorsqu'elle ne cherche qu'à plaire ; mais
hors de là, elle ne peut qu'échouer. Son empire finit où celui de
l'analyse commence.

§. 90. Elle puise non seulement dans la nature, mais encore dans
les choses les plus absurdes et les plus ridicules, pourvu que les
préjugés les autorisent. Peu importe qu'elles soient fausses, si nous
sommes portés à les croire véritables. L'imagination a surtout les
agréments en vue, mais elle n'est pas opposée à la vérité. Toutes ses
fictions sont bonnes lorsqu'elles sont dans l'analogie de la nature de
nos connaissances ou de nos préjugés ; mais dès qu'elle s'en écarte,
elle n'enfante plus que des idées monstrueuses et extravagantes.
C'est là, je crois, ce qui rend cette pensée de Despréaux si juste.

Rien n'est beau que le vrai ; le vrai seul est aimable. Il doit régner
partout, et même dans la Fable.

En effet, le vrai appartient à la Fable : non que les choses soient absolument telles qu'elle nous les représente, mais parce qu'elle les montre sous des images claires, familières, et qui, par conséquent, nous plaisent, sans nous engager dans l'erreur.

§.91. Rien n'est beau que le vrai : cependant tout ce qui est vrai n'est pas beau. Pour y suppléer, l'imagination lui associe les idées les plus propres à l'embellir, et par cette réunion, elle forme un tout, où l'on trouve la solidité et l'agrément. La Poésie en donne une infinité d'exemples. C'est là qu'on voit la fiction, qui serait toujours ridicule sans le vrai, orner la vérité qui serait souvent froide sans la fiction. Ce mélange plaît toujours pourvu que les ornements soient choisis, avec discernement et répandus avec sagesse. L'imagination est à la vérité ce qu'est la parure à une belle personne : elle doit lui prêter tous ses secours, pour la faire paraître avec les avantages dont elle est susceptible.

Je ne m'arrêterai pas davantage sur cette partie de l'imagination ; ce serait le sujet d'un ouvrage à part : il suffit pour mon plan de n'avoir pas oublié d'en parler.

CHAPITRE XI.
De la Raison, de l'Esprit, et de ses différentes espèces.

§. 92. DE toutes les opérations que nous avons décrites, il en résulte une qui, pour ainsi dire, couronne l'entendement : c'est la raison. Quelque idée qu'on s'en fasse, tout le monde convient que ce n'est que par elle qu'on peut se conduire sagement dans les affaires civiles, et faire des progrès dans la recherche de la vérité. Il en faut conclure qu'elle n'est autre chose que la connaissance de la manière dont nous devons régler les opérations de notre âme.

§. 93. Je ne crois pas, en m'expliquant de la sorte, m'écarter de l'usage : je ne fais que déterminer une notion qui ne m'a paru nulle part assez exacte. Je préviens même toutes les invectives qu'on ne dit contre la raison, que pour l'avoir prise dans un sens trop vague. Dira-t-on que la nature nous a fait un présent digne d'une marâtre, lorsqu'elle nous a donné les moyens de diriger sagement les opérations de notre âme ? Une pareille pensée pourrait-elle tomber dans l'esprit ? Dira-t-on que, quand l'âme ne serait pas douée de toutes les opérations dont nous avons parlé, elle n'en serait que plus heureuse, parce qu'elles sont la source de ses peines par l'abus qu'elle en fait ? Que ne reprochons-nous donc à la nature de nous avoir donné une bouche, des bras et d'autres organes, qui sont souvent les instruments de notre propre malheur ? Peut-être que nous voudrions n'avoir de vie qu'autant qu'il en faut pour sentir que nous existons, et que nous abandonnerions volontiers toutes les opérations qui nous mettent si fort au-dessus des bêtes, pour n'avoir que leur instinct.

§. 94. Mais, dira-t-on, quel est l'usage que nous devons faire des opérations de l'âme ? Avec quels efforts, et avec combien peu de succès n'en a-t-on pas fait la recherche ? Peut-on se flatter d'y réussir mieux aujourd'hui ? Je réponds qu'il faut donc nous plaindre de n'avoir pas reçu la raison en partage. Mais plutôt n'outrons rien. Étudions bien les opérations de l'âme, connaissons toute leur étendue, sans nous en cacher la faiblesse, distinguons-les exactement, démêlons-en les ressorts, montrons-en les avantages et les abus, voyons quels secours elles se prêtent mutuellement ; enfin, ne les appliquons qu'aux objets qui sont à notre portée, et je promets que nous apprendrons l'usage que nous en devons faire. Nous reconnaîtrons qu'il nous est tombé en partage autant de raison que notre état le demandait ; et que si celui de qui nous tenons tout ce que nous sommes ne prodigue pas ses faveurs, il sait les dispenser avec sagesse.

§. 95. Il y a trois opérations qu'il est à propos de rapprocher pour en faire mieux sentir la différence. Ce sont l'instinct, la folie et la raison. L'instinct n'est qu'une imagination dont l'exercice n'est point du tout à nos ordres, mais qui, par sa vivacité, concourt parfaitement à la conservation de notre être. Il exclut la mémoire, la réflexion et les autres opérations de l'âme. La folie admet au contraire l'exercice de toutes les opérations ; mais c'est une imagination déréglée qui les dirige. Enfin la raison résulte de toutes les opérations de l'âme bien conduite. Si Pope a voit su se faire des idées de ces choses, il n'aurait pas autant déclamé contre la raison et encore moins conclu :

> En vain de la raison tu vantes l'excellence.
> Doit-elle sur l'instinct avoir la préférence ?
> Entre ces facultés quelle comparaison !
> Dieu dirige l'instinct, et l'homme la raison.

Étienne Bonnot de Condillac

§. 96. Il est, au reste, bien aisé d'expliquer ici la distinction qu'on fait entre *être au-dessus de la raison, selon la raison et contre la raison.* Toute vérité qui renferme quelques opérations de l'âme, parce qu'elles n'ont pu entrer par les sens, ni être tirées des sensations, est au-dessus de la raison. Une vérité qui ne renferme que des idées sur lesquelles notre esprit peut opérer, est selon la raison. Enfin, cette proposition qui en contredit une qui résulte des opérations de l'âme bien conduite, est contre la raison.

§. 97. On a pu facilement remarquer que, dans la notion de la raison, et dans les nouveaux détails que j'ai donnés sur l'imagination [1], il n'entre d'autres idées que celles des opérations qui ont été le sujet des huit premiers chapitres de cette section. Il était cependant à propos de considérer ces choses à part, soit pour se conformer à l'usage, soit pour marquer plus exactement les différents objets des opérations de l'entendement. Je crois même devoir suivre encore l'usage, lorsqu'il distingue le bon sens, l'esprit, l'intelligence, la pénétration, la profondeur, le discernement, le jugement, la sagacité, le goût, l'invention, le talent, le génie et l'enthousiasme ; il me suffira cependant de ne dire qu'un mot sur toutes ces choses.

§. 98. Le bon sens et l'intelligence ne font que concevoir ou imaginer, et ne diffèrent que par la nature de l'objet dont on s'occupe. Comprendre, par exemple, que deux et deux font quatre, ou comprendre tout un cours de mathématiques, c'est également concevoir ; mais avec cette différence que l'un s'appelle bon sens, et l'autre intelligence. De même, pour imaginer des choses communes et qui tombent tous les jours sous les yeux, il ne faut que du bon sens ; mais, pour imaginer des choses neuves, surtout si elles sont de quelque étendue, il faut de l'intelligence. L'objet du bon sens ne paraît donc se rencontrer que dans ce qui est facile et ordinaire, et c'est à l'intelligence à faire concevoir ou imaginer des choses plus composées et plus neuves.

§. 99. Faute d'une bonne méthode pour analyser nos idées, nous nous contentons souvent de nous entendre à-peu-près. Ou en voit l'exemple dans le mot *esprit*, auquel on attache communément une notion bien vague, quoiqu'il soit dans la bouche de tout le monde. Quelle qu'en soit la signification, elle ne saurait s'étendre au-delà des opérations dont j'ai donné l'analyse ; mais selon qu'on

1 Chapitre précédent.

prend ces opérations à part, qu'on en réunit plusieurs, ou qu'on les considère toutes ensemble, on se forme différentes notions, auxquelles on donne communément le nom d'*esprit*. Il faut cependant y mettre pour condition que nous les conduisions d'une manière supérieure, et qui montre l'activité de l'entendement. Celles où l'âme dispose à peine d'elle-même, ne méritent pas ce nom. Ainsi la mémoire et les opérations qui la précèdent, ne constituent pas l'esprit. Si, même l'activité de l'âme n'a pour objet que des choses communes, ce n'est encore que bon sens, comme je l'ai dit. L'esprit vient immédiatement après, et se trouverait à son plus haut période dans un homme qui, en toute occasion, saurait parfaitement bien conduire toutes les opérations de son entendement, et s'en servirait avec toute la facilité possible. C'est une notion dont on ne trouvera jamais le modèle ; mais il faut le supposer, afin d'avoir un point fixe, d'où l'on puisse, par divers endroits, s'éloigner plus ou moins, et se faire, par ce moyen, quelque idée des espèces inférieures. Je me borne à celles auxquelles on a donné des noms.

§. 100. La pénétration suppose qu'on est capable d'assez d'attention, de réflexion et d'analyse, pour percer jusques dans l'intérieur des choses ; et la profondeur, qu'on les creuse au point d'en développer tous les ressorts, et qu'on voit d'où elles viennent, ce qu'elles sont, et ce qu'elles deviendront.

§. 101. Le discernement et le jugement comparent les choses, en font la différence, et apprécient exactement la valeur des unes aux autres : mais le premier se dit plus particulièrement de celles qui regardent la spéculation, et le second, de celles qui concernent la pratique. Il faut du discernement dans les recherches philosophiques, et du jugement dans la conduite de la vie.

§. 102. La sagacité n'est que l'adresse avec laquelle on sait se retourner pour saisir son objet plus facilement, ou pour le faire mieux comprendre aux autres ; ce qui ne se fait que par l'imagination jointe à la réflexion et à l'analyse.

§. 103. Le goût est une manière de sentir si heureuse qu'on aperçoit le prix des choses sans le secours de la réflexion, ou plutôt sans se servir d'aucune règle pour en juger. Il est l'effet d'une imagination qui, ayant été exercée de bonne heure sur des objets choisis, les conserve toujours présents, et s'en fait naturellement des modèles

Étienne Bonnot de Condillac

de comparaison. C'est pourquoi le bon goût est ordinairement le partage des gens du monde.

§. 104. Nous ne créons pas proprement des idées, nous ne faisons que combiner, par des compositions et des décompositions, celles que nous recevons par les sens. L'invention consiste à savoir faire des combinaisons neuves. Il y en a de deux espèces : le talent et le génie.

Celui-là combine les idées d'un art ou d'une science connue d'une manière propre à produire les effets qu'on en doit naturellement attendre. Il demande tantôt plus d'imagination, tantôt plus d'analyse. Celui-ci ajoute au talent l'idée d'esprit, en quelque sorte, créateur. Il invente de nouveaux arts, ou, dans le même art, de nouveaux genres égaux, et quelquefois même supérieurs à ceux qui étaient déjà connus. Il envisage des choses sous des points de vue qui ne sont qu'à lui ; donne naissance à une science nouvelle, ou se fraie, dans celles qu'on cultive, une route à des vérités auxquelles on n'espérait pas de pouvoir arriver. Il répand sur celles qu'on connaissait avant lui, une clarté et une facilite dont on ne les jugeait pas susceptibles. Un homme à talent a un caractère qui peut appartenir à d'autres : il est égalé, et même quelquefois surpassé. Un homme de génie a un caractère original, il est inimitable. Aussi les grands écrivains qui le suivent, hasardent rarement de s'essayer dans le genre où il a réussi. Corneille, Molière et Quinault, n'ont point eu d'imitateurs. Nous avons des modernes qui vraisemblablement n'en auront pas davantage.

On qualifie le génie d'étendu et de vaste. Comme étendu, il fait de grands progrès dans un genre : comme vaste, il réunit tant de genres, et à un tel degré, qu'on a en quelque sorte de la peine à imaginer qu'il ait des bornes.

§. 105. On ne peut analyser l'enthousiasme quand on l'éprouve, puisqu'alors on n'est pas maître de sa réflexion : mais comment l'analyser quand on ne l'éprouve plus ? C'est en considérant les effets qu'il a produits. Dans cette occasion la connaissance des effets doit conduire à la connaissance de leur cause, et cette cause ne peut être que quelqu'une des opérations dont nous avons déjà fait l'analyse.

Quand les passions nous donnent de violentes secousses, en sorte qu'elles nous enlèvent l'usage de la réflexion, nous éprouvons mille sentiments divers. C'est que l'imagination plus ou moins excitée, selon que les passions sont plus ou moins vives, réveille avec plus ou moins de force les sentiments qui ont quelque rapport, et, par conséquent, quelque liaison avec l'état où nous sommes.

Supposons deux hommes dans les mêmes circonstances, et éprouvant les mêmes passions, mais dans un inégal degré de force. D'un côté, prenons pour exemple le vieil Horace, tel qu'il est dépeint dans Corneille, avec cette âme romaine qui lui ferait sacrifier ses propres enfants au salut de la république. L'impression qu'il reçoit, quand il apprend la fuite de son fils, est un assemblage confus de tous les sentiments que peuvent produire l'amour de la patrie et celui de la gloire, portés au plus haut point ; jusques-là qu'il ne doit pas regretter la perte de deux de ses fils, et qu'il doit souhaiter que le troisième eût également perdu la vie. Voilà les sentiments dont il est agité : mais les exprimera-t-il dans tout leur détail ? Non : ce n'est pas le langage des grandes passions. Il ne se contentera pas non plus d'en faire connaître un des moins vifs. Il préférera naturellement celui qui agit en lui avec le plus de violence, et il s'y arrêtera, parce que, par la liaison qu'il a avec les autres, il les renferme suffisamment. Or, quel est ce sentiment ? C'est de souhaiter que son fils fût mort, car un pareil désir, ou, n'entre point dans l'âme d'un père ; ou, quand il y entre, il doit seul en quelque sorte la remplir. C'est pourquoi, lorsqu'on lui demande ce que son fils pouvait faire contre trois, il doit répondre : *qu'il mourût.*

Supposons, d'un autre côté, un Romain qui, quoique sensible à la gloire de sa famille et au salut de la république, eût néanmoins éprouvé des passions beaucoup plus faibles que le vieil Horace ; il me paraît qu'il aurait presque conservé tout son sang-froid. Les sentiments produits en lui par l'honneur et par l'amour delà patrie, l'auraient affecté plus faiblement, et chacun à-peu-près dans un égal degré. Cet homme n'aurait pas été porté à exprimer l'un plutôt que l'autre ; ainsi il aurait été naturel qu'il les eût fait connaître dans tout leur détail. Il aurait dit combien il souffrait de voir la ruine de la république, et la honte dont son fils venait de se couvrir ; il aurait défendu qu'il osât jamais se présenter devant lui ; et au lieu d'en souhaiter la mort, il aurait seulement jugé qu'il eût mieux valu pour lui avoir le sort de ses frères.

Étienne Bonnot de Condillac

Quoi qu'on entende par *enthousiasme*, il suffit de savoir qu'il est opposé au sang-froid, pour remarquer que ce n'est que dans l'enthousiasme qu'on peut se mettre à la place du vieil Horace de Corneille : il n'en est pas de même pour se mettre à la place de l'homme que j'ai imaginé. Voyons encore un exemple.

Si Moïse, ayant à parler de la création de la lumière, avait été moins pénétré de la grandeur de Dieu, il se serait étendu davantage à montrer la puissance de cet être suprême. D'un côté, il n'aurait rien négligé pour exalter l'excellence de la lumière ; et de l'autre, il aurait représenté les ténèbres comme un chaos où toute la nature était ensevelie ; mais, pour entrer dans ces détails, il était trop rempli des sentiments que peut produire la vue de la supériorité du premier être et de la dépendance des créatures. Ainsi les idées de commandement et d'obéissance étant liées à celles de supériorité et de dépendance, elles n'ont pu manquer de se réveiller dans son âme ; et il a dû s'y arrêter, comme étant suffisantes pour exprimer toutes les autres. Il se borne donc à dire : *Dieu dit que la lumière soit, et la lumière fut*. Par le nombre et par la beauté des idées que ces expressions abrégées réveillent en même temps, elles ont l'avantage de frapper l'âme d'une manière admirable, et sont, pour cette raison, ce qu'on nomme *sublime*.

En conséquence de ces analyses, voici la notion que je me fais de l'enthousiasme : c'est l'état d'un homme qui, considérant avec effort les circonstances où il se place, est vivement remué par tous les sentiments qu'elles doivent produire, et qui, pour exprimer ce qu'il éprouve, choisit naturellement parmi les sentiments celui qui est le plus vif et qui seul équivaut aux autres, par l'étroite liaison qu'il a avec eux. Si cet état n'est que passager, il donne lieu à un trait ; et s'il dure quelque temps, il peut produire une pièce entière. En conservant son sang-froid, on pourrait imiter l'enthousiasme, si l'on s'était fait l'habitude d'analyser les beaux morceaux que les poètes lui doivent ; mais la copie serait-elle toujours égale à l'original ?

§. 106. L'esprit est proprement l'instrument avec lequel on acquiert les idées qui s'éloignent des plus communes : c'est pourquoi nos idées sont d'une nature bien différente, selon le genre des opérations qui constituent plus particulièrement l'esprit de chaque homme. Les effets ne peuvent pas être les mêmes dans celui où vous supposerez plus d'analyse avec moins d'imagination, et dans celui où vous supposerez plus d'imagination avec moins d'analyse. L'imagination seule est susceptible d'une grande variété, et suffit pour faire des esprits de bien des espèces. Nous avons des modèles de chacune dans nos écritures ; mais toutes n'ont pas des noms. D'ailleurs, pour considérer l'esprit dans tous ses effets, ce n'est pas assez d'avoir donné l'analyse des opérations de l'entendement, il faudrait encore avoir fait celle des passions et avoir remarqué comment toutes ces choses se combinent et se confondent en une seule cause. L'influence des passions est si grande, que souvent sans elle l'entendement n'aurait presque point d'exercice, et que, pour avoir de l'esprit, il ne manque quelquefois à un homme que des passions. Elles sont même absolument nécessaires pour certains talents. Mais une analyse des passions appartiendrait plutôt à un ouvrage où l'on traiterait des progrès de nos connaissances, qu'à celui où il ne s'agit que de leur origine.

§. 107. Le principal avantage qui résulte de la manière dont j'ai envisagé les opérations de l'âme, c'est qu'on voit évidemment comment le bon sens, l'esprit, la raison et leurs contraires naissent également d'un même principe, qui est la liaison des idées les unes avec les autres ; que, remontant encore plus haut, on voit que cette liaison est produite par l'usage des signes. Voilà le principe. Je vais finir par une récapitulation de ce qui a été dit.

On est capable de plus, de réflexion à proportion qu'on a plus de raison. Cette dernière faculté produit donc la réflexion. D'un côté, la réflexion nous rend maîtres de notre attention ; elle engendre donc l'attention : d'un autre côté, elle nous fait lier nos idées : elle occasionne donc la mémoire. De là naît l'analyse, d'où se forme la réminiscence, ce qui donne lieu à l'imagination (je prends ici ce mot dans le sens que je lui ai donné).

C'est par le moyen de la réflexion que l'imagination devient à notre pouvoir, et nous n'avons à notre disposition l'exercice de la mémoire que longtemps après que nous sommes maîtres de celui de notre imagination ; et ces deux opérations produisent la conception.

L'entendement diffère de l'imagination, comme l'opération qui consiste à concevoir diffère de l'analyse. Quant aux opérations qui consistent à distinguer, comparer, composer, décomposer, juger, raisonner, elles naissent les unes des autres, et sont les effets immédiats de l'imagination et de la mémoire. Telle est la génération des opérations de l'âme.

Il est important de bien saisir toutes ces choses, et de remarquer surtout les opérations qui forment l'entendement (on sait que je ne prends pas ce mot dans le sens des autres), et le distinguer de celles qu'il produit. C'est sur cette différence que portera toute la suite de cet ouvrage : elle en est le fondement. Tout y sera confondu pour ceux qui ne la saisiront pas.

SECTION TROISIÈME.
Des idées simples et des idées complexes.

§. 1. J'APPELLE idée complexe la réunion ou la collection de plusieurs perceptions ; et idée simple, une perception considérée toute seule.

« Bien que les qualités qui frappent nos sens, dit Locke [1], soient si fort unies et si bien mêlées ensemble dans les choses mêmes, qu'il n'y ait aucune séparation ou distance entre elles ; il est certain néanmoins que les idées que ces diverses qualités produisent dans l'âme, y entrent par les sens d'une manière simple et sans nul mélange. Car, quoique la vue et l'attouchement excitent souvent, dans le même temps, différentes idées par le même objet, comme lorsqu'on voit le mouvement et la couleur tout-à-la-fois, et que la main sent la mollesse, et la chaleur d'un morceau de cire, cependant les idées simples qui sont ainsi réunies dans le même sujet, sont aussi parfaitement distinctes que celles qui entrent dans l'esprit par divers sens. Par exemple, la froideur et la dureté qu'on sent dans un morceau de glace, sont des idées aussi distinctes dans l'âme que l'odeur et la blancheur d'une fleur de lys, ou que l'odeur du sucre et l'odeur d'une rose ; et rien n'est plus évident, à un homme, que la perception claire et distincte qu'il a de ces idées simples, dont chacune, prise à part, est exempte de toute composition, et ne produit, par conséquent, dans l'âme qu'une conception entièrement uniforme, qui ne peut être distinguée en différentes idées. »

Quoique nos perceptions soient susceptibles de plus ou de moins

_____
1 Liv. II, c. 2, §. 1.

de vivacité, on aurait tort de s'imaginer que chacune soit composée de plusieurs autres. Fondez ensemble des couleurs, qui ne diffèrent que parce qu'elles ne sont pas également vives, elles ne produiront qu'une seule perception.

Il est vrai qu'on regarde comme différents degrés d'une même perception toutes celles qui ont des rapports, moins éloignés. Mais c'est que faute d'avoir autant de noms que de perceptions, on a été obligé de rappeler celles-ci à certaines classes. Prises à part, il n'y en a point qui ne soit simple. Comment décomposer, par exemple, celle qu'occasionne la blancheur de la neige ? Y distinguera-t-on plusieurs autres blancheurs dont elle se soit formée ?

§. 2. Toutes les opérations de l'âme, considérées dans leur origine, sont également simples, car chacune n'est alors qu'une perception. Mais ensuite elles se combinent pour agir de concert, et forment des opérations composées. Cela paraît sensiblement dans ce qu'on appelle *pénétration, discernement, sagacité*, etc.

§. 3. Outre les idées qui sont réellement simples, on regarde souvent comme telle une collection de plusieurs perceptions, lorsqu'on la rapporte à une collection plus grande dont elle fait partie. Il n'y a même point de notion, quelque composée qu'elle soit, qu'on ne puisse considérer comme simple, en lui attachant l'idée de l'unité.

§. 4. Parmi les idées complexes, les unes sont composées de perceptions différentes ; telle est celle d'un corps : les autres le sont de perceptions uniformes, ou plutôt elles ne sont qu'une même perception répétée plusieurs fois. Tantôt le nombre n'en est point déterminé ; telle est l'idée abstraite de l'étendue : tantôt il est déterminé ; le pied, par exemple, est la perception d'un pouce pris douze fois.

§. 5. Quant aux notions qui se forment de perceptions différentes, il y en a de deux sortes : celles des substances et celles qui se composent des idées simples qu'on rapporte aux différentes actions des hommes. Afin que les premières soient utiles, il faut qu'elles soient faites sur le modèle des substances, et qu'elles ne représentent que les propriétés qui y sont renfermées. Dans les autres, on se conduit tout différemment. Souvent il est important de les former avant d'en avoir vu des exemples ; et d'ailleurs ces exemples n'auraient ordinairement rien d'assez fixe pour nous servir de règle. Une notion de la vertu ou de la justice, formée de la sorte, varierait selon que les cas particuliers admettraient ou rejetteraient certaines circonstances ; et la confusion irait à un tel point qu'on ne discernerait plus le juste de l'injuste : erreur de bien des philosophes. Une nous reste donc qu'à rassembler à notre choix plusieurs idées simples, et qu'à prendre ces collections une fois déterminées pour le modèle d'après lequel nous devons juger des choses. Telles sont les idées attachées à ces mots : *gloire, honneur, courage.* Je les appellerai *idées archétypes* : terme que les métaphysiciens modernes ont assez mis en usage.

§. 6. Puisque les idées simples ne sont que nos propres perceptions, le seul moyen de les connaître, c'est de réfléchir sur ce qu'on éprouve à la vue des objets.

§. 7. Il en est de même de ces idées complexes qui ne sont qu'une répétition indéterminée d'une même perception. Il suffit, par exemple, pour avoir l'idée abstraite de l'étendue, d'en considérer la perception, sans en considérer aucune partie déterminée comme répétée un certain nombre de fois.

§. 8. N'ayant à envisager les idées que par rapport à la manière dont elles viennent à notre connaissance, je ne ferai de ces deux espèces qu'une seule classe. Ainsi, quand je parlerai des idées complexes, il faudra m'entendre de celles qui sont formées de perceptions différentes, ou d'une même perception répétée d'une manière déterminée.

§. 9. On ne peut bien connaître les idées complexes, prises dans le sens auquel je viens de les restreindre qu'en les analysant ; c'est-à-dire, qu'il faut les réduire aux idées simples dont elles ont été composées, et suivre le progrès de leur génération. C'est ainsi que nous nous sommes formé la notion de l'entendement. Jusqu'ici aucun philosophe n'a su que cette méthode pût être pratiquée en métaphysique. Les moyens dont ils se sont servis pour y suppléer, n'ont fait qu'augmenter la confusion, et multiplier les disputes.

§. 10. De là on peut conclure l'inutilité des définitions où l'on veut expliquer les propriétés des choses par un genre et par une différence. 1°. L'usage en est impossible, Locke l'a fait voir [1], et il est assez singulier qu'il soit le premier qui l'ait remarqué. Les philo-

---

1 Liv. III, chap. 4.

sophes qui sont venus avant lui, ne sachant pas discerner les idées qu'il fallait définir de celles qui ne devaient pas l'être, qu'on juge de la confusion qui se trouve dans leurs écrits. Les Cartésiens n'ignoraient pas qu'il y a des idées plus claires que toutes les définitions qu'on en peut donner, mais ils n'en savaient pas la raison, quelque facile qu'elle paroisse à apercevoir. Ainsi ils font bien des efforts pour définir des idées fort simples, tandis qu'ils jugent inutile d'en définir de fort composées. Cela fait voir combien, en philosophie, le plus petit pas est difficile à faire.

En second lieu, les définitions sont peu propres à donner une notion exacte des choses un peu composées. Les meilleures ne valent pas même une analyse imparfaite. C'est qu'il y entre toujours quelque chose de gratuit, ou du moins on n'a point de règles pour s'assurer du contraire. Dans l'analyse, on est obligé de suivre la génération même de la chose. Ainsi quand elle sera bien faite, elle réunira infailliblement les suffrages, et par là terminera les disputes.

§. 11. Quoique les géomètres aient connu cette méthode, ils ne sont pas exempts de reproches. Il leur arrive quelquefois de ne pas saisir la vraie génération des choses, et cela dans des occasions, où il n'était pas difficile de le faire. On en voit la preuve dès l'entrée de la géométrie.

Après avoir dit que le point est *ce qui se termine soi-même de toutes parts, ce qui n'a d'autres bornes que soi-même*, ou *ce qui n'a ni longueur, ni largeur, ni profondeur*, ils le font mouvoir pour engendrer la ligne. Ils font ensuite mouvoir la ligne pour engendrer la surface, et la surface, pour engendrer le solide.

Je remarque d'abord qu'ils tombent ici dans le défaut des autres philosophes, c'est de vouloir définir une chose fort simple : défaut qui est une des suites de la synthèse qu'ils ont si fort à cœur, et qui demande qu'on définisse tout.

En second lieu, le mot de *borne* dit si nécessairement relation à une chose étendue, qu'il n'est pas possible d'imaginer une chose qui se termine de toutes parts, ou qui n'a d'autres bornes que soi-même. La privation de toute longueur, largeur et profondeur, n'est pas non plus une notion assez facile pour être présentée la première.

En troisième lieu, on ne saurait se représenter le mouvement d'un point sans étendue, et encore moins la trace qu'on suppose qu'il laisse après lui pour produire la ligne. Quant à la ligne, on peut bien la concevoir en mouvement selon la détermination de sa longueur, mais non pas selon la détermination qui devrait produire la surface ; car alors elle est dans le même cas que le point. On en peut dire autant de la surface mue pour engendrer le solide.

§. 12. On voit bien que les Géomètres ont eu pour objet, de se conformer à la génération des choses ou à celle des idées : mais ils n'y ont pas réussi.

On ne peut avoir l'usage des sens qu'on n'ait aussitôt l'idée de l'étendue avec ses dimensions. Celle du solide est donc une des premières qu'ils transmettent. Or prenez un solide, et considérez-en une extrémité, sans penser à sa profondeur, vous aurez l'idée d'une surface, ou d'une étendue en longueur et largeur sans profondeur. Car votre réflexion n'est l'idée que de la chose dont elle s'occupe.

Prenez ensuite cette surface, et pensez à sa longueur sans penser à sa largeur, vous aurez l'idée d'une ligne, ou d'une étendue en longueur sans largeur et sans profondeur.

Enfin, réfléchissez sur une extrémité de cette ligne, sans faire attention à sa longueur ; et vous vous ferez l'idée d'un point, ou de ce qu'on prend en géométrie pour ce qui n'a ni longueur, ni largeur, ni profondeur.

Par cette voie, vous vous formerez, sans effort, les idées de point, de ligne et de surface. On voit que tout dépend d'étudier l'expérience, afin d'expliquer la génération des idées dans le même ordre dans lequel elles se sont formées. Cette méthode est surtout indispensable, quand il s'agit des notions abstraites : c'est le seul moyen de les expliquer avec netteté.

§. 13. On peut remarquer deux différences essentielles entre les idées simples et les idées complexes. 1°. L'esprit est purement passif dans la production des premières ; il ne pourrait pas se donner l'idée d'une couleur qu'il n'a jamais vue : il est au contraire actif dans la génération des dernières. C'est lui qui en réunit les idées simples, d'après des modèles, ou à son choix : en un mot, elles ne sont que l'ouvrage d'une expérience réfléchie. Je les appellerai plus particulièrement *notions*. 2°. Nous n'avons point de mesure pour connaître l'excès d'une idée simple sur une autre, ce qui provient de ce qu'on ne peut les diviser. Il n'en est pas de même des idées complexes : on connaît, avec la dernière précision, la différence de deux nombres, parce que l'unité, qui en est la mesure commune, est toujours égale. On peut encore compter les idées simples des notions complexes qui, ayant été formées de perceptions différentes, n'ont pas une mesure aussi exacte que l'unité. S'il y a des rapports qu'on ne saurait apprécier, ce sont uniquement ceux des idées simples. Par exemple, on connaît exactement quelles idées on a attaché de plus au mot *or* qu'à celui de *tombac* ; mais on ne peut pas mesurer la différence de la couleur de ces métaux, parce que la perception en est simple et indivisible.

§. 14. Les idées simples et les idées complexes conviennent en ce qu'on peut également les considérer comme absolues et comme relatives. Elles sont absolues quand on s'y arrête et qu'on en fait l'objet de sa réflexion, sans les rapporter à d'autres ; mais quand on les considère comme subordonnées les unes aux autres, on les nomme relations.

§. 15. Les notions archétypes ont deux avantages : le premier c'est d'être complètes ; ce sont des modèles fixes dont l'esprit peut acquérir une connaissance si parfaite, qu'il ne lui en restera plus rien à découvrir. Cela est évident, puisque ces notions ne peuvent renfermer d'autres idées simples que celles que l'esprit a lui-même rassemblées. Le second avantage est une suite du premier ; il consiste en ce que tous les rapports qui sont entre elles, peuvent être aperçus : car, connaissant toutes les idées simples dont elles sont formées, nous en pouvons faire toutes les analyses possibles.

Mais les notions des substances n'ont pas les mêmes avantages. Elles sont nécessairement incomplètes, parce que nous les rapportons à des modèles, où nous pouvons tous les jours découvrir de nouvelles propriétés. Par conséquent, nous ne saurions connaître tous les rapports qui sont entre deux substances. S'il est louable de chercher, par l'expérience, à augmenter de plus en plus notre connaissance à cet égard, il est ridicule de se flatter qu'on puisse un jour la rendre parfaite.

Cependant il faut prendre garde qu'elle n'est pas obscure et confuse, comme on se l'imagine ; elle n'est que bornée. Il dépend de nous de parler des substances dans la dernière exactitude, pour-

Étienne Bonnot de Condillac

vu que nous ne comprenions dans nos idées et dans nos expressions, que ce qu'une observation constante nous apprend.

§. 16. Les mots synonymes de *pensée, opération, perception, sensation, conscience, idée, notion*, sont d'un si grand usage en métaphysique, qu'il est essentiel d'en remarquer la différence. J'appelle *pensée* tout ce que l'âme éprouve, soit par des impressions étrangères, soit par l'usage qu'elle fait de sa réflexion : *opération*, la pensée en tant qu'elle est propre à produire quelque changement dans l'âme, et, par ce moyen, à l'éclairer et la guider : *perception*, l'impression qui se produit en nous à la présence des objets : *sensation*, cette même impression en tant qu'elle vient par les sens : *conscience*, la connaissance qu'on en prend : *idée*, la connaissance qu'on en prend comme image, *notion*, toute idée qui est notre propre ouvrage : voilà le sens dans lequel je me sers de ces mots. On ne peut prendre indifféremment l'un pour l'autre, qu'autant qu'on n'a besoin que de l'idée principale qu'ils signifient. On peut appeler les idées simples indifféremment perceptions on idées ; mais on ne doit pas les appeler notions, parce qu'elles ne sont pas l'ouvrage de l'esprit. On ne doit pas dire la *notion du blanc*, mais la *perception du blanc*. Les notions, à leur tour, peuvent être considérées comme images : on peut, par conséquent, leur donner le nom d'*idées*, mais jamais, celui de perception. Ce serait faire entendre qu'elles ne sont pas notre ouvrage. On peut dire la *notion de la hardiesse*, et non la *perception de la hardiesse* : ou, si l'on veut faire usage de ce terme, il faut dire les *perceptions qui composent la notion de la hardiesse*. En un mot, comme nous n'avons conscience des impressions qui se passent dans l'âme, que comme de quelque chose de simple et d'indivisible, le nom de *perception* doit être consacré aux idées simples, ou du moins à celles qu'on regarde comme telles, par rapport à des notions plus composées.

J'ai encore une remarque à faire sur les mots d'*idée* et de *notion* : c'est que le premier signifiant une perception considérée comme image, et le second une idée que l'esprit a lui-même formée, les idées et les notions ne peuvent appartenir qu'aux êtres qui sont capables de réflexion. Quant aux autres, tels que les bêtes, ils n'ont que des sensations et des perceptions : ce qui n'est pour eux qu'une perception, devient idée à notre égard, par la réflexion, que nous faisons que cette perception représente quelque chose.

PREMIÈRE PARTIE

SECTION QUATRIÈME.

CHAPITRE PREMIER.
De l'opération par laquelle nous donnons des signes
à nos idées.

Cette opération résulte de l'imagination qui présente à l'esprit des signes dont on n'avait point encore l'usage, et de l'attention qui les lie avec les idées. Elle est une des plus essentielles dans la recherche de la vérité ; cependant elle est des moins connues. J'ai déjà fait voir quel est l'usage et la nécessité des signes pour l'exercice des opérations de l'âme. Je vais démontrer la même chose en les considérant par rapport aux différentes espèces d'idées : c'est une vérité qu'on ne saurait présenter sous trop de faces différentes.

§. 1. L'arithmétique fournit un exemple bien sensible de la nécessité des signes. Si, après avoir donné un nom à l'unité, nous n'en imaginions pas successivement pour toutes les idées que nous formons par la multiplication de cette première, il nous serait impossible de faire aucun progrès dans la connaissance des nombres. Nous ne discernons différentes collections que parce que nous avons des chiffres qui sont eux-mêmes fort distincts. Ôtons ces chiffres, ôtons tous les lignes en usage, et nous nous apercevrons qu'il nous est impossible d'en conserver les idées. Peut-on seulement se faire la notion du plus petit nombre, si l'on ne considère pas plusieurs objets dont chacun soit comme le signe auquel on attache l'unité ? Pour moi, je n'aperçois les nombres *deux* ou *trois*, qu'autant que je me représente deux ou trois objets différents. Si je passe au nombre *quatre*, je suis obligé, pour plus de facilité, d'imaginer deux objets d'un côté et deux de l'autre : à celui de *six*, je ne puis me dispenser de les distribuer deux à deux, ou trois à trois ; et si je veux aller plus loin, il me faudra bientôt, considérer plusieurs unités comme une seule, et les réunir pour cet effet à un seul objet.

§. 2. Locke [1], parle de quelques Américains qui n'avaient point d'idées du nombre mille, parce qu'en effet ils n'avaient imaginé des noms que pour compter jusqu'à vingt. J'ajoute qu'ils auraient eu quelque difficulté à s'en faire du nombre vingt et un. En voici la

---

1 L. II, c. 16, §. 6. Il dit qu'il s'est entretenu avec eux.

raison.

Par la nature de notre calcul, il suffit d'avoir des idées des premiers nombres pour être en état de s'en faire de tous ceux qu'on peut déterminer. C'est que les premiers signes étant donnés, nous avons des règles pour en inventer d'autres. Ceux qui ignoreraient cette méthode, au point d'être obligés d'attacher chaque collection à des signes qui n'auraient point d'analogie entre eux, n'auraient aucun secours pour se guider dans l'invention des signes. Ils n'auraient donc pas la même facilité que nous pour se faire de nouvelles idées. Tel était vraisemblablement le cas de ces Américains. Ainsi, non seulement ils n'avaient point d'idée du nombre mille, mais même il ne leur était pas aisé de s'en faire immédiatement au-dessus de vingt. [1]

§. 3. Le progrès de nos connaissances dans les nombres, vient donc uniquement de l'exactitude avec laquelle nous avons ajouté l'unité à elle-même, en donnant à chaque progression un nom qui la fait distinguer de celle qui la suit. Je sais que cent est supérieur d'une unité à quatre-vingt-dix-neuf, et inférieur d'une unité à cent un, parce que je me souviens que ce sont là trois signes que j'ai choisis pour désigner trois nombres qui se suivent.

§. 4. Il ne faut pas se faire illusion, en s'imaginant que les idées des nombres, séparées de leurs signes, soient quelque chose de clair et de déterminé [2]. Il ne peut rien y avoir qui réunisse dans l'esprit plusieurs unités, que le nom même auquel on les a attachées. Si quelqu'un me demande ce que c'est que *mille*, que puis-je répondre, sinon que ce mot fixe dans mon esprit une certaine collection d'unités ? S'il m'interroge encore sur cette collection, il est évident qu'il m'est impossible de la lui faire apercevoir dans toutes ses parties. Il ne me reste donc qu'à lui présenter successivement

---

1 On ne peut plus douter de ce que j'avance ici depuis la relation de M. de la Condamine. Il parle (p. 67) d'un peuple qui n'a d'autre signe pour exprimer le nombre trois que celui-ci, *poellarrarorincourac*. Ce peuple ayant commencé d'une manière aussi peu commode, il ne lui était pas aisé de compter au-delà. On ne doit donc pas avoir de la peine à comprendre que ce fussent là, comme on l'assure, les bornes de son arithmétique.

2 Malebranche a pensé que les nombres qu'aperçoit *l'entendement pur* sont quelque chose de bien supérieur à ceux qui tombent sous les sens. Saint-Augustin (dans ses confessions), les Platoniciens et tous les partisans des idées innées, ont été dans le même préjugé.

tous les noms qu'on a inventés pour signifier les progressions qui la précèdent. Je dois lui apprendre à ajouter une unité à une autre, et à les réunir par le signe *deux* ; une troisième aux deux précédentes, et à les attacher au signe trois, et ainsi de suite. Par cette voie, qui est l'unique, je le mènerai de nombres en nombres jusqu'à mille.

Qu'on cherche ensuite ce qu'il y aura de clair dans son esprit, on y trouvera trois choses : l'idée de l'unité, celle de l'opération par laquelle il a ajouté plusieurs fois l'unité à elle-même, enfin le souvenir d'avoir imaginé le signe *mille* après les signes *neuf cent quatre-vingt-dix-neuf, neuf cent quatre-vingt-dix-huit*, etc. Ce n'est certainement ni par l'idée de l'unité, ni par celle de l'opération qui l'a multipliée, qu'est déterminé ce nombre ; car ces choses se trouvent également dans tous les autres. Mais puisque le signe *mille* n'appartient qu'à cette collection, c'est lui seul qui la détermine et qui la distingue.

§. 5. Il est donc hors de doute que, quand un homme ne voudrait calculer que pour lui, il serait autant obligé d'inventer des signes que s'il voulait communiquer ses calculs. Mais pourquoi, ce qui est vrai en arithmétique, ne le serait-il pas dans les autres sciences ? Pourrions-nous jamais réfléchir sur la métaphysique et sur la morale, si nous n'avions inventé des signes pour fixer nos idées, à mesure que nous avons formé de nouvelles collections ? Les mots ne doivent-ils pas être aux idées de toutes les sciences ce que sont les chiffres aux idées de l'arithmétique ? Il est vraisemblable que l'ignorance de cette vérité est une des causes de la confusion qui règne dans les ouvrages de métaphysique et de morale. Pour traiter cette matière avec ordre, il faut parcourir toutes les idées ; qui peuvent être l'objet de notre réflexion.

§. 6. Il me semble qu'il n'y a rien à ajouter à ce que j'ai dit sur les idées simples. Il est certain que nous réfléchissons souvent sur nos perceptions sans nous rappeler autre chose que leurs noms, ou les circonstances où nous les avons éprouvées. Ce n'est même que par la liaison qu'elles ont avec ces signes, que l'imagination peut les réveiller à notre gré.

L'esprit est si borné qu'il ne peut pas se retracer une grande quantité d'idées, pour en faire tout-à-la-fois le sujet de sa réflexion. Cependant il est souvent nécessaire qu'il en considère plusieurs ensemble. C'est ce qu'il fait avec le secours des signes qui, en les réunissant, les lui font envisager comme si elles n'étaient qu'une seule idée.

§. 7. Il y a deux cas où nous rassemblons des idées simples sous un seul signe : nous le faisons sur des modèles, ou sans modèles.

Je trouve un corps, et je vois qu'il est étendu, figuré, divisible, solide, dur, capable de mouvement et de repos, jaune, fusible, ductile, malléable, fort pesant, fixe, qu'il a la capacité d'être dissous dans l'eau régale, etc. Il est certain que si je ne puis pas donner tout-à-la-fois une idée de toutes ces qualités, je ne saurais me les rappeler à moi-même qu'en les faisant passer en revue devant mon esprit ; mais si, ne pouvant les embrasser toutes ensemble, je voulais ne penser qu'à une seule, par exemple, à sa couleur : une idée aussi incomplète me serait inutile, et me ferait souvent confondre ce corps avec ceux qui lui ressemblent par cet endroit. Pour sortir de cet embarras, j'invente le mot *or*, et je m'accoutume à lui attacher toutes les idées dont j'ai fait le dénombrement. Quand, par la suite, je penserai à la notion de l'or, je n'apercevrai donc que ce son, *or*, et le souvenir d'y avoir lié une certaine quantité d'idées simples, que je ne puis réveiller tout-à-la-fois, mais que j'ai vu coexister dans un même sujet, et que je me rappellerai les unes après les autres, quand je les souhaiterai.

Nous ne pouvons donc réfléchir sur les substances qu'autant que nous avons des signes qui déterminent le nombre et la variété des propriétés que nous y avons remarquées et que nous voulons réunir dans des idées complexes, comme elles le sont hors de nous dans des sujets. Qu'on oublie, pour un moment, tous ces signes, et qu'on essaye d'en rappeler les idées, on verra que les mots, ou d'autres signes équivalents, sont d'une si grande nécessité, qu'ils tiennent, pour ainsi dire, dans notre esprit la place que les sujets occupent au-dehors. Comme les qualités des choses ne coexisteraient pas hors de nous sans des sujets où elles se réunissent, leurs idées ne coexisteraient pas dans notre esprit sans des signes où elles se réunissent également.

§. 8. La nécessité des signes est encore bien sensible dans les idées complexes que nous formons sans modèles. Quand nous avons rassemblé des idées que nous ne voyons nulle part réunies, comme il arrive ordinairement dans les notions archétypes ; qu'est-ce qui en fixerait les collections, si nous ne les attachions à des mots qui sont comme des liens qui les empêchent de s'échapper ? Si vous croyez que les noms vous soient inutiles, arrachez-les de votre mémoire, et essayez de réfléchir sur les lois civiles et morales, sur les vertus et les vices, enfin sur toutes les actions humaines, vous reconnaîtrez votre erreur. Vous avouerez que si, à chaque combinaison que vous faites, vous n'avez pas des signes pour déterminer le nombre d'idées simples que vous avez voulu recueillir, à peine aurez-vous fait un pas que vous n'apercevrez plus qu'un chaos. Vous serez dans le même embarras que celui qui voudrait calculer en disant plusieurs fois, un, un, un, et qui ne voudrait pas imaginer des signes pour chaque collection. Cet homme ne se ferait jamais l'idée d'une vingtaine, parce que rien ne pourrait l'assurer qu'il en aurait exactement répété toutes les unités.

§. 9. Concluons que, pour avoir des idées sur lesquelles nous puissions réfléchir, nous avons besoin d'imaginer des signes qui servent de lien aux différentes collections d'idées simples, et que nos notions ne sont exactes qu'autant que nous avons inventé avec ordre les signes qui doivent les fixer.

§. 10. Cette vérité fera connaître à tous ceux qui voudront réfléchir sur eux-mêmes, combien le nombre des mots que nous avons dans la mémoire, est supérieur à celui de nos idées. Cela devait être naturellement ainsi ; soit parce que la réflexion ne venant qu'après la mémoire, elle n'a pas toujours repassé avec assez de soin sur les idées auxquelles on avait donné des signes : soit parce que nous voyons qu'il y a un grand intervalle entre le temps où l'on commence à cultiver la mémoire d'un enfant, en y gravant bien des mots dont il ne peut encore remarquer les idées, et celui où il commence à être capable d'analyser ses notions pour s'en rendre quelque compte. Quand cette opération survient, elle se trouve trop lente pour suivre la mémoire qu'un long exercice a rendue prompte et facile. Quel travail ne serait-ce pas, s'il fallait qu'elle examinât tous les signes ? On les emploie donc tels qu'ils se présentent, et l'on se contente ordinairement d'en saisir à-peu-près le sens. Il arrive de là que l'analyse est, de toutes les opérations, celle dont on connaît le moins l'usage. Combien d'hommes chez qui elle n'a jamais eu lieu ! L'expérience au moins confirme qu'elle a

Étienne Bonnot de Condillac

d'autant moins d'exercice que la mémoire et l'imagination en ont davantage. Je le répète donc : tous ceux qui rentreront en eux-mêmes y trouveront grand nombre de signes auxquels ils n'ont lié que des idées fort imparfaites, et plusieurs même auxquels ils n'en attachent point du tout. De là le chaos où se trouvent les sciences abstraites : chaos que les philosophes n'ont jamais pu débrouiller, parce qu'aucun d'eux n'en a connu la première cause. Locke est le seul en faveur de qui on peut faire ici quelques exceptions.

§. 11. Cette vérité montre encore combien les ressorts de nos connaissances sont simples et admirables. Voilà l'âme de l'homme avec des sensations et des opérations : comment disposera-t-elle de ces matériaux ? Des gestes, des sons, des chiffres, des lettres ; c'est avec des instruments aussi étrangers à nos idées, que nous les mettons en œuvre pour nous élever aux connaissances les plus sublimes. Les matériaux sont les mêmes chez tous les hommes : mais l'adresse à se servir des signes varie ; et de là l'inégalité qui se trouve parmi eux.

Refusez à un esprit supérieur l'usage des caractères : combien de connaissances lui sont interdites, auxquelles un esprit médiocre atteindrait facilement ? Ôtez-lui encore l'usage de la parole : le sort des muets vous apprend dans quelles bornes étroites vous le renfermez. Enfin, enlevez-lui l'usage de toutes sortes de signes, qu'il ne sache pas faire à propos le moindre geste, pour exprimer les pensées les plus ordinaires : vous aurez en lui un imbécile.

§. 12. Il serait à souhaiter que ceux qui se chargent de l'éducation des enfants n'ignorassent pas les premiers ressorts de l'esprit humain. Si un précepteur, connaissant parfaitement l'origine et le progrès de nos idées, n'entretenait son disciple que des choses qui ont le plus de rapport à ses besoins et à son âge ; s'il avait assez d'adresse pour le placer dans les circonstances les plus propres à lui apprendre à se faire des idées précises et à les fixer par des signes constants ; si même, en badinant, il n'employait jamais dans ses discours que des mots dont le sens serait exactement déterminé ; quelle netteté, quelle étendue ne donnerait-il pas à l'esprit de son élève ! Mais combien peu de pères sont en état de procurer de pareils maîtres à leurs enfants ; et combien sont encore plus rares ceux qui seraient propres à remplir leurs vues ? Il est cependant utile de connaître tout ce qui pourrait contribuer à une bonne éducation. Si l'on ne peut pas toujours l'exécuter, peut-être évitera-t-on au moins ce qui y serait tout-à-fait contraire. On ne devrait, par exemple, jamais embarrasser les enfants par des paralogismes, des sophismes ou d'autres mauvais raisonnements. En se permettant de pareils badinages, on court risque de leur rendre l'esprit confus et même faux. Ce n'est qu'après que leur entendement aurait acquis beaucoup de netteté et de justesse, qu'on pourrait, pour exercer leur sagacité, leur tenir des discours captieux. Je voudrais même qu'on y apportât assez de précaution pour prévenir tous les inconvénients ; mais des réflexions sur cette matière m'écarteraient trop de mon sujet : Je vais dans le chapitre suivant, confirmer, par des faits, ce que je crois avoir démontré dans celui-ci : ce sera une occasion de développer mon sentiment de plus en plus.

CHAPITRE II.
On confirme, par des faits, ce qui a été prouvé
dans le chapitre précédent.

§. 13. « A Chartres, un jeune homme de vingt-trois à vingt-quatre ans, fils d'un artisan, sourd et muet de naissance, commença tout-à-coup à parler, au grand étonnement de toute la ville. On sut de lui que, trois ou quatre mois auparavant, il a voit entendu le son des cloches, et avait été extrêmement surpris de cette sensation nouvelle et inconnue. Ensuite il lui était sorti une espèce d'eau de l'oreille gauche, et il avait entendu parfaitement des deux oreilles. Il fut trois ou quatre mois à écouter sans rien dire, s'accoutumant à répéter tout bas les paroles qu'il entendait, et s'affermissant clans la prononciation et dans les idées attachées aux mots. Enfin, il se crut en état de rompre le silence, et il déclara qu'il parlait, quoique ce ne fût encore qu'imparfaitement. Aussitôt des théologiens habiles l'interrogèrent sur son état passé, et leurs questions principales roulèrent sur Dieu, sur l'âme, sur la bonté ou la malice morale des actions. Il ne parut pas avoir poussé ses pensées jusque-là. Quoiqu'il fût né de parents catholiques, qu'il assistât à la messe, qu'il fût instruit à faire le signe de la croix, et à se mettre à genoux dans la contenance d'un homme qui prie, il n'avait jamais joint à tout cela aucune intention, ni compris celle que les autres y joignent. Il ne savait pas bien distinctement ce que c'était que la mort, et il n'y pensait jamais. Il menait une vie purement animale, tout occupé des objets sensibles et présents, et du peu d'idées qu'il recevait par les yeux. Il ne tirait pas même de la comparaison de ces idées tout ce qu'il semble qu'il en aurait pu tirer. Ce n'est pas qu'il n'eût naturellement de l'esprit ; mais l'esprit d'un homme privé du commerce des autres, est si peu exercé et si peu cultivé, qu'il ne pense qu'autant qu'il y est indispensablement forcé par les objets extérieurs. Le plus grand fonds des idées des hommes est dans leur commerce réciproque ».

§. 14. Ce fait est rapporté dans les mémoires de l'académie des sciences [1]. Il eût été à souhaiter qu'on eût interrogé ce jeune homme sur le peu d'idées qu'il avait quand il était sans l'usage de la parole, sur les premières qu'il acquit depuis que l'ouïe lui fut rendue ; sur les secours qu'il reçut, soit des objets extérieurs, soit de ce qu'il entendait dire, soit de sa propre réflexion, pour en faire de nouvelles ; en un mot, sur tout ce qui peut être à son esprit une occasion de se former. L'expérience agit en nous de si bonne heure, qu'il n'est pas étonnant qu'elle se donne quelquefois pour la nature même. Ici au contraire elle agit si tard, qu'il eût été aisé de ne pas s'y méprendre. Mais les théologiens y voulaient reconnaître la nature, et, tout habiles qu'ils étaient, ils ne reconnurent ni l'une ni l'autre. Nous n'y pouvons suppléer que par des conjectures.

§. 15. J'imagine que, pendant vingt-trois ans, ce jeune homme était à-peu-près dans l'état où j'ai représenté l'âme, quand, ne disposant point encore de son attention, elle la donne aux objets, non pas à son choix, mais selon qu'elle est entraînée par la force avec laquelle ils agissent sur elle. Il est vrai qu'élevé parmi les hommes, il en recevait des secours qui lui faisaient lier quelques-unes de ses idées à des signes. Il n'est pas douteux qu'il ne sût faire connaître, par des gestes, ses principaux besoins, et les choses qui les pouvaient soulager. Mais comme il manquait de noms pour désigner celles qui n'avaient pas un si grand rapport à lui ; qu'il était peu intéressé à y suppléer par quelque autre moyen et qu'il ne retirait de dehors aucun secours, il n'y pensait jamais que quand il en avait une perception actuelle. Son attention uniquement attirée par des sensations vives, cessait avec ces sensations, Pour lors la contem-

---

1 Année 17o3, p. 18.

plation n'avait aucun exercice, à plus forte raison la mémoire.

§. 16. Quelquefois notre conscience, partagée entre un grand nombre de perceptions qui agissent sur nous avec une force à-peu-près égale, est si faible qu'il ne nous reste aucun souvenir de ce que nous avons éprouvé. A peine sentons-nous pour lors que nous existons : des jours s'écouleraient comme des moments, sans que nous en fissions la différence ; et nous éprouverions des milliers de fois la même perception, sans remarquer que nous l'avons déjà eue. Un homme qui, par l'usage des signes, a acquis beaucoup d'idées, et se les est rendues familières, ne peut pas demeurer longtemps dans cette espèce de léthargie. Plus la provision de ses idées est grande, plus il y a lieu de croire que quelqu'une aura occasion de se réveiller, d'exercer son attention, et de le retirer de cet assoupissement. Par conséquent moins on a d'idées, plus cette léthargie doit être ordinaire. Qu'on juge donc si, pendant vingt-trois ans que ce jeune homme de Chartres fut sourd et muet, son âme put faire souvent usage de son attention, de sa réminiscence et de sa réflexion.

§. 17. Si l'exercice de ces premières opérations était si borné, combien celui des autres l'était-il davantage ? Incapable de fixer et de déterminer exactement les idées qu'il recevait par les sens, il ne pouvait, ni en les composant, ni en les décomposant, se faire des notions à son choix. N'ayant pas des signes assez commodes pour comparer ses idées les plus familières, il était rare qu'il formât des jugements. Il est même vraisemblable que, pendant le cours des vingt-trois premières années de sa vie, il n'a pas fait un seul raisonnement. Raisonner, c'est former des jugements, et les lier en observant la dépendance où ils sont les uns des autres. Or ce jeune homme n'a pu le faire, tant qu'il n'a pas eu l'usage des conjonctions ou des particules qui expriment les rapports des différentes parties du discours. Il était donc naturel *qu'il ne tirât pas de la comparaison de ses idées tout ce qu'il semble qu'il en aurait pu tirer.* Sa réflexion, qui n'avait pour objet que des sensations vives ou nouvelles, n'influait point dans la plupart de ses actions, et que fort peu dans les autres. Il ne se conduisit que par habitude et par imitation, surtout dans les choses qui avaient moins de rapport à ses besoins. C'est ainsi que, faisant ce que la dévotion de ses parents exigeait de lui, il n'avait jamais songé au motif qu'on pouvait avoir, et ignorait qu'il y dût joindre une intention. Peut-être même l'imitation était-elle d'autant plus exacte, que la réflexion ne l'accompagnait point ; car les distractions doivent être moins fréquentes dans un homme qui sait peu réfléchir.

§. 18. Il semble que, pour savoir ce que c'est que la vie, ce soit assez d'être et de se sentir. Cependant, au hasard d'avancer un paradoxe, je dirai que ce jeune homme en avait à peine une idée. Pour un être qui ne réfléchit pas, pour nous-mêmes, dans ces moments où, quoique éveillés, nous ne faisons, pour ainsi dire, que végéter, les sensations ne sont que des sensations, et elles ne deviennent des idées que lorsque la réflexion nous les fait considérer comme images de quelque chose. Il est vrai qu'elles guidaient ce jeune homme dans la recherche de ce qui était utile à sa conservation, et l'éloignement de ce qui pouvait lui nuire : mais il en suivait l'impression sans réfléchir sur ce que c'était que se conserver, ou se laisser détruire. Une preuve de la vérité de ce que j'avance, c'est qu'il ne savait pas bien distinctement ce que c'était que la mort. S'il avait su ce que c'était que la vie, n'aurait-il pas vu aussi distinctement que nous, que la mort n'en est que la privation [1] ?

§. 19. Nous voyons, dans ce jeune homme quelques faibles traces des opérations de l'âme : mais si l'on excepte la perception, la conscience, l'attention, la réminiscence et l'imagination, quand elle n'est point encore en notre pouvoir, on ne trouvera aucun vestige des autres dans quelqu'un qui aurait été privé de tout commerce avec les hommes, et qui, avec des organes sains et bien constitués, aurait, par exemple, été élevé parmi des ours. Presque sans réminiscence, il passerait souvent par le même état sans reconnaître qu'il y eût été. Sans mémoire, il n'aurait aucun signe pour suppléer à l'absence des choses. N'ayant qu'une imagination dont il ne pourrait disposer, ses perceptions ne se réveilleraient qu'autant que le hasard lui présenterait un objet avec lequel quelques circonstances les auraient liées : enfin, sans réflexion, il recevrait les impressions que les choses feraient sur ses sens, et ne leur obéirait que par instinct. Il imiterait les ours en tout, aurait un cri à-peu-près semblable au leur, et se traînerait sur les pieds et sur les mains. Nous

1 La mort peut se prendre encore pour le passage de cette vie dans une autre ; mais ce n'est pas là le sens dans lequel il faut ici l'entendre. M. de Fontenelle ayant dit que ce jeune homme n'avait point d'idée de Dieu, ni de l'âme, il est évident qu'il n'en avait pas davantage de la mort, prise pour le passage de cette vie dans une autre.

PREMIÈRE PARTIE

sommes si fort portés à l'imitation, que peut-être un Descartes à sa place n'essaierait pas seulement de marcher sur ses pieds.

§. 20. Mais quoi ! me dira-t-on, la nécessité de pourvoir à ses besoins et de satisfaire à ses passions, ne suffira-t-elle pas pour développer toutes les opérations de son âme ?

Je réponds que non ; parce que tant qu'il vivra sans aucun commerce avec le reste des hommes, il n'aura point occasion de lier ses idées à des signes arbitraires. Il sera sans mémoire ; par conséquent son imagination ne sera point à son pouvoir : d'où il résulte qu'il sera entièrement incapable de réflexion.

§. 21. Son imagination aura cependant un avantage sur la nôtre ; c'est qu'elle lui retracera les choses d'une manière bien plus vive. Il nous est si commode de nous rappeler nos idées avec le secours de la mémoire, que notre imagination est rarement exercée. Chez lui, au contraire, cette opération tenant lieu de toutes les autres, l'exercice en sera aussi fréquent que ses besoins, et elle réveillera les perceptions avec plus de force. Cela peut se confirmer par l'exemple des aveugles qui ont communément le tact plus fin que nous ; car on en peut apporter la même raison.

§. 22. Mais cet homme ne disposera jamais lui-même des opérations de son âme. Pour le comprendre, voyons dans quelles circonstances elles pourront avoir quelque exercice.

Je suppose qu'un monstre auquel il a vu dévorer d'autres animaux, ou que ceux avec lesquels il vit, lui ont appris à fuir, vienne à lui : cette vue attire son attention, réveille les sentiments de frayeur qui sont liés avec l'idée du monstre, et le dispose à la fuite. Il échappe à cet ennemi, mais le tremblement dont tout son corps est agité, lui en conserve quelque temps l'idée présente ; voilà la contemplation : peu après le hasard le conduit dans le même lieu, l'idée du lieu réveille celle du monstre avec laquelle elle s'était liée : voilà l'imagination. Enfin puisqu'il se reconnaît pour le même être qui s'est déjà trouvé dans ce lieu, il y a encore en lui réminiscence. On voit par là que l'exercice de ses opérations dépend d'un certain concours de circonstances qui l'affectent d'une manière particulière, et qu'il doit, par conséquent, cesser aussitôt que ces circonstances cessent. La frayeur de cet homme dissipée, si l'on suppose qu'il ne retourne pas dans le même lieu, ou qu'il n'y retourne que quand l'idée n'en sera plus liée avec celle du monstre, nous ne trouverons rien en lui qui soit propre à lui rappeler ce qu'il a vu. Nous ne pouvons réveiller nos idées qu'autant qu'elles sont liées à quelques signes : les siennes ne le sont qu'aux circonstances qui les ont fait naître : il ne peut donc se les rappeler que quand il se retrouve dans ces mêmes circonstances. De là dépend l'exercice des opérations de son âme. Il n'est pas le maître, je le répète, de les conduire par lui-même ; il ne peut qu'obéir à l'impression que les objets font sur lui ; et l'on ne doit pas attendre qu'il puisse donner aucun signe de raison.

§. 23. Je n'avance pas de simples conjectures. Dans les forêts qui confinent la Lithuanie et la Russie, on prit, en 1694, un jeune homme d'environ dix ans, qui vivait parmi les ours. Il ne donnait aucune marque de raison, marchait sur ses pieds et sur ses mains, n'avait aucun langage, formait des sons qui ne ressemblaient en rien à ceux d'un homme. Il fut longtemps avant de pouvoir proférer quelques paroles, encore le fit-il d'une manière bien barbare. Aussitôt qu'il put parler, on l'interrogea sur son premier état ; mais il ne s'en souvint non plus que nous nous souvenons de ce qui nous est arrivé au berceau [1].

§. 24. Ce fait prouve parfaitement la vérité de ce que j'ai dit sur le progrès des opérations de l'âme. Il était aisé de prévoir que cet enfant ne devait pas se rappeler son premier état. Il pouvait en avoir quelque souvenir au moment qu'on l'en retira ; mais ce souvenir, uniquement produit par une attention donnée rarement, et jamais fortifiée par la réflexion, était si faible que les traces s'en effacèrent pendant l'intervalle qu'il y eut du moment où il commença à se faire des idées, à celui où l'on pu lui faire des questions. En supposant, pour épuiser toutes les hypothèses, qu'il se fût encore souvenu du temps qu'il vivait dans les forêts, il n'aurait jamais pu se le représenter que par les perceptions qu'il se serait rappelées. Ces perceptions ne pouvaient être qu'en petit nombre ; ne se souvenant point de celles qui les avaient précédées, suivies ou interrompues, il ne se serait point retracé la succession des parties de ce temps. D'où il serait arrivé qu'il n'aurait jamais soupçonné qu'elle eût eu un commencement, et qu'il ne l'aurait cependant envisagée que comme un instant. En un mot, le souvenir confus de son premier état l'aurait mis dans l'embarras de s'imaginer d'avoir toujours été,

---

1 Connor. in. evang. med., art. 15, pag. 133 et seq.

et de ne pouvoir se représenter son éternité prétendue que comme un moment. Je ne doute donc pas qu'il n'eût été bien surpris, quand on lui aurait dit qu'il avait commencé d'être ; et qu'il ne l'eût encore été, quand on aurait ajouté qu'il avait passé par différents accroissements. Jusques-là incapable de réflexion, il n'aurait jamais remarqué des changements aussi insensibles, et il aurait naturellement été porté à croire qu'il avait toujours été tel qu'il se trouvait au moment où on l'engageait à réfléchir sur lui-même.

§. 25. L'illustre secrétaire de l'académie des sciences a fort bien remarqué que le plus grand fonds des idées des hommes est dans leur commerce réciproque. Cette vérité développée achèvera de confirmer tout ce que je viens de dire.

J'ai distingué trois sortes de signes : les signes accidentels, les signes naturels et les signes d'institution. Un enfant élevé parmi les ours n'a que le secours des premiers. Il est vrai qu'on ne peut lui refuser les cris naturels à chaque passion : mais comment soupçonnerait-il qu'ils soient propres à être les signes des sentiments qu'il éprouve ? S'il vivait avec d'autres hommes, il leur entendrait si souvent pousser des cris semblables à ceux qui lui échappent, que tôt ou tard il lierait ces cris avec les sentiments qu'ils doivent exprimer. Les ours ne peuvent lui fournir les mêmes occasions : leurs mugissements n'ont pas assez d'analogie avec la voix humaine. Par le commerce que ces animaux ont ensemble, ils attachent vraisemblablement à leurs cris les perceptions dont ils sont les signes ; ce que cet enfant ne saurait faire. Ainsi, pour se conduire d'après l'impression des cris naturels, ils ont des secours qu'il ne peut avoir, et il y a apparence que l'attention, la réminiscence et l'imagination, ont chez eux plus d'exercice que chez lui ; mais c'est à quoi se bornent toutes les opérations de leur âme [1].

Puisque les hommes ne peuvent se faire des signes, qu'autant qu'ils vivent ensemble, c'est une conséquence que le fonds de leurs

---

1 Locke (L. II, c. 11, §. 10 et 11), remarque, avec raison, que les bêtes ne peuvent point former d'abstractions. Il leur refuse, en conséquence, la puissance de raisonner sur des idées générales ; mais il regarde comme évident qu'elles raisonnent en certaines rencontres sur des idées particulières. Si ce philosophe avait vu qu'on ne peut réfléchir qu'autant qu'on a l'usage des signes d'institution ; il aurait reconnu que les bêtes sont absolument incapables de raisonnement, et que, par conséquent, leurs actions, qui paraissent raisonnées, ne sont que les effets d'une imagination dont elles ne peuvent point disposer.

Étienne Bonnot de Condillac

idées, quand leur esprit commence à se former, est uniquement dans leur commerce réciproque. Je dis, *quand leur esprit commence à se former*, parce qu'il est évident que, lorsqu'il a fait des progrès, il connaît l'art de se faire des signes, et peut acquérir des idées sans aucun secours étranger.

Il ne faudrait pas m'objecter qu'avant ce commerce l'esprit a déjà des idées, puisqu'il a des perceptions ; car des perceptions qui n'ont jamais été l'objet de la réflexion, ne sont pas proprement des idées. Elles ne sont que des impressions faites dans l'âme, auxquelles il manque, pour être des idées, d'être considérées comme images.

§. 26. Il me semble qu'il est inutile de rien ajouter à ces exemples, ni aux explications que j'en ai données : ils confirment bien sensiblement que les opérations de l'esprit se développent plus ou moins, à proportion qu'on a l'usage des signes.

Il s'offre cependant une difficulté : c'est que si notre esprit ne fixe ses idées que par des signes, nos raisonnements courent risque de ne rouler souvent que sur des mots ; ce qui doit nous jeter dans bien des erreurs.

Je réponds que la certitude des mathématiques lève cette difficulté. Pourvu que nous déterminions si exactement les idées simples attachées à chaque signe, que nous puissions, dans le besoin, en faire l'analyse ; nous ne craindrons pas plus de nous tromper que les mathématiciens, lorsqu'ils se servent de leurs chiffres. A la vérité, cette objection fait voir qu'il faut se conduire avec beaucoup de précaution, pour ne pas s'engager, comme bien des philosophes, dans des disputes de mots et dans des questions vaines et puériles ; mais par là elle ne fait que confirmer ce que j'ai moi-même remarqué.

§. 27. On peut observer ici avec quelle lenteur l'esprit s'élève à la connaissance de la vérité. Locke en fournit un exemple, qui me paraît curieux.

Quoique la nécessité des signes pour les idées des nombres ne lui ait pas échappé, il n'en parle pas cependant comme un homme bien assuré de ce qu'il avance. Sans les signes, dit-il, avec lesquels nous distinguons chaque collection d'unités, *à peine* pouvons-nous faire usage des nombres, surtout dans les combinaisons fort composées [1].

Il s'est aperçu que les noms étaient nécessaires pour les idées archétypes, mais il n'en a pas saisi la vraie raison. « L'esprit, dit-il, ayant mis de la liaison entre les parties détachées de ces idées complexes, cette union qui n'a aucun fondement particulier dans la nature, cesserait, s'il n'y avait quelque chose qui la maintînt [2] ». Ce raisonnement devait, comme il l'a fait, l'empêcher de voir la nécessité des signes pour les notions des substances : car ces notions ayant un fondement dans la nature, c'était une conséquence que la réunion de leurs idées simples se conservât dans l'esprit, sans le secours des mots.

Il faut, bien peu de chose pour arrêter les plus grands génies dans leurs progrès ? il suffit, comme on le voit ici, d'une légère méprise qui leur échappe dans le moment même qu'ils défendent la vérité. Voilà ce qui a empêché Locke de découvrir combien les signes sont nécessaires à l'exercice des opérations de l'âme. Il suppose que l'esprit fait des propositions mentales dans lesquelles il joint ou sépare les idées sans l'intervention des mots [3]. Il prétend même que la meilleure voie pour arriver à des connaissances, serait de considérer les idées en elles-mêmes : mais il remarque qu'on le fait fort rarement, tant, dit-il, la coutume d'employer des sons pour des idées a prévalu parmi nous [4]. Après ce que j'ai dit, il est inutile que je m'arrête à faire voir combien tout cela est peu exact.

M. Wolf remarque qu'il est bien difficile que la raison ait quelque exercice dans un homme qui n'a pas l'usage des signes d'institution, lien donne pour exemple les deux faits que je viens de rapporter [5], mais il ne les explique pas. D'ailleurs il n'a point connu l'absolue nécessité des signes, non plus que la manière dont ils concourent aux progrès des opérations de l'âme.

Quant aux Cartésiens et aux Malebranchistes, ils ont été aussi éloignés de cette découverte qu'on peut l'être. Comment soupçonner la nécessité des signes, lorsqu'on pense, avec Descartes, que les idées sont innées, ou, avec Malebranche, que nous voyons toutes

---

1 L. II, c. 16, §. 5.
2 L. III, c. 5, §. 10.
3 L. IV, c. 5, §. 3, 4, 5.
4 L. IV, c. 6, §. 1.
5 Psychol. ration., §. 461.

Étienne Bonnot de Condillac

choses en Dieu ?

SECTION CINQUIÈME.
Des Abstractions.

§. 1. Nous avons vu que les notions abstraites se forment en cessant de penser aux propriétés par où les choses sont distinguées, pour ne penser qu'aux qualités par où elles conviennent. Cessons de considérer ce qui détermine une étendue à être telle, un tout à être tel, nous aurons les idées abstraites d'étendue et de tout [1].

Ces sortes d'idées ne sont donc que des dénominations que nous donnons aux choses envisagées par les endroits par où elles se ressemblent : c'est pourquoi on les appelle *idées générales*. Mais ce n'est pas assez d'en connaître l'origine ; il y a encore des considérations importantes à faire sur leur nécessité, et sur les vices qui les accompagnent.

§. 2. Elles sont sans doute absolument nécessaires. Les hommes étant obligés de parler des choses selon qu'elles diffèrent ou qu'elles conviennent, il a fallu qu'ils pussent les rapporter à des classes distinguées par des signes. Avec ce secours ils renferment, dans un seul mot, ce qui n'aurait pu, sans confusion, entrer dans de longs discours. On en voit un exemple sensible dans l'usage qu'on fait des termes de *substance, esprit, corps, animal*. Si l'on ne veut parler des choses qu'autant qu'on se représente dans chacune un sujet qui en

---

1 Voici comment Locke explique le progrès de ces sortes d'idées. « Les idées, dit-il, que les enfants se font des personnes avec qui ils conversent, sont semblables aux personnes mêmes, et ne sont que particulières. Les idées qu'ils ont de leur nourrice et de leur mère, sont fort bien tracées dans leur esprit, et comme autant de fidèles tableaux, y représentent uniquement ces individus. Les noms qu'ils leur donnent d'abord se terminent aussi à ces individus : ainsi les noms de *nourrice* et de *maman*, dont se servent les enfants, se rapportent uniquement à ces personnes. Quand après cela le temps, et une plus grande connaissance du monde leur a fait observer qu'il y a plusieurs autres êtres qui, par certains communs rapports de figure et de plusieurs autres qualités, ressemblent à leur père, à leur mère et autres personnes qu'ils sont accoutumés de voir, ils forment une idée à laquelle ils trouvent que tous ces êtres particuliers participent également, et ils lui donnent, comme les autres, le nom d'*homme*. Voilà comment ils viennent à avoir un nom général et une idée générale. En quoi ils ne forment rien de nouveau ; mais écartant seulement de l'idée complexe qu'ils avaient de *Pierre*, de *Jacques*, de *Marie* et d'*Élisabeth*, ce qui est particulier à chacun d'eux, ils ne retiennent que ce qui leur est commun à tous ». L. III, c. 3, §. 7.

soutient les propriétés et les modes, on n'a besoin que du mot de *substance*. Si l'on a en vue d'indiquer plus particulièrement l'espèce des propriétés et des modes, on se sert du mot d'*esprit* ou de celui de *corps*. Si, en réunissant ces deux idées, on a dessein de parler d'un tout vivant, qui se meut de lui-même et par instinct, on a le mot d'*animal*. Enfin, selon qu'on joindra à cette dernière notion les idées qui distinguent les différentes espèces d'animaux, l'usage fournit ordinairement des termes propres à rendre notre pensée d'une manière abrégée.

§. 3. Mais il faut remarquer que c'est moins par rapport à la nature des choses que par rapport à la manière dont nous les connaissons, que nous en déterminons les genres et les espèces, ou, pour parler un langage plus familier, que nous les distribuons dans les classes subordonnées les unes aux autres. Si nous avions la vue assez perçante pour découvrir dans les objets un plus grand nombre de propriétés, nous apercevrions bientôt des différences entre ceux qui nous paraissent le plus conformes, et nous pourrions en conséquence les subdiviser en de nouvelles classes. Quoique différentes portions d'un même métal soient, par exemple, semblables par les qualités que nous leur connaissons, il ne s'ensuit pas qu'elles le soient par celles qui nous restent à connaître. Si nous savions en faire la dernière analyse, peut-être trouverions-nous autant de différence entre elles que nous en trouvons maintenant entre des métaux de différente espèce.

§. 4. Ce qui rend les idées générales si nécessaires, c'est la limitation de notre esprit. Dieu n'en a nullement besoin ; la connaissance infinie comprend tous les individus, et il ne lui est pas plus difficile de penser à tous en même temps que de penser à un seul. Pour nous, la capacité de notre esprit est remplie, non seulement lorsque nous ne pensons qu'à un objet, mais même lorsque nous ne le considérons que par quelque endroit. Ainsi nous sommes obligés, pour mettre de l'ordre dans nos pensées, de distribuer les choses en différentes classes.

§. 5. Des notions qui partent d'une telle origine, ne peuvent être que défectueuses ; et vraisemblablement il y aura du danger à nous en servir, si nous ne le faisons avec précaution. Aussi les philosophes sont-ils tombés, à ce sujet, dans une erreur qui a eu de grandes suites : ils ont réalisé toutes leurs abstractions, ou les ont

Étienne Bonnot de Condillac

regardées comme des êtres qui ont une existence réelle indépendamment de celle des choses [1]. Voici, je pense, ce qui a donné lieu à une opinion aussi absurde.

§. 6. Toutes nos premières idées ont été particulières ; c'étaient certaines sensations de lumière, de couleur, etc., ou certaines opérations de l'âme. Or toutes ces idées présentent une vraie réalité, puisqu'elles ne sont proprement que notre être différemment modifié ; car nous ne saurions rien apercevoir en nous que nous ne le regardions comme à nous, comme appartenant à notre être, ou comme étant notre être de telle ou telle façon, c'est-à-dire, sentant, voyant, etc. : telles sont toutes nos idées dans leur origine.

Notre esprit étant trop borné pour réfléchir en même temps sur toutes les modifications qui peuvent lui appartenir, il est obligé de les distinguer, afin de les prendre les unes après les autres. Ce qui sert de fondement à cette distinction, c'est que ces modifications changent et se succèdent continuellement dans son être, qui lui paraît un certain fonds qui demeure toujours le même.

Il est certain que ces modifications, distinguées de la sorte de l'être qui en est le sujet, n'ont plus aucune réalité. Cependant l'esprit ne peut pas réfléchir sur rien ; car ce serait proprement ne pas réfléchir. Comment donc ces modifications, prises d'une manière abstraite, ou séparément de l'être auquel elles appartiennent, et qui ne leur convient qu'autant qu'elles y sont renfermées, deviendront-elles l'objet de l'esprit ? C'est qu'il continue de les regarder comme des êtres. Accoutumé, toutes les fois qu'il les considère comme étant à lui, à les apercevoir avec la réalité de son être, dont pour lors elles ne sont pas distinctes, il leur conserve, autant qu'il peut, cette même réalité, dans le temps même qu'il les en distingue. Il se contredit ; d'un côté il envisage ses modifications sans aucun

1 Au commencement du douzième siècle, les Péripatéticiens formèrent deux branches, celles des Nominaux et celle des Réalistes. Ceux-ci soutenaient que les notions générales que l'école appelle *nature universelle, relations formalités* et autres, sont des réalités distinctes des choses. Ceux-là, au contraire, pensaient qu'elles ne sont que des noms par où on exprime différentes manières de concevoir, et ils s'appuyaient sur ce principe, que la nature ne fait rien en vain. C'était soutenir une bonne thèse par une assez mauvaise raison ; car c'était convenir que ces réalités étaient possibles, et que, pour les exciter, il ne fallait que leur trouver quelque utilité. Cependant ce principe était appelé *le rasoir des Nominaux*. La dispute entre ces deux sectes fui si vive qu'on en vint aux mains en Allemagne, et qu'en France Louis XI fut obligé de défendre la lecture des livres des Nominaux.

PREMIÈRE PARTIE

rapport à son être, et elles ne sont plus rien ; d'un autre côté, parce que le néant ne peut se saisir, il les regarde comme quelque chose, et continue de leur attribuer cette même réalité avec laquelle il les a d'abord aperçues, quoiqu'elle ne puisse plus leur convenir. En un mot, ces abstractions, quand elles n'étaient que des idées particulières, se sont liées avec l'idée de l'être, et cette liaison subsiste.

Quelque vicieuse que soit cette contradiction, elle est néanmoins nécessaire ; car si l'esprit est trop limité pour embrasser tout-à-la-fois son être et ses modifications, il faudra bien qu'il les distingue, en formant des idées abstraites ; et quoique par là les modifications perdent toute la réalité qu'elles avaient, il faudra bien encore qu'il leur en suppose, parce qu'autrement il n'en pourrait jamais faire l'objet de sa réflexion.

C'est cette nécessité qui est cause que bien des philosophes n'ont pas soupçonné que la réalité des idées abstraites fût l'ouvrage de l'imagination. Ils ont vu que nous étions absolument engagés à considérer ces idées comme quelque chose de réel, ils s'en sont tenus là ; et, n'étant pas remontés à la cause qui nous les fait apercevoir sous cette fausse apparence, ils ont conclu qu'elles étaient en effet des êtres.

On a donc réalisé toutes ces notions ; mais plus ou moins, selon que les choses dont elles sont des idées partielles, paraissent avoir plus ou moins de réalité. Les idées des modifications ont participé à moins de degrés d'être, que celles des substances, et celles des substances finies en ont encore eu moins que celles de l'être infini [1].

§. 7. Ces idées, réalisées de la sorte, ont été d'une fécondité merveilleuse. C'est à elles que nous devons l'heureuse découverte des *qualités occultes, des formes substantielles, des espèces intentionnelles* : ou, pour ne parler que de ce qui est commun aux modernes, c'est à elles que nous devons *ces genres, ces espèces, ces essences* et *ces différences*, qui sont tout autant d'êtres qui vont se placer dans chaque substance, pour la déterminer à être ce qu'elle est. Lorsque les philosophes se servent de ces mots, *être, substance, essence, genre, espèce*, il ne faut pas s'imaginer qu'ils n'entendent que certaines collections d'idées simples qui nous viennent par sensation et par réflexion ; ils veulent pénétrer plus avant, et voir dans chacun d'eux des réalités spécifiques. Si même nous descendons dans un

1 Descartes lui-même raisonne de la sorte. *Med.*

plus grand détail, et que nous passions en revue les noms des *substances, corps, animal, homme, métal, or, argent, etc.* tous dévoilent aux yeux des philosophes des êtres cachés au reste des hommes.

Une preuve qu'ils regardent ces mots comme signes de quelque réalité, c'est que quoiqu'une substance ait souffert quelque altération, ils ne laissent pas de demander si elle appartient encore à la même espèce à laquelle elle se rapportait avant ce changement : question qui deviendrait superflue, s'ils mettaient les notions des substances et celles de leurs espèces dans différentes collections d'idées simples. Lorsqu'ils demandent *si de la glace et de la neige sont de l'eau ; si un fœtus monstrueux est un homme ; si dieu, les esprits, les corps, ou même le vide, sont des substances* ; il est évident que la question n'est pas si ces choses conviennent avec les idées simples rassemblées sous ces mots, *eau, homme, substance* ; elle se résoudrait d'elle-même. Il s'agit de savoir si ces choses renferment certaines essences, certaines réalités qu'où suppose que ces mots, *eau, homme, substance* signifient.

§. 8. Ce préjugé a fait imaginer à tous les philosophes qu'il faut définir les substances par la différence la plus prochaine et la plus propre à en expliquer la nature. Mais nous sommes encore à attendre d'eux un exemple de ces sortes de définitions. Elles seront toujours défectueuses par l'impuissance où ils sont de connaître les essences, impuissance dont ils ne se doutent pas, parce qu'ils se préviennent pour des idées abstraites qu'ils réalisent, et qu'ils prennent ensuite pour l'essence même des choses.

§. 9. L'abus des notions abstraites réalisées se montre encore bien visiblement lorsque les philosophes, non contents d'expliquer à leur manière la nature de ce qui est, ont voulu expliquer la nature de ce qui n'est pas. On les a vu parler des créatures purement possibles, comme des créatures existantes, et tout réaliser, jusqu'au néant d'où elles sont sorties. Où étaient les créatures, a-t-on demandé, avant que dieu les eût créées ? La réponse est facile ; car c'est demander où elles étaient avant qu'elles fussent, à quoi, ce me semble, il suffit de répondre qu'elles n'étaient nulle part.

L'idée des créatures possibles n'est qu'une abstraction réalisée que nous avons formée, en cessant de penser à l'existence des choses, pour ne penser qu'aux autres qualités que nous leur connaissons.

Nous avons pensé, à l'étude, à la figure, au mouvement et au repos des corps, et nous avons cessé de penser à leur existence. Voilà comment nous nous sommes fait l'idée des corps possibles, idée qui leur ôte toute leur réalité, puisqu'elle les suppose dans le néant, et qui, par une contradiction évidente, la leur conserve, puisqu'elle nous les représente comme quelque chose d'étendu, de figuré, etc.

Les philosophes n'apercevant pas cette contradiction, n'ont pris cette idée que par ce dernier endroit. En conséquence, ils ont donné à ce qui n'est point les réalités de ce qui existe ? et quelques-uns ont cru résoudre d'une manière sensible les questions les plus épineuses de la création.

§. 10. « Je crains, dit Locke ; que la manière dont on parle des facultés de l'âme, n'ait fait venir à plusieurs personnes l'idée confuse d'autant d'agents qui existent distinctement en nous, qui ont différentes fonctions et différents pouvoirs qui commandent, obéissent et exécutent diverses choses, comme autant d'êtres distincts, ce qui a produit quantité de vaines disputes, de discours obscurs et pleins d'incertitude sur les questions qui se rapportent à ces différents pouvoirs de l'âme ».

Cette crainte est digne d'un sage philosophe ; car pourquoi agiterait-on comme des questions fort importantes, *si le jugement appartient à l'entendement ou à la volonté ; s'ils sont l'un et l'autre également actifs ou également libres ; si la volonté est capable de connaissance, ou si ce n'est qu'une faculté aveugle ; si enfin elle commande à l'entendement, ou si celui-ci la guide et la détermine ? Si, par entendement et volonté*, les philosophes ne voulaient exprimer que l'âme envisagée par rapport à certains actes qu'elle produit ou peut produire, il est évident que le jugement, l'activité et la liberté appartiendraient à l'entendement, ou ne lui appartiendraient pas, selon qu'en parlant de cette faculté, on considérerait plus ou moins de ces actes. Il en est de même de la volonté. Il suffit, dans ces sortes de cas, d'expliquer les termes en déterminant, par des analyses exactes, les notions qu'on se fait des choses. Mais les philosophes ayant été obligés de se représenter l'âme par des abstractions ; ils en ont multiplié l'être ; et l'entendement et la volonté ont subi le sort de toutes les notions abstraites. Ceux même tels que les Cartésiens, qui ont remarqué expressément que ce ne sont point là des êtres distingués de l'âme, ont agité toutes les questions que je viens de

Étienne Bonnot de Condillac

rapporter. Ils ont donc réalisé ces notions abstraites contre leur intention, et sans s'en apercevoir ; c'est qu'ignorant la manière de les analyser, ils étaient incapables d'en connaître les défauts, et, par conséquent, de s'en servir avec toutes les précautions nécessaires.

§. 11. Ces sortes d'abstractions ont infiniment obscurci tout ce qu'on a écrit sur la liberté, question où bien des plumes ne paraissent s'être exercées que pour l'obscurcir davantage. L'entendement, disent quelques philosophes, est une faculté qui reçoit les idées, et la volonté est une faculté aveugle par elle-même, et qui ne se détermine qu'en conséquence des idées que l'entendement lui présente. Il ne dépend pas de l'entendement d'apercevoir ou non les idées et les rapports de vérité ou de probabilité qui sont entre elles. Il n'est pas libre, il n'est pas même actif ; car il ne produit point en lui les idées du blanc et du noir, et il voit nécessairement que l'une n'est pas l'autre. La volonté agit, il est vrai : mais aveugle par elle-même, elle suit le *dictamen* de l'entendement, c'est-à-dire, qu'elle se détermine conséquemment à ce que lui prescrit une cause nécessaire. Elle est donc aussi nécessaire. Or, si l'homme était libre, ce serait par l'une ou l'autre de ces facultés. L'homme n'est donc pas libre.

Pour réfuter tout ce raisonnement, il suffit de remarquer que ces philosophes se font de l'entendement et de la volonté des fantômes qui ne sont que dans leur imagination. Si ces facultés étaient telles qu'ils se les représentent, sans doute que la liberté n'aurait jamais lieu. Je les invite à rentrer en eux-mêmes, et je leur réponds que, pourvu qu'ils veuillent renoncer à ces réalités abstraites, et analyser leurs pensées, ils verront les choses d'une manière bien différente. Il n'est point vrai, par exemple que l'entendement ne soit ni libre, ni actif ; les analyses que nous en avons données démontrent le contraire. Mais il faut convenir que cette difficulté est grande, si même elle n'est insoluble, dans l'hypothèse des idées innées.

§. 12. Je ne sais si, après ce que je viens de dire, on pourra enfin abandonner toutes ces abstractions réalisées : plusieurs raisons me font appréhender le contraire. Il faut se souvenir que nous avons dit [1] que les noms des substances tiennent dans notre esprit la place que les sujets occupent hors de nous : ils y sont le lien et le soutien des idées simples, comme les sujets le sont au-dehors des qualités. Voilà pourquoi nous sommes toujours tentés de les rapporter à ce

---

1 Section 4.

sujet, et de nous imaginer qu'ils en expriment la réalité même.

En second lieu, j'ai remarqué ailleurs [1] que nous ne pouvons connaître toutes les idées simples dont les notions archétypes se sont formées. Or l'essence d'une chose étant, selon les philosophes, ce qui la constitue ce qu'elle est, c'est une conséquence que nous puissions, dans ces occasions, avoir des idées des essences : aussi leur avons-nous donné, des noms. Par exemple, celui de *justice* signifie l'essence du juste ; celui de *sagesse*, l'essence du sage, etc. C'est peut-être là une des raisons qui a fait croire aux scholastiques que, pour avoir des noms qui exprimassent les essences des substances, ils n'avaient qu'à suivre l'analogie du langage. Ainsi ils ont fait les mots de *corporéité* d'*animalité* et d'*humanité*, pour désigner les essences du *corps*, de l'*animal* et de l'*homme*. Ces termes leur étant devenus familiers, il est bien difficile de leur persuader qu'ils sont vides de sens.

En troisième lieu, il n'y a que deux moyens de se servir des mots : s'en servir après avoir fixé dans son esprit toutes les idées simples qu'ils doivent signifier, ou seulement après les avoir supposés signes de la réalité même des choses. Le premier moyen est, pour l'ordinaire, embarrassant, parce que l'usage n'est pas toujours assez décidé. Les hommes voyant les choses différemment, selon l'expérience qu'ils ont acquise, il est difficile qu'ils s'accordent sur le nombre et sur la qualité des idées de bien des noms. D'ailleurs, lorsque cet accord se rencontre, il n'est pas toujours aisé de saisir dans sa juste étendue le sens d'un terme : pour cela il faudrait du temps, de l'expérience et de la réflexion ; mais il est bien plus commode de supposer dans les choses une réalité dont on regarde les mots comme les véritables signes ; d'entendre par ces noms *homme*, *animal*, etc., une entité qui détermine et distingue ces choses, que de faire attention à tontes les idées simples qui peuvent lui appartenir. Cette voie satisfait tout-à-la-fois notre impatience et notre curiosité. Peut-être y a-t-il peu de personnes, même parmi celles qui ont le plus travaillé à se défaire de leurs préjugés, qui ne sentent quelque penchant à rapporter tous les noms des substances à des réalités inconnues. Cela paraît même dans des cas où il est facile d'éviter l'erreur, parce que nous savons bien que les idées que nous réalisons ne sont pas de véritables êtres. Je veux parler des

1 Section 3.

Étienne Bonnot de Condillac

êtres moraux, tels que la *gloire*, la *guerre*, la *renommée*, auxquels nous n'avons donné la dénomination d'*être*, que parce que, dans les discours les plus sérieux, comme dans les conversations les plus familières, nous les imaginons sous cette idée.

§. 13. C'est là certainement une des sources les plus étendues de nos erreurs. Il suffit d'avoir supposé que les mots répondent à la réalité des choses, pour les confondre avec elles et pour conclure qu'ils en expliquent parfaitement la nature. Voilà pourquoi celui qui fait une question, et qui s'informe ce que c'est que tel ou tel corps, croit, comme Locke le remarque, demander quelque chose de plus qu'un nom, et que celui qui lui répond, *c'est du fer*, croit aussi lui apprendre quelque chose de plus. Mais avec un tel jargon il n'y a point d'hypothèse, quelque inintelligible qu'elle puisse être, qui ne se soutienne. Il ne faut plus s'étonner de la vogue des différentes sectes.

§. 14. Il est donc bien important de ne pas réaliser nos abstractions. Pour éviter, cet inconvénient, je ne connais qu'un moyen, c'est de savoir développer l'origine et la génération de toutes nos notions abstraites. Mais ce moyen a été inconnu aux philosophes, et c'est en vain qu'ils ont tâché d'y suppléer par des définitions. La cause de leur ignorance à cet égard, c'est le préjugé où ils ont toujours été qu'il fallait commencer par les idées générales ; car, lorsqu'on s'est défendu de commencer par les particulières, il n'est pas possible d'expliquer les plus abstraites qui en tirent leur origine : en voici un exemple.

Après avoir défini l'impossible par *ce qui implique contradiction* ; le possible, par *ce qui ne l'implique pas* ; et l'être, par *ce qui peut exister* : on n'a pas su donner d'autre définition de l'existence, sinon qu'elle est *le complément de la possibilité* ; mais je demande si cette définition présente quelque idée, et si l'on ne serait pas en droit de jeter sur elle le ridicule qu'on a donné à quelques-unes de celles d'Aristote.

Si le possible est *ce qui n'implique pas contradiction*, la possibilité est *la non-implication de contradiction*. L'existence est donc *le complément de la non-implication de contradiction*. Quel langage ! En observant mieux l'ordre naturel des idées, on aurait vu que la notion de la possibilité ne se forme que d'après celle de l'existence.

PREMIÈRE PARTIE

Je pense qu'on n'adopte ces sortes de définitions que parce que, connaissant d'ailleurs la chose définie, on n'y regarde pas de si près. L'esprit qui est frappé de quelque clarté, la leur attribue, et ne s'aperçoit point qu'elles sont inintelligibles. Cet exemple fait voir combien il est important de s'attacher à ma méthode : c'est-à-dire, de substituer toujours des analyses aux définitions des philosophes. Je crois même qu'on devrait porter le scrupule jusqu'à éviter de se servir des expressions dont ils paraissent le plus jaloux. L'abus en est devenu si familier qu'il est difficile, quelque soin qu'on se donne, qu'elles ne fassent mal saisir une pensée au commun des lecteurs. Locke en est un exemple. Il est vrai qu'il n'en fait pour l'ordinaire que des applications fort justes ; mais on l'entendrait dans bien des endroits, avec plus de facilité, s'il les avait entièrement bannies de son style : je n'en juge au reste que par la traduction.

Ces détails font voir quelle est l'influence des idées abstraites. Si leurs défauts ignorés ont fort obscurci toute la métaphysique, aujourd'hui qu'ils sont connus, il ne tiendra qu'à nous d'y remédier.

SECTION SIXIÈME.
De quelques Jugements qu'on a attribués
à l'âme, sans fondement, ou solution
d'un problème de métaphysique.

§. 1. Je crois n'avoir jusqu'ici attribué à l'âme aucune opération que chacun ne puisse apercevoir en lui-même ; mais les philosophes, pour rendre raison des phénomènes de la vue, ont supposé que nous formons certains jugements dont nous n'avons nulle conscience. Cette opinion est si généralement reçue ; que Locke, le plus circonspect de tous, l'a adoptée : voici comment il s'explique.

« Une observation qu'il est à propos de faire au sujet de la perception, c'est que les idées qui viennent par voie de sensation, sont souvent altérées par le jugement de l'esprit des personnes faites, sans qu'elles s'en aperçoivent. Ainsi lorsque nous plaçons devant nos yeux un corps rond de couleur uniforme, d'or, par exemple, d'albâtre ou de jais, il est certain que l'idée qui s'imprime dans notre esprit à la vue de ce globe, représente un cercle plat, diversement ombragé, avec différents degrés de lumière dont nos yeux se trouvent frappés. Mais comme nous sommes accoutumés par l'usage à distinguer quelle sorte d'images les corps convexes produisent ordinairement en nous, et quels changements arrivent dans la réflexion de la lumière, selon la différence sensible des corps, nous mettons aussitôt, à la place de ce qui nous paraît, la cause même de l'image que nous voyons, et cela en vertu d'un jugement que la coutume nous a rendu habituel ; de sorte que, joignant à la vision un jugement que nous confondons avec elle, nous nous formons l'idée d'une figure convexe et d'une couleur uniforme, quoique dans le fond nos yeux ne nous représentent qu'un plan ombragé et coloré diversement, comme il paraît dans la peinture. A cette occasion j'insérerai ici un problème du savant M. Molineux..... *Supposez un aveugle de naissance, qui soit présentement homme fait, auquel on ait appris à distinguer par l'attouchement un cube, et un globe, du même métal et à-peu-près de même grandeur, en sorte que lorsqu'il touche l'un et l'autre, il puisse dire quel est le cube et quel est le globe. Supposez que le cube et le globe étant posés sur une table, cet aveugle vienne à jouir de la vue : on demande si en les voyant sans les toucher, il pourrait les discerner, et dire quel est le globe et quel est le cube.* Le pénétrant et judicieux auteur de cette question répond en même temps que non : *car*, ajoute-t-il, *bien que cet aveugle ait appris par expérience de quelle manière le globe et le cube affectent son attouchement, il ne sait pourtant pas encore ce qui affecte son attouchement de telle ou de telle manière, et doit frapper ses yeux de telle ou de telle manière, ni que l'angle avancé d'un cube, qui presse sa main d'une manière inégale, doive paraître à ses yeux tel qu'il paraît dans le cube.* Je suis tout-à-fait du sentiment de cet habile homme... Je crois que cet aveugle ne serait point capable, à la première vue, de dire avec certitude, quel serait le globe et quel serait le cube, s'il se contentait de les regarder, quoiqu'en les touchant il pût les nommer et les distinguer sûrement par la différence de leurs figures qu'il apercevrait par l'attouchement [1] ».

§. 2. Tout ce raisonnement suppose que l'image qui se trace dans l'œil à la vue d'un globe, n'est qu'un cercle plat, éclairé et coloré différemment, ce qui est vrai. Mais il suppose encore, et c'est ce qui me paraît faux, que l'impression qui se fait dans l'âme en conséquence, ne nous donne que la perception de ce cercle ; que si nous

---

1 Liv. II, p. 97, § 8.

PREMIÈRE PARTIE

voyons le globe d'une figure convexe, c'est parce qu'ayant acquis, par l'expérience du toucher, l'idée de cette figure, et que, sachant quelle sorte d'image elle produit en nous par la vue, nous nous sommes accoutumés, contre le rapport de cette image, à la juger convexe : jugement qui, pour me servir de l'expression que Locke emploie peu après, *change l'idée de la sensation, et nous la représente autre qu'elle n'est en elle-même.*

§. 3. Parmi ces suppositions, Locke avance, sans preuve, que la sensation de l'âme ne représente rien de plus que l'image que nous savons se tracer dans l'œil. Pour moi, quand je regarde un globe, je vois autre chose qu'un cercle plat : expérience à laquelle il me paraît tout naturel de m'en rapporter. Il y a d'ailleurs bien des raisons pour rejeter les jugements auxquels ce philosophe a recours. D'abord il suppose que nous connaissons quelle sorte d'images les corps convexes produisent en nous, et quels changements arrivent dans la réflexion de la lumière, selon la différence des figures sensibles des corps : connaissance que la plus grande partie des hommes n'a point, quoiqu'ils voient les figures de la même manière que les philosophes. En second lieu, nous aurions beau joindre ces jugements à la vision, nous ne les confondrions jamais avec elle, comme Locke le suppose ; mais nous verrions d'une façon et nous jugerions d'une autre.

Je vois un bas relief, je sais, à n'en pas douter, qu'il est peint sur une surface plate ; je l'ai touché : cependant cette connaissance, l'expérience réitérée, et tous les jugements que je puis faire, n'empêchent point que je ne voie des figures convexes. Pourquoi cette apparence continue-t-elle ? Pourquoi un jugement qui a la vertu de me faire voir les choses tout autrement qu'elles ne sont dans l'idée que m'en donnent mes sensations, n'aurait-il pas la vertu de me les faire voir conformes à cette idée ? On peut raisonner de même sur l'apparence de rondeur sous laquelle nous voyons de loin un bâtiment que nous savons et jugeons être carré, et sur mille autres exemples semblables.

§. 4. En troisième lieu, une raison qui suffirait seule pour détruire cette opinion de Locke ; c'est qu'il est impossible de nous faire avoir conscience de ces sortes de jugements. On se fonde en vain sur ce qu'il paraît se passer dans l'âme bien des choses dont nous ne prenons pas connaissance. Par ce que j'ai dit ailleurs [1], il est vrai que nous pourrions bien oublier ces jugements le moment d'après que nous les aurons formés : mais lorsque nous en ferions l'objet de notre réflexion, la conscience en serait si vive que nous ne pourrions plus les révoquer en doute.

§. 5. En suivant le sentiment de Locke dans toutes ses conséquences, il faudrait raisonner sur les distances, les situations, les grandeurs et l'étendue, comme il a fait sur les figures. Ainsi l'on dirait : « Lorsque nous regardons une vaste campagne, il est certain que l'idée qui s'imprime dans notre esprit, à cette vue, représente une surface plate, ombragée et colorée diversement, avec différents degrés de lumière dont nos yeux sont frappés. Mais comme nous sommes accoutumés, par l'usage, à distinguer quelle sorte d'image, les corps différemment situés, différemment distants, différemment grands et différemment étendus produisent ordinairement en nous, et quels changements arrivent dans la réflexion de la lumière, selon la différence des distances, des situations, des grandeurs et de l'étendue ; nous mettons aussitôt, à la place de ce qui nous paraît, la cause même des images que nous voyons, et cela en vertu d'un jugement que la coutume nous a rendu habituel ; de sorte que, joignant à la vision un jugement que nous confondons avec elle, nous nous formons les idées de différentes situations, distances, grandeurs et étendues, quoique dans le fond nos yeux ne nous représentent qu'un plan ombragé et coloré diversement ».

Cette application du raisonnement de Locke est d'autant plus juste que les idées de situation, de distance, de grandeur et d'étendue que nous donne la vue d'une campagne, se trouvent toutes en petit dans la perception des différentes parties d'un globe. Cependant ce philosophe n'a pas adopté ces conséquences. En exigeant dans son problème, que le globe et le cube soient à-peu-près de la même grandeur, il fait assez entendre que la vue peut, sans le secours d'aucun jugement, nous donner différentes idées de grandeur. C'est pourtant une contradiction : car on ne conçoit pas comment on aurait des idées des grandeurs sans en avoir des figures.

§. 6. D'autres n'ont pas fait difficulté d'admettre ces conséquences. M. de Voltaire, célèbre par quantité d'ouvrages, rapporte [2] et ap-

---

1 Section 2, c. 1.
2 Éléments de la Philosophie de Newton, chap. VI.

prouve le sentiment du docteur Barclai, qui assurait que ni situations, ni distances, ni grandeurs, ni figures, ne seraient discernées par un aveugle-né, dont les yeux recevraient tout-à-coup la lumière.

§. 7. Je regarde, dit-il, de fort loin, par un petit trou, un homme posté sur un toit ; le lointain et le peu de rayons m'empêchent d'abord de distinguer si c'est un homme : l'objet me paraît très petit, je crois voir une statue de deux pieds tout au plus : l'objet se remue, je juge que c'est un homme, et dès cet instant cet homme me paraît de la grandeur ordinaire.

§. 8. J'admets, si l'on veut, ce jugement et l'effet qu'on lui attribue ; mais il est encore bien éloigné de prouver la thèse du docteur Barclai. Il y a ici un passage subit d'un premier jugement à un second tout opposé. Cela engage à fixer l'objet avec plus d'attention, afin d'y trouver la taille ordinaire à un homme. Cette attention violente produit vraisemblablement quelque changement dans le cerveau, et de là dans les yeux : ce qui fait voir un homme d'environ cinq pieds. C'est là un cas particulier, et le jugement qu'il fait faire est tel qu'on ne peut nier d'en avoir conscience. Pourquoi n'en serait-il pas de même dans toute autre occasion, si nous formions toujours, comme on le suppose, de semblables jugements ?

Qu'un homme qui n'était qu'à quatre pas de moi, s'éloigne jusqu'à huit, l'image qui s'en trace au fond de mes yeux en sera la moitié plus petite : pourquoi donc continué-je à le voir à-peu-près de la même grandeur ? Vous l'apercevrez d'abord, répondra-t-on, la moitié plus grand : mais la liaison que l'expérience a mise dans votre cerveau entre l'idée d'un homme et celle de la hauteur de cinq à six pieds, vous force à imaginer, par un jugement soudain, un homme d'une telle hauteur et à voir une telle hauteur en effet. Voilà, je l'avoue, une chose que je ne saurais confirmer par ma propre expérience. Une première perception pourrait-elle s'éclipser si vite, et un jugement la remplacer si soudainement qu'on ne pût remarquer le passage de l'une à l'autre, lorsqu'on y donnerait toute son attention ? D'ailleurs, que cet homme s'éloigne à seize pas, à trente-deux, à soixante-quatre, et toujours de la sorte ; pourquoi me paraîtra-t-il diminuer peu-à-peu, jusqu'à ce qu'enfin je cesse entièrement de le voir ? Si la perception de la vue est l'effet d'un jugement par lequel j'ai lié l'idée d'un homme à celle de la hauteur de cinq à six pieds, cet homme devrait tout-à-coup disparaître à mes yeux, ou je devrais, à quelque distance qu'il s'éloignât de moi, continuer à le voir de la même grandeur. Pourquoi diminuera-t-il plus vite à mes yeux qu'à ceux d'un autre, quoique nous ayons la même expérience ? Enfin qu'on désigne à quel point de distance ce jugement doit commencer à perdre de sa force.

§. 9. Ceux que je combats, comparent le sens de la vue à celui de l'ouïe, et concluent de l'un à l'autre. Par les sons, disent-ils, l'oreille est frappée ; on entend des tons, et rien de plus. Par la vue, l'œil est ébranlé ; on voit des couleurs, et rien de plus. Celui qui, pour la première fois de sa vie, entendrait le bruit du canon, ne pourrait juger si on tire ce canon à une lieue ou à trente pas. Il n'y a que l'expérience qui puisse l'accoutumer à juger de la distance qui est entre lui et l'endroit d'où part ce bruit. C'est la même chose précisément par rapport aux rayons de lumière qui partent d'un objet ; ils ne nous apprennent point du tout où est cet objet.

§. 10. L'ouïe par elle-même n'est pas faite pour nous donner l'idée de la distance, et même, en y joignant le secours de l'expérience, l'idée qu'elle en fournit est encore la plus imparfaite de toutes. Il y a des occasions où il en est à-peu-près de même de la vue. Si je regarde par un trou un objet éloigné, sans apercevoir ceux qui m'en séparent, je n'en connais la distance que fort imparfaitement. Alors je me rappelle les connaissances que je dois à l'expérience, et je juge cet objet plus ou moins loin, selon qu'il me paraît plus ou moins au-dessous de sa grandeur ordinaire. Voilà donc un cas où il est nécessaire de joindre un jugement au sens de la vue comme à celui de l'ouïe : mais remarquez bien qu'on en a conscience, et qu'après, comme auparavant, nous ne connaissons les distances que d'une manière fort imparfaite.

J'ouvre ma fenêtre, et j'aperçois un homme à l'extrémité de la rue : je vois qu'il est loin de moi, avant que j'aie encore formé aucun jugement. Il est vrai que ce ne sont pas les rayons de lumière qui partent de lui, qui m'apprennent le plus exactement combien il est éloigné de moi ; mais ce sont ceux qui partent des objets qui sont entre deux. Il est naturel que la vue de ces objets me donne quelque idée de la distance où je suis de cet homme; il est même impossible que je n'aie pas cette idée, toutes les fois que je les aperçois.

PREMIÈRE PARTIE

§. 11. Vous vous trompez, me dira-t-on. Les jugements soudains, presque uniformes, que votre âme, à un certain âge, porte des distances, des grandeurs, des situations, vous font penser qu'il n'y a qu'à ouvrir les yeux pour voir de la manière dont vous voyez. Cela n'est pas, il y faut le secours des autres sens. Si vous n'aviez que celui de la vue, vous n'auriez aucun moyen pour connaître l'étendue.

§. 12. Qu'apercevrais-je donc ? Un point mathématique. Non, sans doute. Je verrais certainement de la lumière et des couleurs. Mais la lumière et les couleurs ne retracent-elles pas nécessairement différentes distances, différentes grandeurs, différentes situations ? Je regarde devant moi, en haut, en bas, à droite, à gauche : je vois une lumière répandue en tout sens, et plusieurs couleurs qui certainement ne sont pas concentrées dans un point : je n'en veux pas davantage. Je trouve là, indépendamment de tout jugement, sans le secours des autres sens, l'idée de l'étendue avec toutes ses dimensions.

Je suppose un œil animé : qu'on me permette cette supposition, toute bizarre qu'elle paraisse : dans le sentiment du docteur Barclai, cet œil verrait une lumière colorée ; mais il n'apercevrait ni étendue, ni grandeur, ni distance, ni figure. Il s'accoutumerait donc à juger que toute la nature n'est qu'un point mathématique. Qu'il soit uni à un corps humain, lorsque son âme a contracté depuis longtemps l'habitude de former ce jugement, on croira sans doute que cette âme n'a plus qu'à se servir des sens qu'elle vient d'acquérir, pour se faire des idées de grandeurs, de distances, de situations et de figures. Point du tout : les jugements habituels, soudains et uniformes, qu'elle a formés de tout temps, changeront les idées de ces nouvelles sensations ; de sorte qu'elle touchera des corps, et assurera qu'ils n'ont ni étendue, ni situation, ni grandeur, ni figure.

§. 13. Il serait curieux de découvrir les lois que dieu suit, quand il nous enrichit des différentes sensations de la vue ; sensations qui non seulement nous avertissent mieux que toutes les autres, des rapports des choses à nos besoins et à la conservation de notre être, mais qui annoncent encore, d'une manière bien plus éclatante, l'ordre, la beauté et la grandeur de l'univers. Quelque importante que soit cette recherche, je l'abandonne à d'autres. Il me suffit que ceux qui voudront ouvrir les yeux conviennent qu'ils aperçoivent de la lumière, des couleurs, de l'étendue, des grandeurs, etc. Je ne remonte pas plus haut, parce que c'est là que je commence à avoir une connaissance évidente.

§. 14. Examinons à notre tour ce qui arriverait à un aveugle-né, à qui on donnerait le sens de la vue.

Cet aveugle s'est formé des idées de l'étendue, des grandeurs etc., en réfléchissant sur les différentes sensations qu'il éprouve, quand il touche des corps. Il prend un bâton dont il sent que toutes les parties, ont une même détermination ; voilà d'où il tire l'idée d'une ligne droite. Il en touche un autre, dont les parties ont différentes déterminations, en sorte que si elles étaient continuées, elles aboutiraient à différents points ; voilà d'où il tire l'idée d'une ligne courbe. De là il passe à celles d'angle, de cube, de globe et de toutes sortes de figures. Telle est l'origine des idées qu'il a sur l'étendue. Mais il ne faut pas croire qu'au moment qu'il ouvre les yeux, il jouisse déjà du spectacle que produit dans toute la nature ce mélange admirable de lumière et de couleur. C'est un trésor qui est renfermé dans les nouvelles sensations qu'il éprouve ; la réflexion peut seule le lui découvrir et lui en donner la vraie jouissance. Lorsque nous fixons nous-mêmes les yeux sur un tableau fort composé, que nous le voyons tout entier, nous ne nous en formons encore aucune idée déterminée. Pour le voir comme il faut, nous sommes obligés d'en considérer toutes les parties les unes après les autres. Quel tableau, que l'univers, à des yeux qui s'ouvrent à la lumière pour la première fois !

Je passe au moment où cet homme est en état de réfléchir sur ce qui lui frappe la vue. Certainement tout n'est pas devant lui comme un point. Il aperçoit donc une étendue en longueur, largeur et profondeur. Qu'il analyse cette étendue, il se fera les idées de surface, de ligne, de point et de toutes sortes de figures : idées qui seront semblables à celles qu'il a acquises par le toucher ; car, de quelque sens que l'étendue vienne à notre connaissance, elle ne peut être représentée de deux manières différentes. Que je voie ou que je touche un cercle et une règle, l'idée de l'un ne peut jamais offrir qu'une ligne courbe, et celle de l'autre qu'une ligne droite. Cet aveugle-né distinguera donc à la vue le globe du cube, puisqu'il y reconnaîtra les mêmes idées qu'il s'en était faites par le toucher.

On pourrait cependant l'engager à suspendre son jugement, en lui faisant la difficulté suivante. Ce corps, lui dirait-on, vous paraît à la vue un globe ; cet autre vous paraît un cube, mais sur quel fondement assureriez-vous que le premier est le même qui vous a donné au toucher l'idée du globe, et le second le même qui vous a donné celle du cube ? Qui vous a dit que ces corps doivent avoir au toucher la même figure qu'ils ont à la vue ? Que savez-vous si celui qui paraît un globe à vos yeux, ne sera pas le cube, quand vous y porterez la main ? Qui peut même vous répondre qu'il y ait là quelque chose de semblable au corps que vous reconnaîtrez à l'attouchement pour un cube et pour un globe ? L'argument serait embarrassant, et je ne vois que l'expérience qui pût y fournir une réponse : mais ce n'est pas là la thèse de Locke, ni du docteur Barclai.

§. 15. J'avoue qu'il me reste à résoudre une difficulté qui n'est pas petite : c'est une expérience qui paraît, en tous points, contraire au sentiment que je viens d'établir. La voici telle qu'elle est rapportée par M. de Voltaire, elle perdrait à être rendue en d'autres termes.

« En 1729, M. Chiselden, un de ces fameux chirurgiens qui joignent l'adresse de la main aux plus grandes lumières de l'esprit, ayant imaginé qu'on pouvait donner la vue à un aveugle-né, en lui abaissant ce qu'on appelle des cataractes, qu'il soupçonnait formées dans ses yeux presqu'au moment de sa naissance, il proposa l'opération. L'aveugle eut de la peine à y consentir. Il ne concevait pas trop que le sens de la vue pût beaucoup augmenter ses plaisirs. Sans l'envie qu'on lui inspira d'apprendre à lire et à écrire, il n'eût point désiré de voir.... Quoi qu'il en soit, l'opération fut faite et réussit. Ce jeune homme, d'environ quatorze ans vit la lumière pour la première fois. Son expérience confirma tout ce que Locke et Barclai avaient si bien prévu. Il ne distingua de longtemps ni grandeurs, ni distances, ni situations, ni même figures. Un objet d'un pouce mis devant son œil, et qui lui cachait une maison, lui paraissait aussi grand que la maison. Tout ce qu'il voyait lui semblait d'abord être sur ses yeux, et les toucher comme les objets du tact touchent la peau. Il ne pouvait distinguer ce qu'il avait jugé rond à l'aide de ses mains, d'avec ce qu'il avait jugé angulaire, ni discerner avec ses yeux si ce que ses mains avaient senti être en haut ou en bas, était en effet en haut ou en bas. Il était si loin de connaître les grandeurs, qu'après avoir enfin conçu par la vue que

Étienne Bonnot de Condillac

sa maison était plus grande que sa chambre, il ne concevait pas comment la vue pouvait donner cette idée. Ce ne fut qu'au bout de deux mois d'expérience, qu'il put apercevoir que les tableaux représentaient des corps solides : et lorsqu'après ce long tâtonnement d'un sens nouveau en lui, il eut senti que des corps et non des surfaces seules, étaient peints dans les tableaux, il y porta la main et fut étonné de ne point trouver avec ses mains ces corps solides dont il commençait à apercevoir les représentations. Il demandait quel était le trompeur, du sens du toucher, ou du sens de la vue [1] ».

§. 16. Quelques réflexions sur ce qui se passe dans l'œil à la présence de la lumière pourront expliquer cette expérience.

Quoique nous soyons encore bien éloignés de connaître tout le mécanisme de l'œil, nous savons cependant que la cornée est plus ou moins convexe ; qu'à proportion que les objets réfléchissent une plus grande ou une moindre quantité de lumière, la prunelle se resserre ou s'agrandit, pour donner passage à moins de rayons, ou pour en recevoir davantage ; on soupçonne le réservoir de l'humeur aqueuse de prendre successivement différentes formes. Il est certain que le cristallin s'avance ou se recule, afin que les rayons de lumière viennent précisément se réunir sur la rétine [2] ; que les fibres délicates de la rétine sont agitées et ébranlées dans une variété étonnante ; que cet ébranlement se communique dans le cerveau à d'autres parties plus déliées, et dont le ressort doit être encore plus admirable. Enfin les muscles qui servent à faire tourner les yeux vers les objets qu'on veut fixer, compriment encore tout le globe de l'œil, et par cette pression en changent plus ou moins la forme.

Non seulement l'œil et toutes ses parties doivent se prêter à tous ces mouvements, à toutes ces formes et à mille changements que nous ne connaissons pas, avec une promptitude qu'il n'est pas possible d'imaginer : mais il faut encore que toutes ces révolutions se fassent dans une harmonie parfaite, afin que tout concoure à produire le même effet. Si, par exemple, la cornée était trop ou trop peu convexe, par rapport à la situation et à la forme des autres parties de l'œil, tous les objets nous paraîtraient confus, renversés,

---

1 Chapitre déjà cité.
2 Ou sur la choroïde : car on ne sait pas exactement si c'est par les fibres de la rétine ou par celles de la choroïde que l'impression de la lumière se transmet à l'âme.

et nous ne discernerions pas si *ce que nos mains auraient senti être en haut ou en bas, serait en effet en haut ou en bas.* On peut s'en convaincre en se servant d'une lunette dont la forme ne s'accorderait pas avec celle de l'œil.

Si, pour obéir à l'action de la lumière, les parties de l'œil se modifient sans cesse avec une si grande variété et une si grande vivacité, ce ne peut être qu'autant qu'un long exercice en a rendu les ressorts plus liants et plus faciles. Ce n'était pas là le cas du jeune homme à qui on abaissa les cataractes. Ses yeux, depuis quatorze ans, accrus et nourris, sans qu'il en eût fait usage, résistaient à l'action des objets. La cornée était trop ou trop peu convexe, par rapport à la situation des autres parties. Le cristallin devenu comme immobile réunissait toujours les rayons en deçà ou au-delà de la rétine ; ou s'il changeait de situation, ce n'était jamais pour se mettre au point où il aurait dû se trouver. Il fallut un exercice de plusieurs jours pour faire jouer ensemble des ressorts si raidis par le temps. Voilà pourquoi ce jeune homme tâtonna pendant deux mois. S'il dut quelque chose au secours du toucher, c'est que les efforts qu'il faisait pour voir dans les objets les idées qu'il s'en formait, en les maniant, lui donnaient occasion d'exercer davantage le sens de la vue. En supposant qu'il eût cessé de se servir de ses mains, toutes les fois qu'il ouvrait les yeux à la lumière, il n'est pas douteux qu'il n'eût acquis par la vue les mêmes idées, quoiqu'à la vérité avec plus de lenteur.

Ceux qui observaient cet aveugle-né au moment qu'on lui abaissait les cataractes, espéraient de voir confirmer un sentiment pour lequel ils étaient prévenus. Quand ils apprirent qu'il apercevait les objets d'une manière aussi imparfaite, ils ne soupçonnèrent pas qu'on en pût apporter d'autres raisons que celles que Locke et Barclai avaient imaginées. Ce fut donc une décision irrévocable pour eux, que les yeux, sans le secours des autres sens, seraient peu propres à nous fournir les idées d'étendue, de figures, de situations, etc. Ce qui a donné lieu à cette opinion, qui, sans doute, aura paru extraordinaire à bien des lecteurs, c'est d'un côté l'envie que nous avons de rendre raison de tout, et de l'autre l'insuffisance des règles de l'optique. On a beau mesurer les angles que les rayons de lumière forment au fond de l'œil, on ne trouve point qu'ils soient en proportion avec la manière dont nous voyons les objets. Mais je n'ai pas cru que cela pût m'autoriser à avoir recours à des jugements dont personne ne peut avoir conscience. J'ai pensé que, dans un ouvrage où je me propose d'exposer les matériaux de nos connaissances, je devais me faire une loi de ne rien établir qui ne fût incontestable, et que chacun ne pût, avec la moindre réflexion, apercevoir en lui-même.

SECONDE PARTIE.
Du Langage et de la Méthode.

SECTION PREMIÈRE.
De l'origine et des progrès du Langage.

ADAM et Ève ne durent pas à l'expérience l'exercice des opérations de leur âme, et, en sortant des mains de dieu, ils furent, par un secours extraordinaire, en état de réfléchir et de se communiquer leurs pensées. Mais je suppose que, quelque temps après le déluge, deux enfants, de l'un et de l'autre sexe, aient été égarés dans des déserts, avant qu'ils connussent l'usage d'aucun signe. J'y suis autorisé par le fait que j'ai rapporté. Qui sait même, s'il n'y a pas quelque peuple qui ne doive son origine qu'à un pareil événement ? qu'on me permette d'en faire la supposition ; la question [1] est de savoir

---

1 « A juger seulement par la nature des choses, (dit M. Warburthon, pag. 48, Essai sur les Hiérogl.) et indépendamment de la révélation, qui est un guide plus sûr, l'on serait porté à admettre l'opinion de Diodore de Sicile et de Vitruve, que les premiers hommes ont vécu pendant un temps dans les cavernes et les forêts, à la manière des bêtes, n'articulant que des sons confus et indéterminés, jusqu'à ce que s'étant associés pour se secourir mutuellement, ils soient arrivés, par degrés, à en former de distincts, par le moyen de signes ou de marques arbitraires convenus entre eux ; afin que celui qui parlait, pût exprimer les idées qu'il avait besoin de communiquer aux autres : c'est ce qui a donné lieu aux différentes langues ; car tout le monde convient que le langage n'est point inné. Cette origine du langage est si naturelle, qu'un père de l'église (Grég. Niss.) et Richard Simon, prêtre de l'Oratoire, ont travaillé l'un et l'autre à l'établir ; mais ils auraient pu être mieux informés, car rien n'est plus évident, par l'Écriture Sainte, que le langage a eu une origine différente. Elle nous apprend que Dieu enseigna la religion au premier homme, ce qui ne permet pas de douter qu'il ne lui ait, en même temps enseigné à parler. (En effet, la connaissance de la religion suppose beaucoup d'idées et un grand exercice des opérations de l'âme, ce qui n'a pu avoir lieu que par le secours des signes : je l'ai démontré dans la première partie de cet

comment cette nation naissante s'est fait une langue.

CHAPITRE PREMIER.
Le langage d'action et celui des sons articulés, considérés dans leur origine.

§. 1. TANT que les enfants, dont je viens de parler, ont vécu séparément, l'exercice des opérations de leur âme a été borné à celui de la perception et de la conscience, qui ne cesse point quand on est éveillé ; à celui de l'attention, qui avait lieu toutes les fois que quelques perceptions les affectaient d'une manière plus particulière ; à celui de la réminiscence, quand des circonstances, qui les avaient frappés, se représentaient à eux avant que les liaisons qu'elles avaient formées eussent été détruites ; et à un exercice fort peu étendu de l'imagination. La perception d'un besoin se liait, par exemple, avec celle d'un objet qui avait servi à les soulager. Mais ces sortes de liaisons, formées par hasard, et n'étant pas entretenues par la réflexion, ne subsistaient pas longtemps. Un jour le sentiment de la faim rappelait à ces enfants un arbre chargé de fruits, qu'ils avaient vu la veille : le lendemain cet arbre était oublié, et le même sentiment leur rappelait un autre objet. Ainsi l'exercice de l'imagination n'était point à leur pouvoir ; il n'était que l'effet des circonstances où ils se trouvaient [1].

§. 2. Quand ils vécurent ensemble, ils eurent occasion de donner plus d'exercice à ces premières opérations, parce que leur commerce réciproque leur fit attacher aux cris de chaque passion les perceptions dont ils étaient les signes naturels. Ils les accompa-

---

ouvrage)... Quoique, ajoute plus bas M. Warburthon, Dieu ait enseigné le langage aux hommes, cependant il ne serait pas raisonnable de supposer que ce langage se soit étendu au-delà des nécessités alors actuelles de l'homme, et qu'il n'ait pas eu par lui-même la capacité de le perfectionner et de l'enrichir. Ainsi le premier langage a nécessairement été stérile et borné ». Tout cela me paraît fort exact. Si je suppose deux enfants dans la nécessité d'imaginer jusqu'aux premiers signes du langage, c'est parce que j'ai cru qu'il ne suffisait pas pour un philosophe de dire qu'une chose a été faite par des voies extraordinaires ; mais qu'il était de son devoir d'expliquer comment elle aurait pu se faire par des moyens naturels.

1 Ce que j'avance ici sur les opérations de l'âme de ces enfants, ne saurait être douteux, après ce qui a été prouvé dans la première partie de cet Essai. Section II, ch. 1, 2, 3, 4, 5, et section IV.

Étienne Bonnot de Condillac

gnaient ordinairement de quelque mouvement, de quelque geste ou de quelque action, dont l'expression était encore plus sensible. Par exemple, celui qui souffrait, parce qu'il était privé d'un objet que ses besoins lui rendaient nécessaire, ne s'en tenait pas à pousser des cris : il faisait des efforts pour l'obtenir, il agitait sa tête, ses bras, et toutes les parties de son corps. L'autre, ému à ce spectacle, fixait les yeux sur le même objet ; et sentant passer dans son âme des sentiments dont il n'était pas encore capable de se rendre raison, il souffrait de voir souffrir ce misérable. Dès ce moment il se sent intéressé à le soulager, et il obéit à cette impression, autant qu'il est en son pouvoir. Ainsi, par le seul instinct, ces hommes se demandaient et se prêtaient des secours. Je dis *par le seul instinct*, car la réflexion n'y pouvait encore avoir part. L'un ne disait pas : *Il faut m'agiter de telle manière pour lui faire connaître ce qui m'est nécessaire, et pour l'engager à me secourir* ; ni l'autre : *Je vois à ses mouvements qu'il veut telle chose, je vais lui en donner la jouissance* : mais tous deux agissaient en conséquence du besoin qui les pressait davantage.

§. 3. Cependant les mêmes circonstances ne purent se répéter souvent, qu'ils ne s'accoutumassent enfin à attacher aux cris des passions et aux différentes actions du corps, des perceptions qui y étaient exprimées p263 d'une manière si sensible. Plus ils se familiarisèrent ces signes, plus ils furent en état de se les rappeler à leur gré. Leur mémoire commença à avoir quelque exercice ; ils purent disposer eux-mêmes de leur imagination, et ils parvinrent insensiblement à faire, avec réflexion, ce qu'ils n'avaient fait que par instinct [1]. D'abord tous deux se firent une habitude de connaître, à ces signes, les sentiments que l'autre éprouvait dans le moment ; ensuite ils s'en servirent pour se communiquer les sentiments qu'ils avaient éprouvés. Celui, par exemple, qui voyait un lieu où il avait été effrayé, imitait les cris et les mouvements qui étaient les signes de la frayeur, pour avertir l'autre de ne pas s'exposer au danger qu'il avait couru.

§. 4. L'usage de ces signes étendit peu-à-peu l'exercice des opérations de l'âme, et, à leur tour, celles-ci ayant plus d'exercice, perfectionnèrent les signes et en rendirent l'usage plus familier. Notre ex-

---

1 Cela répond à la difficulté que je me suis faite dans la première partie de cet ouvrage, section II, ch. 5.

SECONDE PARTIE

périence prouve que ces deux choses s'aident mutuellement. Avant qu'on eût trouvé les signes algébriques, les opérations de l'âme avaient assez d'exercice pour en amener l'invention : mais ce n'est que depuis l'usage de ces signes qu'elles en ont eu assez, pour porter les mathématiques au point de perfection où nous les voyons.

§. 5. Par ce détail on voit comment les cris des passions contribuèrent au développement des opérations de l'âme, en occasionnant naturellement le langage d'action : langage qui, dans ses commencements, pour être proportionné au peu d'intelligence de ce couple, ne consistait vraisemblablement qu'en contorsions et en agitations violentes.

§. 6. Cependant ces hommes ayant acquis l'habitude de lier quelques idées à des signes arbitraires, les cris naturels leur servirent de modèle pour se faire un nouveau langage. Ils articulèrent de nouveaux sons, et en les répétant plusieurs fois, et les accompagnant de quelque geste qui indiquait les objets qu'ils voulaient faire remarquer, ils s'accoutumèrent à donner des noms aux choses. Les premiers progrès de ce langage furent néanmoins très lents. L'organe de la parole était si inflexible, qu'il ne pouvait facilement articuler que peu de sons fort simples. Les obstacles, pour en prononcer d'autres, empêchaient même de soupçonner que la voix fût propre à se varier au-delà du petit nombre de mots qu'on avait imaginés.

§. 7. Ce couple eut un enfant, qui, pressé par des besoins qu'il ne pouvait faire connaître que difficilement, agita toutes les parties de son corps. Sa langue fort flexible se replia d'une manière extraordinaire, et prononça un mot tout nouveau. Le besoin continuant donna encore lieu aux mêmes effets ; cet enfant agita sa langue comme la première fois, et articula encore le même son. Les parents surpris, ayant enfin deviné ce qu'il voulait, essayèrent, en le lui donnant, de répéter le même mot. La peine qu'ils eurent à le prononcer fit voir qu'ils n'auraient pas été d'eux-mêmes capables de l'inventer.

Par un semblable moyen, ce nouveau langage ne s'enrichit pas beaucoup. Faute d'exercice, l'organe de la voix perdit bientôt dans l'enfant toute sa flexibilité. Ses parents lui apprirent à faire connaître ses pensées par des actions, manière de s'exprimer, dont les images sensibles étaient bien plus à sa portée que des sons articulés. On ne put attendre que du hasard la naissance de quelque nouveau mot ; et, pour en augmenter, par une voie aussi lente, considérablement le nombre, il fallut sans doute plusieurs générations. Le langage d'action, alors si naturel, était un grand obstacle à surmonter. Pouvait-on l'abandonner pour un autre dont on ne prévoyait pas encore les avantages, et dont la difficulté se faisait si bien sentir ?

§. 8. A mesure que le langage des sons articulés devint plus abondant, il fut plus propre à exercer de bonne heure l'organe de la voix, et à lui conserver sa première flexibilité. Il parut alors aussi commode que le langage d'action : on se servit également de l'un et de l'autre : enfin, l'usage des sons articulés devint si facile, qu'il prévalut.

§. 9. Il y a donc eu un temps où la conversation était soutenue par un discours p267 entremêlé de mots et d'actions. « L'usage et la coutume ainsi qu'il est arrivé dans la plupart des autres choses de la vie, changèrent ensuite en ornement ce qui était dû à la nécessité : mais la pratique subsista encore longtemps après que la nécessité eut cessé, singulièrement parmi les Orientaux, dont le caractère s'accommodait naturellement d'une forme de conversation qui exerçait si bien leur vivacité par le mouvement, et la contentait si fort par une représentation perpétuelle d'images sensibles.

« L'Écriture Sainte nous fournit des exemples sans nombre de cette sorte de conversation. En voici quelques-uns : Quand le faux prophète agite ses cornes de fer, pour marquer la déroute entière des Syriens [1] : quand Jérémie, par l'ordre de Dieu, cache sa ceinture de lin dans le trou d'une pierre, près de l'Euphrate [2] : quand il brise un vaisseau de terre à la vue du peuple [3] : quand il met à son col des liens et des jougs [4] : et quand il jette un livre dans l'Euphrate [5] : quand Ézéchiel dessine, par l'ordre de Dieu, le siège de Jérusalem sur de la brique [6] : quand il pèse, dans une balance, les cheveux de sa tête et le poil de sa barbe [7] : quand il emporte les meubles de

1 3. Reg. XXII. 11.
2 Ch. 13.
3 Ch. 19.
4 Ch. 28.
5 Ch. 51.
6 Ch. 4.
7 Ch. 5.

sa maison [1], et quand il joint ensemble deux bâtons, pour Juda et pour Israël [2] : par ces actions, les prophètes instruisaient le peuple de la volonté du Seigneur, et conversaient en signes ».

Quelques personnes, pour n'avoir pas su que le langage d'action était chez les juifs une manière commune et familière de converser, ont osé traiter d'absurdes et de fanatiques ces actions des prophètes. M. Warburthon détruit parfaitement [3] cette accusation. « L'absurdité d'une action, dit-il, consiste en ce qu'elle est bizarre et ne signifie rien. Or l'usage et la coutume rendaient sages et sensées celles des prophètes. A l'égard du fanatisme d'une action, il est indiqué par ce tour d'esprit qui fait qu'un homme trouve du plaisir à faire des choses qui ne sont point d'usage, et à se servir d'un langage extraordinaire. Mais un pareil fanatisme ne peut plus être attribué aux prophètes, quand il est clair que leurs actions étaient des actions ordinaires, et que leurs, discours étaient conformes à l'idiome de leur pays.

« Ce n'est pas seulement dans l'Histoire Sainte que nous rencontrons des exemples de discours exprimés par des actions. L'antiquité profane en est pleine.... Les premiers oracles se rendaient de cette manière, comme nous l'apprenons d'un ancien dire d'Héraclite : *que le roi, dont l'oracle est à Delphes, ne parle ni ne se tait, mais s'exprime par signes.* Preuve certaine que c'était anciennement une façon ordinaire de se faire entendre, que de substituer des actions aux paroles [4]. »

§.10. Il paraît que ce langage fut surtout conservé pour instruire le peuple des choses qui l'intéressaient davantage, telles que la police et la religion. C'est qu'agissant sur l'imagination avec plus de vivacité, il faisait une impression plus durable. Son expression avait même quelque chose de fort et de grand, dont les langues, encore stériles, ne pouvaient approcher. Les anciens appelaient ce langage du nom de *danse* : voilà pourquoi il est dit que David dansait devant l'arche.

§. 11. Les hommes, en perfectionnant leur goût, donnèrent à cette *danse* plus de variété, plus de grâce et plus d'expression. Non seule-

1 Ch. 12.
2 Ch. 38, 16.
3 Essai sur les Hiérogl., §. 9.
4 Essai sur les Hiérogl., §. 10.

Étienne Bonnot de Condillac

ment on assujettit à des règles les mouvements des bras, et les attitudes du corps, mais encore on traça les pas que les pieds devaient former. Par là la danse se divisa naturellement en deux arts qui lui furent subordonnés ; l'un, qu'on me permette une expression conforme au langage de l'antiquité, fut *la danse des gestes* ; il fut conservé pour concourir à communiquer les pensées des hommes ; l'autre fut principalement *la danse des pas* ; on s'en servit pour exprimer certaines situations de l'âme, et particulièrement la joie : on l'employa dans les occasions de réjouissance, et son principal objet fut le plaisir. La danse des pas provient donc de celle des gestes : aussi en conserve-t-elle encore le caractère. Chez les Italiens, parce qu'ils ont une gesticulation plus vive et plus variée, elle est pantomime. Chez nous, au contraire, elle est plus grave et plus simple. Si c'est là un avantage, il me paraît être cause que le langage de cette danse en est moins riche et moins étendu. Un danseur par exemple, qui n'aurait d'autre objet que de donner des grâces à ses mouvements, et de la noblesse à ses attitudes, pourrait-il, lorsqu'il figurerait avec d'autres, avoir le même succès que lorsqu'il danserait seul ? N'aurait-on pas lieu de craindre que sa danse, à force d'être simple, ne fût si bornée dans son expression, qu'elle ne lui fournît pas assez de signes pour le langage d'une danse figurée ? Si cela est, plus on simplifiera cet art, plus on en bornera l'expression.

§. 12. Il y a dans la danse différents genres, depuis le plus simple jusqu'à celui qui l'est le moins. Tous sont bons, pourvu qu'ils expriment quelque chose, et ils sont d'autant plus parfaits que l'expression en est plus variée et plus étendue. Celui qui peint les grâces et la noblesse, est bon ; celui qui forme une espèce de conversation, ou de dialogue, me paraît meilleur. Le moins parfait, c'est celui qui ne demande que de la force, de l'adresse et de l'agilité, parce que l'objet n'en est pas assez intéressant : cependant il n'est pas à mépriser, car il cause des surprises agréables. Le défaut des Français, c'est de borner les arts à force de vouloir les rendre simples. Par là ils se privent quelquefois du meilleur, pour ne conserver que le bon : la musique nous en fournira encore un exemple.

CHAPITRE II.

SECONDE PARTIE

De la prosodie des premières langues.

§. 13. La parole, en succédant au langage d'action, en conserva le caractère. Cette nouvelle manière de communiquer nos pensées, ne pouvait être imaginée que sur le modèle de la première. Ainsi, pour tenir la place des mouvements violents du corps, la voix s'éleva et s'abaissa par des intervalles fort sensibles.

Ces langages ne se succédèrent pas brusquement : ils furent longtemps mêlés ensemble, et la parole ne prévalut que fort tard. Or chacun peut éprouver par lui-même qu'il est naturel à la voix de varier ses inflexions, à proportion que les gestes le sont davantage. Plusieurs autres raisons confirment ma conjecture.

Premièrement, quand les hommes commencèrent à articuler des sons, la rudesse des organes ne leur permit pas de le faire par des inflexions aussi faibles que les nôtres.

En second lieu, nous pouvons remarquer que les inflexions sont si nécessaires, que nous avons quelque peine à comprendre ce qu'on nous lit sur un même ton. Si c'est assez pour nous que la voix se varie légèrement, c'est que notre esprit est fort exercé par le grand nombre d'idées que nous avons acquises, et par l'habitude où nous sommes de les lier à des sons. Voilà ce qui manquait aux hommes qui eurent les premiers l'usage de la parole. Leur esprit était dans toute sa grossièreté ; les notions aujourd'hui les plus communes étaient nouvelles pour eux. Ils ne pouvaient donc s'entendre qu'autant qu'ils conduisaient leur voix par des degrés fort distincts. Nous-mêmes nous prouvons que moins une langue, dans laquelle on nous parle, nous est familière, plus on est obligé d'appuyer sur chaque syllabe, et de les distinguer d'une manière sensible.

En troisième lieu, dans l'origine des langues, les hommes trouvant trop d'obstacles à imaginer de nouveaux mots, n'eurent, pendant longtemps, pour exprimer les sentiments de l'âme, que les signes naturels auxquels ils donnèrent le caractère des signes d'institution. Or, les cris naturels introduisent nécessairement l'usage des inflexions violentes, puisque différents sentiments ont pour signe le même son varié sur différents tons. *Ah*, par exemple, selon la manière dont il est prononcé, exprime l'admiration, la douleur, le plaisir, la tristesse, la joie, la crainte, le dégoût, et presque tous les

Étienne Bonnot de Condillac

sentiments de l'âme.

Enfin, je pourrais ajouter que les premiers noms des animaux en imitèrent vraisemblablement le cri : remarque qui convient également à ceux qui furent donnés aux vents, aux rivières, et à tout ce qui fait quelque bruit. Il est évident que cette imitation suppose que les sons se succédaient par des intervalles très marqués.

§. 14. On pourrait improprement donner le nom de chant à cette manière de prononcer, ainsi que l'usage le donne à toutes les prononciations qui ont beaucoup d'accent. J'éviterai cependant de le faire, parce que j'aurai occasion de me servir de ce mot dans le sens qui lui est propre. Il ne suffit point, pour un chant, que les sons s'y succèdent par des degrés très distincts ; il faut encore qu'ils soient assez soutenus pour faire entendre leurs harmoniques, et que les intervalles en soient appréciables. Il n'était pas possible que ce caractère fût ordinairement celui des sons par où la voix se variait à la naissance des langues, mais aussi il ne pouvait pas être bien éloigné de leur convenir. Avec quelque peu de rapport que deux sons se succèdent, il suffira de baisser ou d'élever faiblement l'un des deux, pour y trouver un intervalle tel que l'harmonie le demande. Dans l'origine des langues, la manière de prononcer admettait donc des inflexions de voix si distinctes, qu'un musicien eût pu la noter, en ne faisant que de légers changements ; ainsi je dirai qu'elle participait du chant.

§. 15. Cette prosodie a été si naturelle aux premiers hommes, qu'il y en a eu à qui il a paru plus facile d'exprimer différentes idées avec le même mot, prononcé sur différents tons, que de multiplier le nombre des mots à proportion de celui des idées. Ce langage se conserve encore chez les Chinois. Il n'ont que 328 monosyllabes qu'ils varient sur cinq tons, ce qui équivaut à 1640 signes. On a remarqué que nos langues ne sont pas plus abondantes. D'autres peuples, nés sans doute avec une imagination plus féconde, aimèrent mieux inventer de nouveaux mots. La prosodie s'éloigna chez eux du chant peu-à-peu, et à mesure que les raisons qui l'en avaient fait approcher davantage, cessèrent d'avoir lieu. Mais elle fut longtemps avant de devenir aussi simple qu'elle l'est aujourd'hui. C'est le sort des usages établis, de subsister encore après que les besoins qui les ont fait naître ont cessé. Si je disais que la prosodie des Grecs et des Romains participait encore du chant,

SECONDE PARTIE

on aurait peut-être de la peine à deviner sur quoi j'appuierais une pareille conjecture. Les raisons m'en paraissent pourtant simples et convaincantes : je vais les exposer dans le chapitre suivant.

CHAPITRE III.
De la prosodie, des langues grecque et latine ; et, par occasion, de la déclamation des anciens.

§. 16. Il est constant que les Grecs et les Romains notaient leur déclamation, et qu'ils l'accompagnaient d'un instrument [1]. Elle était donc un vrai chant. Cette conséquence sera évidente à tous ceux qui auront quelque connaissance des principes de l'harmonie. Ils n'ignorent pas 1°. qu'on ne peut noter un son, qu'autant qu'on a pu l'apprécier ; 2°. qu'en harmonie, rien n'est appréciable que par la résonnance des corps sonores ; 3°. enfin, que cette résonnance ne donne d'autres sons, ni d'autres intervalles, que ceux qui entrent dans le chant.

Il est encore constant que cette déclamation chantante n'avait rien de choquant pour les anciens. Nous n'apprenons pas qu'ils se soient jamais récriés qu'elle fût peu naturelle, si ce n'est dans des cas particuliers, comme nous faisons nous-mêmes, quand le jeu d'un comédien nous paraît outré. Ils croyaient au contraire le chant essentiel à la poésie. La versification des meilleurs poètes lyriques, dit Cicéron [2], ne paraît qu'une simple prose, quand elle n'est pas soutenue par le chant. Cela ne prouve-t-il pas que la prononciation, alors naturelle au discours familier, participait si fort du chant, qu'il n'était pas possible d'imaginer un milieu tel que notre déclamation ?

En effet notre unique objet, quand nous déclamons, c'est de rendre nos pensées d'une manière plus sensible, mais sans nous écarter beaucoup de celle que nous jugeons naturelle. Si la prononciation des anciens avait été semblable à la nôtre, ils se seraient donc contentés, comme nous, d'une simple déclamation. Mais il

---

1 Je n'en donne pas la preuve : on la trouvera dans le troisième volume des Réflexions Critiques sur la Poésie et sur La Peinture. Je renvoie aussi à ce même ouvrage pour la confirmation de la plupart des faits que je rapporterai. L'abbé du Bos, qui en est l'auteur, est un bon garant : son érudition est connue.
2 Traité de l'orateur.

Étienne Bonnot de Condillac

fallait qu'elle fût bien différente, puisqu'ils n'en pouvaient augmenter l'expression que par le secours de l'harmonie.

§. 17. On sait d'ailleurs qu'il y avait dans le grec et dans le latin, des accents qui, indépendamment de la signification d'un mot, ou du sens de la phrase entière, déterminaient la voix à s'abaisser sur certaines syllabes, et à s'élever sur d'autres. Pour comprendre comment ces accents ne se trouvaient jamais en contradiction avec l'expression du discours, il n'y a pas deux moyens. Il faut absolument supposer avec moi, que, dans la prononciation des anciens, les inflexions qui rendaient la pensée, étaient si variées et si sensibles, qu'elles ne pouvaient être contrariées par celles que demandaient les accents.

§. 18. Au reste ceux qui se mettront à la place des Grecs et des Romains, ne seront point étonnés que leur déclamation fût un véritable chant. Ce qui fait que nous jugeons le chant peu naturel, ce n'est pas parce que les sons s'y succèdent conformément aux proportions qu'exige l'harmonie, mais parce que les plus faibles inflexions nous paraissent ordinairement suffisantes pour exprimer nos pensées. Des peuples, accoutumés à conduire leur voix par des intervalles marqués, trouveraient notre prononciation d'une monotonie sans âme ; tandis qu'un chant qui ne modifierait ces intervalles, qu'autant qu'il le faudrait pour en apprécier les sons, augmenterait à leur égard l'expression du discours, et ne saurait leur paraître extraordinaire.

§. 19. Faute d'avoir connu le caractère de la prononciation des langues Grecque et Latine, on a eu souvent bien de la peine à comprendre ce que les anciens ont écrit sur leurs spectacles. En voici un exemple :

« Si la tragédie peut subsister sans vers, dit un commentateur de la poétique d'Aristote [1], elle le peut encore plus sans musique. Il faut même avouer que nous ne comprenons pas bien comment la musique a pu jamais être considérée comme faisant, en quelque sorte, partie de la tragédie, car s'il y a rien au monde qui paraisse étranger et contraire même à une action tragique, c'est le chant ; n'en déplaise aux inventeurs des tragédies en musique, poèmes aussi ridicules que nouveaux, et qu'on ne pourrait souffrir, si l'on avait le moindre goût pour les pièces de théâtre, ou que l'on n'eut

1 Dacier, Poét. d'Arist., p. 82.

SECONDE PARTIE

pas été enchanté et séduit par un des plus grands musiciens qui aient jamais été. Car les opéras sont, si je l'ose dire, les grotesques de la poésie, d'autant plus insupportables qu'on prétend les faire passer pour des ouvrages réguliers. Aristote nous aurait donc bien obligés, de nous marquer comment la musique a pu être jugée nécessaire à la tragédie. Au lieu de cela, il s'est contenté de dire simplement que toute sa force était connue : ce qui marque seulement que tout le monde était convaincu de cette nécessité, et sentait les effets merveilleux que le chant produisent dans les poèmes, dont il n'occupait que les intermèdes. J'ai souvent tâché de comprendre les raisons qui obligeaient des hommes, aussi habiles et aussi délicats que les Athéniens, d'associer la musique et la danse aux actions tragiques, et, après bien des recherches, pour découvrir comment il leur avait paru naturel et vraisemblable qu'un chœur, qui représentait les spectateurs d'une action, dansât et chantât sur des événements aussi extraordinaires, j'ai trouvé qu'ils avaient suivi en cela leur naturel, et cherché à contenter leur superstition. Les Grecs étaient les hommes du monde les plus superstitieux et les plus portés à la danse et à la musique ; et l'éducation fortifiait cette inclination naturelle. »

« Je doute fort que ce raisonnement, dit l'abbé du Bos, excusât le goût des Athéniens, supposé que la musique et la danse, dont il est parlé dans les auteurs anciens, comme d'agréments absolument nécessaires dans la représentation des tragédies, eussent été une danse et une musique pareilles à notre danse et à notre musique ? mais, comme nous l'avons déjà vu, cette musique n'était qu'une simple déclamation, et cette danse, comme nous le verrons, n'était qu'un geste étudié et assujetti ».

Ces deux explications me paraissent également fausses. Dacier se représente la manière de prononcer des Grecs par celle des Français et la musique de leurs tragédies par celle de nos opéras : ainsi, il est tout naturel qu'il soit surpris du goût des Athéniens ; mais il a tort de s'en prendre à Aristote. Ce philosophe, ne pouvant prévoir les changements qui devaient arriver à la prononciation et à la musique, comptait qu'il serait entendu de la postérité, comme il l'était de ses contemporains. S'il nous paraît obscur, ne nous en prenons qu'à l'habitude où nous sommes de juger des ouvrages de l'antiquité par les nôtres. L'erreur de l'abbé du Bos a le même principe. Ne comprenant pas que les anciens eussent pu introduire sur leurs théâtres, comme l'usage le plus naturel, une musique semblable à celle de nos opéras, il a pris le parti de dire que ce n'était point une musique, mais seulement une simple déclamation notée.

§. 20. D'abord, il me semble que par là il fait violence à bien des passages des anciens : on le voit surtout par l'embarras où il est d'éclaircir ceux qui concernent les chœurs. En second lieu, si ce savant abbé avait pu connaître les principes de la génération harmonique, il aurait vu qu'une simple déclamation notée est une chose démontrée impossible. Pour détruire le système qu'il s'est fait à cette occasion, il suffit de rapporter la manière dont il essaie de l'établir.

« J'ai demandé, dit-il, à plusieurs musiciens s'il serait bien difficile d'inventer des caractères, avec lesquels on pût écrire en notes la déclamation en usage sur notre théâtre. Ces musiciens m'ont répondu que la chose était possible, et même qu'on pouvait écrire la déclamation en notes, en se servant de la gamme de notre musique, pourvu qu'on ne donnât aux notes que la moitié de l'intonation ordinaire. Par exemple, les notes qui ont un demi-ton d'intonation en musique, n'auraient qu'un quart de ton d'intonation dans la déclamation. Ainsi on noterait les moindres élévations de la voix qui soient sensibles, du moins à nos oreilles.

« Nos vers ne portent point leur mesure avec eux comme les vers métriques des Grecs et des Romains la portaient ; mais on m'a dit aussi qu'on pourrait en user dans la déclamation pour la valeur des notes comme pour leur intonation. On n'y donnerait à une blanche que la valeur d'une noire, à une noire la valeur d'une croche, et on évaluerait les autres notes suivant cette proportion.

« Je sais bien qu'on ne trouverait pas d'abord des personnes capables de lire couramment cette espèce de musique et de bien entonner les notes ; mais des enfants de quinze ans, à qui l'on aurait enseigné cette intonation durant six mois, en viendraient à bout. Leurs organes se plieraient à cette intonation, à cette prononciation de notes faites sans chanter, comme ils se plient à l'intonation de notre musique ordinaire. L'exercice et l'habitude qui suit l'exercice, sont, par rapport à la voix, ce que l'archet et la main du joueur d'instrument sont par rapport au violon. Peut-on croire que cette intonation fût même difficile ? Il ne s'agirait que d'accoutumer la voix à faire méthodiquement ce qu'elle fait tous les jours dans la conversation. On y parle quelquefois vite et quelquefois lentement. On y emploie de toutes sortes de tons, et l'on y fait des progressions, soit en haussant la voix, soit en la baissant par toutes sortes d'intervalles possibles. La déclamation notée ne serait autre chose que les tons et les mouvements de la prononciation écrits en notes. Certainement la difficulté qui se rencontrerait dans l'exécution d'une pareille note, n'approcherait pas de celle qu'il y a de lire à-la-fois des paroles qu'on n'a jamais lues, et de chanter et d'accompagner du clavecin ces paroles sur une note qu'on n'a pas étudiée. Cependant l'exercice apprend même à des femmes à faire ces trois opérations en même temps.

« Quant au moyen d'écrire en notes la déclamation, soit celui que nous avons indiqué, soit un autre, il ne saurait être aussi difficile de le réduire en règles certaines, et d'en mettre la méthode en pratique, qu'il l'était de trouver l'art d'écrire en notes les pas et les figures d'une entrée de ballet, dansée par huit personnes, principalement les pas étant aussi variés et les figures aussi entrelacées qu'elles le sont aujourd'hui. Cependant Feuillée est venu à bout de noter cet art, et sa note enseigne même aux danseurs comment ils doivent porter leurs bras ».

§. 21. Voilà un exemple bien sensible des erreurs où l'on tombe, et des raisonnements vagues qu'on ne peut manquer de faire, lorsqu'on parle d'un art dont on ne connaît pas les principes. On pourrait, à juste titre, critiquer ce passage d'un bout à l'autre. Je l'ai rapporté tout au long, afin que les méprises d'un écrivain, d'ailleurs aussi estimable que l'abbé du Bos, nous apprennent que nous courons risque de nous tromper dans nos conjectures, toutes les fois que nous parlons d'après des idées peu exactes.

Quelqu'un qui connaîtra la génération des sons, et l'artifice par lequel l'intonation en devient naturelle, ne supposera jamais qu'on pourrait les diviser par quart de tons, et que la gamme en serait bientôt aussi familière que celle dont on se sert en musique. Les musiciens, dont l'abbé du Bos apporte l'autorité, pouvaient être d'excellents praticiens, mais il y a apparence qu'ils ne connaissaient nullement la théorie d'un art dont M. Rameau a le premier donné les vrais principes.

Étienne Bonnot de Condillac

§. 22. Il est démontré dans la génération harmonique, 1°. qu'on ne peut apprécier un son, qu'autant qu'il est assez soutenu pour faire entendre ses harmoniques ; 2°. que la voix ne peut entonner plusieurs sons de suite, faisant entre eux des intervalles déterminés, si elle n'est guidée par une base fondamentale ; 3°. qu'il n'y a point de base fondamentale qui puisse donner une succession par quart de tons. Or dans notre déclamation, les sons, pour la plupart, sont fort peu soutenus, et s'y succèdent par quart de tons, ou même par intervalles moindres. Le projet de la noter est donc impraticable.

§. 23. Il est vrai que la succession fondamentale par tierce donne le demi-ton mineur, qui est à un quart de ton au-dessous du demi-ton majeur. Mais cela n'a lieu que dans des changements de modes, ainsi il n'en peut jamais naître une gamme par quart de tons. D'ailleurs, ce demi-ton mineur n'est pas naturel, et l'oreille est si peu propre à l'apprécier, que dans le clavecin on ne le distingue point du demi-ton majeur ; car c'est la même touche qui forme l'un et l'autre [1]. Les anciens connaissaient sans doute la différence de ces deux demi-tons, c'est là ce qui a fait croire à l'abbé du Bos et à d'autres, qu'ils avaient divisé leur gamme par quart de tons.

§. 24. On ne saurait tirer aucune induction de la chorégraphie, ou de l'art d'écrire en notes les pas et les figures d'une entrée de ballet. Feuillée n'a eu que des signes à imaginer, parce que, dans la danse, tous les pas et tous les mouvements, du moins ceux qu'il a su noter, sont appréciés. Dans notre déclamation, les sons, pour la plupart, sont inappréciables : ils sont ce que, dans les ballets, sont certaines expressions que la chorégraphie n'apprend pas à écrire.

Je renvoie, dans une note, l'explication de quelques passages que l'abbé du Bos a tirés des anciens, pour appuyer son sentiment [2].

1 Voyez, dans la Génération Harmonique, ch. 14, art. 1, par quel artifice la voix passe au demi-ton mineur.
2 Il en rapporte où les anciens parlent de leur prononciation ordinaire, comme étant simple, et ayant un son continu ; mais il aurait dû faire attention qu'ils n'en parlaient alors que par comparaison avec leur musique : elle n'était donc pas simple absolument. En effet, lorsqu'ils l'ont considérée en elle-même, ils y ont remarqué des accents prosodiques, ce dont la nôtre manque tout-à-fait. Un gascon, qui ne connaîtrait point de prononciation plus simple que la sienne, n'y verrait qu'un son continu, quand il la comparerait aux chants de la musique : les anciens étaient dans le même cas. Cicéron fait dire à Crassus que quand il entend Lælia, il croit entendre réciter les pièces de Plaute et de Nœvius, parce quelle prononce uniment, et sans affecter les accents des langues étrangères. Or, dit l'abbé du Bos, Lælia ne chantait pas dans

son domestique. Cela est vrai ; mais, du temps de Plaute et de Nœvius, la prononciation des Latins participait déjà du chant, puisque la déclamation des pièces de ces poètes avait été notée. Lælia ne paraissait donc prononcer uniment que parce qu'elle ne se servait pas des nouveaux accents que l'usage avait mis à la mode. Ceux qui jouent les comédies, dit Quintilien, ne s'éloignent pas de la nature dans leur prononciation, du moins assez pour la faire méconnaître ; mais ils relèvent, par les agréments que l'art permet, la manière ordinaire de prononcer. Qu'on juge si c'est-là chanter, dit l'abbé du Bos. Oui, supposé que la prononciation, que Quintilien appelle naturelle, fut si chargée d'accents qu'elle approchât assez du chant pour pouvoir être notée, sans être sensiblement altérée. Or cela est surtout vrai du temps où ce rhéteur écrivait, car les accents de la langue latine s'étaient fort multipliés. Voici un fait qui, au premier coup-d'œil, paraît encore plus favorable à l'opinion de l'abbé du Bos. C'est qu'à Athènes on faisait composer la déclamation des lois, et accompagner d'un instrument celui qui les publiait. Or est-il vraisemblable que les Athéniens fissent chanter leurs lois ? Je réponds qu'ils n'auraient jamais songé à établir un pareil usage, si leur prononciation avait été comme la nôtre, parce que le chant le plus simple s'en serait trop écarté ; mais il faut se mettre à leur place. Leur langue avait encore plus d'accents que celle des Romains : ainsi une déclamation, dont le chant était peu chargé, pouvait apprécier les inflexions de la voix, sans paraître s'éloigner de la prononciation ordinaire. Il paroi donc évident, conclut l'abbé du Bos, que le chant des pièces dramatiques qui se récitaient sur les théâtres des anciens, n'avaient ni passages, ni ports de voix cadencés, ni tremblements soutenus, ni les autres caractères de notre chant musical. Je me trompe fort ; ou cet écrivain n'avait pas une idée bien nette de ce qui constitue le chant. Il semble qu'il n'en juge que d'après celui de nos opéras. Ayant rapporté que Quintilien se plaignait que quelques orateurs plaidassent au barreau, comme on récitait sur le théâtre, croit-on, ajoute-t-il, que ces orateurs chantassent comme on chante dans nos opéras ! Je réponds que la succession des tons qui forment le chant peut être beaucoup plus simple que dans nos opéras, et qu'il n'est point nécessaire qu'elle ait les mêmes passages, les mêmes ports de voix cadencés, ni les mêmes tremblements soutenus. Au reste, on trouve dans les anciens, quantité de passages qui prouvent que leur prononciation n'était pas un son continu. « Telle est, dit Cicéron dans son Traité de l'Orateur, la vertu merveilleuse de la voix, qui, des trois tons, l'aigu, le grave et le moyen, forme toute la variété, toute la douceur et l'harmonie du chant ; car on doit savoir que la prononciation renferme une espèce de chant, non un chant musical, ou tel que celui dont usent les orateurs phrygiens et cariens dans leurs péroraisons, mais un chant peu marqué, tel que celui dont voulaient parler Démosthène et Eschine, lorsqu'ils se reprochaient réciproquement leurs inflexions de voix, et que Démosthène, pour pousser encore plus loin l'ironie, avouait que son adversaire avait parlé d'un ton doux, clair et raisonnant (de la traduction de M. l'abbé Colin) ». Quintilien remarque que ce reproche de Démosthène et d'Eschine ne doit pas faire condamner ces inflexions de voix, puisque cela apprend qu'ils en ont tous deux fait usage. « Les grands acteurs, dit l'abbé du Bos, tom. 3, p. 260, n'auraient pas voulu prononcer un mot le matin avant que d'avoir, pour s'exprimer ainsi, développé méthodiquement leur voix en la faisant sortir peu-à-peu et en lui donnant l'essor comme par degré, afin de ne pas offenser ses organes en les déployant précipitamment et avec

Étienne Bonnot de Condillac

§. 25. Les mêmes causes qui font varier la voix par des intervalles fort distincts, lui font nécessairement mettre de la différence entre le temps qu'elle emploie à articuler les sons. Il n'était donc pas naturel que des hommes dont la prosodie participait du chant, observassent des tenues égales sur chaque syllabe : cette manière de prononcer n'eût pas assez imité le caractère du langage d'action. Les sons, dans la naissance des langues, se succédaient donc, les uns avec une rapidité extrême, les autres avec une grande lenteur. De là l'origine de ce que les Grammairiens appellent quantité t ou de la différence sensible des longues et des brèves. La quantité et la prononciation par des intervalles distincts ont subsisté ensemble, et se sont altérées à-peu-près avec la même proportion. La prosodie des Romains approchait encore du chant ; aussi leurs mots étaient-ils composés de syllabes fort inégales : chez nous la quantité ne s'est conservée qu'autant que les faibles inflexions de notre voix l'ont rendu nécessaire.

§. 26. Comme les inflexions par des intervalles sensibles avaient amené l'usage d'une déclamation chantante, l'inégalité marquée des syllabes y ajouta une différence de temps et de mesure. La déclamation des anciens eut donc les deux choses qui caractérisent le chant, je veux dire, la modulation et le mouvement.

Le mouvement est l'âme de la musique : aussi voyons-nous que les anciens le jugeaient absolument nécessaire à leur déclamation. Il y avait sur leurs théâtres un homme qui le marquait en frappant du pied, et le comédien était aussi astreint à la mesure,

violence. Ils observaient même de se tenir couchés durant cet exercice. Après avoir joué, ils s'asseyaient, et dans cette posture ils repliaient, pour ainsi dire, les organes de leur voix en respirant sur le ton le plus haut où ils fussent montés en déclamant, et en respirant ensuite successivement sur tous les autres tons, jusqu'à ce qu'ils fussent enfin parvenus au ton le plus bas ou ils fussent descendus ». Si la déclamation n'avait pas été un chant où tous les tons devaient entrer, les comédiens auraient-ils eu la précaution d'exercer chaque jour leur voix sur toute la suite des tons qu'elle pouvait former. Enfin « les écrits des anciens, comme le dit encore l'abbé du Bos, même tome, pag. 262, sont remplis de faits qui prouvent que leur attention sur tout ce qui pouvait servir à fortifier ou bien embellir la voix, allait jusqu'à la superstition. On peut voir, dans le troisième chapitre du onzième Livre de Quintilien, que, par rapport à tout genre d'éloquence, les anciens avaient fait de profondes réflexions sur la nature de la voix humaine, et sur toutes les pratiques propres à la fortifier en l'exerçant. L'art d'enseigner à fortifier et à ménager sa voix devint même une profession particulière ». Une déclamation qui était l'effet de tant de soins et de tant de réflexions pouvait-elle être aussi simple que la nôtre ?

SECONDE PARTIE

134

que le musicien et le danseur le sont aujourd'hui. Il est évident qu'une pareille déclamation s'éloignerait trop de notre manière de prononcer, pour nous paraître naturelle. Bien loin d'exiger qu'un acteur suive un certain mouvement, nous lui défendons de faire sentir la mesure de nos vers, ou même nous voulons qu'il la rompe assez pour paraître s'exprimer en prose. Tout confirme donc que la prononciation des anciens dans le discours familier approchait si fort du chant, que leur déclamation était un chant proprement dit.

§. 27. On remarque tous les jours, dans nos spectacles, que ceux qui chantent ont bien de la peine à faire entendre distinctement les paroles. On me demandera sans doute si la déclamation des anciens était sujette au même inconvénient. Je réponds que non, et j'en trouve la raison dans le caractère de leur prosodie.

Notre langue ayant peu de quantité, nous sommes satisfaits du musicien, pourvu qu'il fasse brèves les syllabes brèves, et longues les syllabes longues. Le rapport observé, il peut d'ailleurs les abréger ou les allonger à son gré ; faire, par exemple, une tenue d'une mesure, de deux, de trois, sur une même syllabe. Le défaut d'accent prosodique lui donne encore autant de liberté, car il est le maître de faire baisser ou élever la voix sur un même son : il n'a que son goût pour règle. De tout cela, il doit naturellement en résulter quelque confusion dans les paroles mises en chant.

A Rome, le musicien qui composait la déclamation des pièces dramatiques, était obligé de se conformer en tout à la prosodie. Il ne lui était pas libre d'allonger une syllabe brève au-delà d'un temps, ni une longue au-delà de deux ; le peuple même l'eût sifflé. L'accent prosodique déterminait souvent s'il devait passer à un son plus élevé ou à un son plus grave ; il ne lui laissait pas le choix. Enfin il était autant de son devoir de conformer le mouvement du chant à la mesure du vers, qu'à la pensée qui y était exprimée. C'est ainsi que la déclamation, en se conformant à une prosodie qui avait des règles plus fixes que la nôtre, concourait, quoique chantante, à faire entendre les paroles distinctement.

§. 28. Il ne faudrait pas se représenter la déclamation des anciens d'après nos récitatifs ; le chant n'en était pas si musical. Quant à nos récitatifs, nous ne les avons si fort chargés de musique que parce que, quelque simples qu'ils eussent été, ils n'auraient jamais pu nous paraître naturels. Voulant introduire le chant sur nos théâtres, et voyant qu'il ne pouvait se rapprocher assez de notre prononciation ordinaire, nous avons pris le parti de le charger, pour nous dédommager par ses agréments, de ce qu'il ôtait, non à la nature, mais à une habitude que nous prenons pour elle. Les Italiens ont un récitatif moins musical que le nôtre. Accoutumés à accompagner leurs discours de beaucoup plus de mouvement que nous, et à une prononciation qui recherche autant les accents que la nôtre les évite, une musique peu composée leur a paru assez naturelle. C'est pourquoi ils l'emploient, par préférence, dans les morceaux qui demanderaient d'être déclamés. Notre récitatif perdrait par rapport à nous, s'il devenait plus simple, parce qu'il aurait moins d'agréments, sans être plus naturel à notre égard : et celui des Italiens perdrait par rapport à eux, s'il le devenait moins, parce qu'il ne gagnerait pas du côté des agréments ce qu'il aurait perdu du côté de la nature, ou plutôt de ce qui leur paraît tel. On peut conclure que les Italiens et les Français doivent s'en tenir chacun à leur manière, et qu'ils ont, à ce sujet, également tort de se critiquer.

§. 29. Je trouve encore, dans la prosodie des anciens, la raison d'un fait que personne, je pense, n'a expliqué. Il s'agit de savoir comment les orateurs romains qui haranguaient dans la place publique, pouvaient être entendus de tout le peuple.

Les sons de notre voix se portent facilement aux extrémités d'une place d'assez grande étendue ; toute la difficulté est d'empêcher qu'on ne les confonde ; mais cette difficulté doit être moins grande, à proportion que, par le caractère de la prosodie d'une langue, les syllabes de chaque mot se distinguent d'une manière plus sensible. Dans le latin, elles différaient par la qualité du son, par l'accent qui, indépendamment du sens, exigeait que la voix s'élevât ou s'abaissât, et par la quantité : nous manquons d'accents, notre langue n'a presque point de quantité, et beaucoup de nos syllabes sont muettes. Un Romain pouvait donc se faire entendre distinctement dans une place ou un Français ne le pourrait que difficilement, et peut-être point du tout.

CHAPITRE IV.

SECONDE PARTIE

Des progrès que l'art du geste a faits chez les anciens.

§. 30. TOUT le monde connaît aujourd'hui les progrès que l'art du geste avait faits chez les anciens, et principalement chez les Romains. L'abbé du Bos a recueilli ce que les auteurs de l'antiquité nous ont conservé de plus curieux sur cette matière ; mais personne n'a donné la raison de ces progrès. C'est pourquoi les spectacles des anciens paraissent des merveilles qu'on ne peut comprendre, et que pour cela on a quelquefois bien de la peine à garantir du ridicule que nous donnons volontiers à tout ce qui est contraire à nos usages. L'abbé du Bos, voulant en prendre la défense, fait remarquer les dépenses immenses des Grecs et des Romains pour la représentation de leurs pièces dramatiques, et les progrès qu'ils ont faits dans la poésie, l'art oratoire, la peinture, la sculpture et l'architecture. Il en conclut que le préjugé doit leur être favorable par rapport aux arts qui ne laissent point de monuments ; et, si nous l'en voulons croire, nous donnerions, aux représentations de leurs pièces dramatiques, les mêmes louanges que nous donnons à leurs bâtiments et à leurs écrits. Je pense que, pour goûter ces sortes de représentations, il faudrait y être préparé par des coutumes bien éloignées de nos usages ; mais, en conséquence de ces coutumes, les spectacles des anciens méritaient d'être applaudis, et pouvaient même être supérieurs aux nôtres : c'est ce que je vais essayer d'expliquer dans ce chapitre et dans le suivant.

§. 31. Si, comme je l'ai dit, il est naturel à la voix de varier ses inflexions, à proportion que les gestes le sont davantage, il est également naturel à des hommes, qui parlent une langue dont la prononciation approche beaucoup du chant, d'avoir un geste plus varié : ces deux choses doivent aller ensemble. En effet, si nous remarquons dans la prosodie des Grecs et des Romains quelques restes du caractère du langage d'action, nous devons, à plus forte raison, en apercevoir dans les mouvements dont ils accompagnaient leurs discours. Dès là nous voyons que leurs gestes pouvaient être assez marqués pour être appréciés. Nous n'aurons donc plus de peine à comprendre qu'ils leur aient prescrit des règles, et qu'ils aient trouvé le secret de les écrire en notes. Aujourd'hui cette partie de la déclamation est devenue aussi simple que les autres. Nous ne faisons cas d'un acteur qu'autant qu'en variant faiblement ses gestes, il a l'art d'exprimer toutes les situations de l'âme, et nous le trouvons forcé, pour peu qu'il s'écarte trop de notre gesticulation ordinaire. Nous ne pouvons donc plus avoir de principes certains pour régler toutes les attitudes et tous les mouvements qui entrent dans la déclamation ; et les observations qu'on peut faire à ce sujet, se bornent à des cas particuliers.

§. 32. Les gestes étant réduits en art, et notés, il fut facile de les asservir au mouvement et à la mesure de la déclamation : c'est ce que firent les Grecs et les Romains. Ceux-ci allèrent même plus loin : ils partagèrent le chant et les gestes entre deux acteurs. Quelque extraordinaire que cet usage puisse paraître, nous voyons comment, par le moyen d'un mouvement mesuré, un comédien pouvait varier à propos ses attitudes, et les accorder avec le récit de celui qui déclamait, et pourquoi on était aussi choqué d'un geste fait hors de mesure, que nous le sommes des pas d'un danseur, lorsqu'il ne tombe pas en cadence.

§. 33. La manière, dont s'introduisit l'usage de partager le chant et les gestes entre deux acteurs, prouve combien les Romains aimaient une gesticulation qui serait outrée à notre égard. On rapporte que le poète Livius Andronicus, qui jouait dans une de ses pièces, s'étant enroué à répéter plusieurs fois des endroits que le peuple avait goûtés, fit trouver bon qu'un esclave récitât les vers, tandis qu'il ferait lui-même les gestes. Il mit d'autant plus de vivacité dans son action, que ses forces n'étaient point partagées ; et son jeu ayant été applaudi, cet usage prévalut dans les monologues. Il n'y eut que les scènes dialoguées, où le même comédien continua de se charger de faire les gestes et de réciter. Des mouvements qui demandaient toute la force d'un homme seraient-ils applaudis sur nos théâtres ?

§. 34. L'usage de partager la déclamation conduisait naturellement à découvrir l'art des pantomimes : il ne restait qu'un pas à faire ; il suffisait que l'acteur, qui s'était chargé des gestes, parvînt à y mettre tant d'expression que le rôle de celui qui chantait parût inutile : c'est ce qui arriva. Les plus anciens écrivains, qui ont parlé des pantomimes, nous apprennent que les premiers qui parurent, s'essayaient sur les monologues, qui étaient, comme je viens de le dire, les scènes où la déclamation était partagée. On vit naître ces comédiens sous Auguste, et bientôt ils furent en état d'exécuter des pièces entières. Leur art était, par rapport à notre gesticulation, ce qu'était, par rapport à notre déclamation, le chant des pièces qui se récitaient. C'est ainsi que, par un long circuit, on parvint à imaginer, comme une invention nouvelle, un langage qui avait été le premier que les hommes eussent parlé, ou qui du moins n'en différait que parce qu'il était propre à exprimer un plus grand nombre de pensées.

§. 35. L'art des pantomimes n'aurait jamais pris naissance chez des peuples tels que nous. Il y a trop loin de l'action peu marquée dont nous accompagnons nos discours aux mouvements animés, variés et caractérisés de ces sortes de comédiens. Chez les Romains, ces mouvements étaient une partie du langage, et surtout de celui qui était usité sur leurs théâtres. On avait fait trois recueils de gestes, un pour la tragédie, un autre pour la comédie, et un troisième pour des pièces dramatiques, qu'on appelait *Satires*. C'est là que Pylade et Bathille, les premiers pantomimes que Rome ait vus, puisèrent les gestes propres à leur art. S'ils en inventèrent de nouveaux, ils les firent sans doute dans l'analogie de ceux que chacun connaissait déjà.

§. 36. La naissance des pantomimes amenée naturellement par les progrès que les comédiens avaient faits dans leur art ; leurs gestes pris dans les recueils qui avaient été faits pour les tragédies, les comédies et les satires ; et le grand rapport qui se trouve entre une gesticulation fort caractérisée, et des inflexions de voix variées d'une manière fort sensible, sont une nouvelle confirmation de ce que j'ai dit sur la déclamation des anciens. Si d'ailleurs on remarque que les pantomimes ne pouvaient s'aider des mouvements du visage, parce qu'ils jouaient masqués, comme les autres comédiens, on jugera combien leurs gestes devaient être animés, et combien, par conséquent, la déclamation des pièces, d'où il les avaient empruntés, devait être chantante.

§. 37. Le défi que Cicéron et Roscius se faisaient quelquefois, nous apprend quelle était déjà l'expression des gestes, même avant l'établissement des pantomimes. Cet orateur prononçait une période qu'il venait de composer, et le comédien en rendait le sens par un jeu muet. Cicéron en changeait ensuite les mots ou le tour, de manière que le sens n'en était point énervé ; et Roscius également l'exprimait par de nouveaux gestes. Or je demande si de pareils gestes

Étienne Bonnot de Condillac

auraient pu s'allier avec une déclamation aussi simple que la nôtre.

§. 38. L'art des pantomimes charma les Romains dès sa naissance, il passa dans les provinces les plus éloignées de la capitale, et il subsista aussi longtemps que l'Empire. On pleurait à leurs représentations, comme à celles des autres comédiens : elles avaient même l'avantage de plaire beaucoup plus, parce que l'imagination est plus vivement affectée d'un langage qui est tout en action. Enfin la passion pour ce genre de spectacle vint au point que, dès les premières années du règne de Tibère, le sénat fut obligé de faire un règlement pour défendre aux sénateurs de fréquenter les écoles des pantomimes, et aux chevaliers Romains de leur faire cortège dans les rues.

« L'art des pantomimes, dit avec raison l'abbé du Bos [1], aurait eu plus de peine à réussir parmi les nations septentrionales de l'Europe, dont l'action naturelle n'est pas fort éloquente, ni assez marquée pour être reconnue bien facilement lorsqu'on la voit sans entendre le discours dont elle doit être l'accompagnement naturel.... Mais.... les conversations de toute espèce sont plus remplies de démonstrations, elles sont bien plus parlantes aux yeux, s'il est permis d'user de cette expression, en Italie que dans nos centrées. Un Romain qui veut bien quitter la gravité de son maintien étudié, et qui laisse agir sa vivacité naturelle, est fertile en gestes ; il est fécond en démonstrations, qui signifient presque autant que des phrases entières. Son action rend intelligibles bien des choses que notre action ne ferait pas deviner ; et ses gestes sont encore si marqués, qu'ils sont faciles à reconnaître lorsqu'on les revoit. Un Romain qui veut parler en secret à son ami d'une affaire importante, ne se contente pas de ne se point mettre à portée d'être entendu ; il a encore la précaution de ne se point mettre à portée d'être vu, craignant, avec raison, que ses gestes et que les mouvements de son visage ne fassent deviner ce qu'il va dire.

« On remarquera que la même vivacité d'esprit, que le même feu d'imagination qui fait faire, par un mouvement naturel, des gestes animés, variés, expressifs et caractérisés, en fait encore comprendre facilement la signification, lorsqu'il est question d'entendre le sens des gestes des autres. On entend facilement un langage qu'on parle... Joignons à ces remarques la réflexion qu'on fait ordinaire-

1 Réfl. Crit., tom. III, sect. XVI, pag. 284.

ment, qu'il y a des nations dont le naturel est plus sensible que celui d'autres nations, et l'on n'aura pas de peine à comprendre que des comédiens qui ne parlaient point, pussent toucher infiniment des Grecs et des Romains, dont ils imitaient l'action naturelle ».

§. 39. Les détails de ce chapitre et du précédent démontrent que la déclamation des anciens différait de la nôtre en deux manières : par le chant qui faisait que le comédien était entendu de ceux qui en étaient le plus éloignés ; par les gestes qui, étant plus variés et plus animés étaient distingués de plus loin. C'est ce qui fit qu'on put bâtir des théâtres assez vastes pour que le peuple assistât au spectacle. Dans l'éloignement où était la plus grande partie des spectateurs, le visage des comédiens ne pouvait être vu distinctement ; et cette raison empêcha d'éclairer la scène autant qu'on le fait aujourd'hui : on introduisit même l'usage des masques. Ce fut peut-être d'abord pour cacher quelque défaut ou quelques grimaces : mais, dans la suite, on s'en servit pour augmenter la force de la voix, et pour donner à chaque personnage la physionomie que son caractère paraissait demander. Par là les masques avaient de grands avantages : leur unique inconvénient était de dérober l'expression du visage ; mais ce n'était que pour une petite partie des spectateurs, et l'on ne devait pas y faire attention.

Aujourd'hui la déclamation est devenue plus simple, et l'acteur ne peut se faire entendre d'aussi loin. D'ailleurs les gestes sont moins variés et moins caractérisés. C'est sur le visage, c'est dans ses yeux, que le bon comédien se pique d'exprimer les sentiments de son âme. Il faut donc qu'il soit vu de près et sans masque. Aussi nos salles de spectacles sont-elles beaucoup plus petites, et beaucoup mieux éclairées que les théâtres des anciens. Voilà comment la prosodie, en prenant un nouveau caractère, a occasionné des changements jusque dans des choses qui paraissent, au premier coup-d'œil, n'y avoir point de rapport.

§. 40. De la différence qui se trouve entre notre manière de déclamer et celle des anciens, il faut conclure qu'il est aujourd'hui bien plus difficile d'exceller dans cet art, que de leur temps. Moins nous permettons d'écart dans la voix et dans le geste, plus nous exigeons de finesse dans le jeu. Aussi m'a-t-on assuré que les bons comédiens sont plus communs en Italie qu'en France. Cela doit être, mais il faut l'entendre relativement au goût des deux nations.

Étienne Bonnot de Condillac

Baron, pour les Romains, eût été froid ; Roscius, pour nous, serait un forcené.

§. 41. L'amour de la déclamation était la passion favorite des Romains ; la plupart, dit l'abbé du Bos, étaient devenus des déclamateurs [1]. La cause en est sensible, surtout dans les temps de la république. Alors le talent de l'éloquence était le plus cher à un citoyen, parce qu'il ouvrait le chemin aux plus grandes fortunes. On ne pouvait donc manquer de cultiver la déclamation, qui en est une partie si essentielle. Cet art fut un des principaux objets de l'éducation ; et il fut d'autant plus aisé de l'apprendre aux enfants, qu'il avait ses règles fixes comme aujourd'hui la danse et la musique. Voilà une des principales causes de la passion des anciens pour les spectacles.

Le bon goût de la déclamation passa jusque chez le peuple qui assistait aux représentations des pièces de théâtre. Il s'accoutuma facilement à une manière de réciter, qui ne différait de celle qui lui était naturelle, que parce qu'elle suivait des règles qui en augmentaient l'expression. Ainsi, il apporta dans la connaissance de sa langue une délicatesse, dont nous ne voyons aujourd'hui des exemples que parmi les gens du monde.

§. 42. Par une suite des changements arrivés dans la prosodie, la déclamation est devenue si simple, qu'on ne peut plus lui donner de règles. Ce n'est presque qu'une affaire d'instinct ou de goût. Elle ne peut faire chez nous partie de l'éducation, et elle est négligée au point que nous avons des orateurs qui ne paraissent pas croire qu'elle soit une partie essentielle de leur art : chose qui eût paru aussi inconcevable aux anciens, que ce qu'ils ont fait de plus étonnant peut l'être à notre égard. N'ayant pas cultivé la déclamation de bonne heure, nous ne courons pas aux spectacles avec le même empressement qu'eux, et l'éloquence a moins de pouvoir sur nous. Les discours oratoires qu'ils nous ont laissés, n'ont conservé qu'une partie de leur expression. Nous ne connaissons ni le ton ni le geste dont ils étaient accompagnés, et qui devaient agir si puissamment sur l'âme des auditeurs [2]. Ainsi, nous sentons faiblement

1 Tom. III, sect XV.

2 « N'a-t-on pas vu souvent, dit Cicéron, *Traité de l'Orateur*, des orateurs médiocres remporter tout l'honneur et tout le prix de l'éloquence par la seule dignité de l'action, tandis que des orateurs, d'ailleurs très savants, passaient pour médiocres, parce qu'ils étaient dénués des grâces de la prononciation ; de sorte que Démosthène avait

la force des foudres de Démosthène, et l'harmonie des périodes de Cicéron.

CHAPITRE V.
De la musique.

Jusqu'ici j'ai été obligé de supposer que la musique était connue des anciens : il est à propos d'en donner l'histoire, du moins en tant que cet art fait partie du langage.

§. 43. Dans l'origine des langues, la prosodie étant fort variée, toutes les inflexions de la voix lui étaient naturelles. Le hasard ne pouvait donc manquer d'y amener quelquefois des passages dont l'oreille était flattée. On les remarqua, et l'on se fit une habitude de les répéter : telle est la première idée qu'on eut de l'harmonie.

§. 44. L'ordre diatonique, c'est-à-dire, celui où les sons se succèdent par tons et demi-tons, paraît aujourd'hui si naturel, qu'on croirait qu'il a été connu le premier ; mais si nous trouvons des sons dont les rapports soient beaucoup plus sensibles, nous aurons droit d'en conclure que là succession en a été remarquée auparavant.

Puisqu'il est démontré que la progression par tierce, par quinte et par octave, tient immédiatement au principe où l'harmonie prend son origine, c'est-à-dire, à la résonnance des corps sonores, et que l'ordre diatonique s'engendre de cette progression ; c'est une conséquence que les rapports des sons doivent être bien plus sensibles dans la succession harmonique que dans l'ordre diatonique. Celui-ci en s'éloignant du principe de l'harmonie, ne peut conserver des rapports entre les sons, qu'autant qu'ils lui sont transmis par la succession qui l'engendre. Par exemple, *ré*, dans l'ordre diatonique, n'est lié à *ut*, que parce qu'*ut*, *ré*, est produit par la progression *ut*,

---

raison de donner à l'action le premier, le second et le troisième rang. Car si l'éloquence n'est rien sans ce talent, et si l'action, quoique dépourvue d'éloquence, a tant de force et d'efficace, ne faut-il pas convenir qu'elle est d'une extrême importance dans le discours public ». Il fallait que la manière de déclamer des anciens eût bien plus de force que la nôtre, pour que Démosthène et Cicéron, qui excellaient dans les autres parties, aient jugé que, sans l'action, l'éloquence n'est rien. Nos orateurs, d'aujourd'hui, n'adopteraient pas ce jugement : aussi M. l'abbé Colin dit-il qu'il y a de l'exagération dans la pensée de Démosthène. Si cela était, pourquoi Cicéron l'approuverait-il sans y mettre de restriction ?

Étienne Bonnot de Condillac

sol ; et la liaison de ces deux derniers a son principe dans l'harmonie des corps sonores, dont ils font partie. L'oreille confirme ce raisonnement ; car elle sent mieux le rapport des sons *ut, mi, sol, ut,* que celui des sons *ut, ré, mi, fa.* Les intervalles harmoniques ont donc été remarqués les premiers.

Il y a encore ici des progrès à observer ; car les sons harmoniques formant des intervalles plus ou moins faciles à entonner, et ayant des rapports plus ou moins sensibles, il n'est pas naturel qu'ils aient été aperçus et saisis aussitôt les uns que les autres. Il est donc vraisemblable qu'on n'a eu cette progression entière *ut, mi, sol, ut,* qu'après plusieurs expériences. Celle-là connue, on en fit d'autres sur le même modèle telles que *sol, si, ré, sol.* Quant à l'ordre diatonique, on ne le découvrit que peu-à-peu et qu'après beaucoup de tâtonnements, puisque la génération n'en a été montrée que de nos jours [1].

§. 45. Les premiers progrès de cet art ont donc été le fruit d'une longue expérience. On en a multiplié les principes, tant qu'on n'en a pas connu les véritables. M. Rameau, est le premier qui ait vu l'origine de toute l'harmonie dans la résonnance des corps sonores et qui ait rappelé la théorie de cet art à un seul principe. Les Grecs, dont on vante si fort la musique, ne connaissaient point, non plus que les Romains, la composition à plusieurs parties. Il est cependant vraisemblable qu'ils ont de bonne heure pratiqué quelques accords, soit que le hasard les leur eût fait remarquer à la rencontre de deux voix, soit qu'en pinçant en même temps deux cordes d'un instrument, ils en eussent senti l'harmonie.

§. 46. Les progrès de la musique ayant été aussi lents, on fut longtemps avant de songer à la séparer des paroles : elle eut paru tout-à-fait dénuée d'expression. D'ailleurs la prosodie s'étant saisie de tous les tons que la voix peut former, et ayant seule fourni l'occasion de remarquer leur harmonie ; il était naturel de ne regarder la musique que comme un art qui pouvait donner plus d'agrément ou plus de force au discours. Voilà l'origine du préjugé des anciens qui ne voulaient pas qu'on la séparât des paroles. Elle fut, à-peu-près, à l'égard de ceux chez qui elle prit naissance, ce qu'est la déclamation par rapport à nous : elle apprenait à régler la voix, au lieu qu'auparavant on la conduisait au hasard. Il devait paraître aussi ridicule

---

1 Voyez la Génération Harmonique de M. Rameau.

SECONDE PARTIE

de séparer le chant des paroles, qu'il le serait aujourd'hui de séparer de nos vers les sons de notre déclamation.

§. 47. Cependant la musique se perfectionna : peu-à-peu elle parvint à égaler l'expression des paroles : ensuite elle tenta de la surpasser. C'est alors qu'on put s'apercevoir qu'elle était par elle-même susceptible de beaucoup d'expression. Il ne devait donc plus paraître ridicule de la séparer des paroles. L'expression que les sons avaient dans la prosodie qui participait du chant, celle qu'ils avaient dans la déclamation qui était chantante, préparaient celle qu'ils devaient avoir lorsqu'ils seraient entendus seuls. Deux raisons assurèrent même le succès à ceux qui, avec quelque talent, s'essayèrent dans ce nouveau genre de musique. La première, c'est que sans doute ils choisissaient les passages auxquels, par l'usage de la déclamation, on était accoutumé d'attacher une certaine expression, ou que du moins ils en imaginaient de semblables. La seconde, c'est l'étonnement que, dans sa nouveauté, cette musique ne pouvait manquer de produire. Plus on était surpris, plus on devait se livrer à l'impression qu'elle pouvait occasionner. Aussi vit-on ceux qui étaient moins difficiles à émouvoir, passer successivement, par la force des sons, de la joie à la tristesse, ou même à la fureur. A cette vue, d'autres qui n'auraient point été remués, le furent presque également Les effets de cette musique devinrent le sujet des conversations, et l'imagination s'échauffait au seul récit qu'on en entendait faire. Chacun voulait en juger par soi-même ; et les hommes, aimant communément à voir confirmer les choses extraordinaires, venaient entendre cette musique avec les dispositions les plus favorables. Elle répéta donc souvent les mêmes miracles.

§. 48. Aujourd'hui notre prosodie et notre déclamation sont bien loin de préparer les effets que notre musique devrait produire. Le chant n'est pas, à notre égard, un langage aussi familier qu'il l'était pour les anciens ; et la musique, séparée des paroles, n'a plus cet air de nouveauté, qui seul peut beaucoup sur l'imagination. D'ailleurs, au moment où elle s'exécute, nous gardons tout le sang-froid dont nous sommes capables, nous n'aidons point le musicien à nous en retirer, et les sentiments que nous éprouvons naissent uniquement de l'action des sons sur l'oreille. Mais les sentiments de l'âme sont ordinairement si faibles, quand l'imagination ne réagit pas elle-même sur les sens, qu'on ne devrait pas être surpris que notre musique ne produisît pas des effets aussi surprenants que celle des anciens. Il faudrait, pour juger de son pouvoir, en exécuter des morceaux devant des hommes qui auraient beaucoup d'imagination, pour qui elle aurait le mérite de la nouveauté, et dont la déclamation, faite d'après une prosodie qui participerait du chant, serait elle-même chantante. Mais cette expérience serait inutile, si nous étions aussi portés à admirer les choses qui sont proches de nous, que celles qui s'en éloignent.

§. 49. Le chant fait pour des paroles est aujourd'hui si différent de notre prononciation ordinaire et de notre déclamation, que l'imagination a bien de la peine à te prêter à l'illusion de nos tragédies mises en musique. D'un autre côté les Grecs étaient bien plus sensibles que nous, parce qu'ils avaient l'imagination plus vive. Enfin, les musiciens prenaient les moments les plus favorables pour les émouvoir. Alexandre, par exemple, était à table, et comme le remarque M. Burette [1], il était vraisemblablement échauffé par les fumées du vin, quand une musique propre à inspirer la fureur, lui fit prendre ses armes. Je ne doute pas que nous n'ayons des soldats à qui le seul bruit des tambours et des trompettes en ferait faire autant. Ne jugeons donc pas de la musique des anciens par les effets qu'on lui attribue, mais jugeons-en par les instruments dont ils avaient l'usage, et l'on aura lieu de présumer qu'elle devait être inférieure à la nôtre.

§. 50. On peut remarquer que la musique, séparée des paroles, a été préparée chez les Grecs par des progrès semblables à ceux auxquels les Romains ont dû l'art des pantomimes ; et que ces deux arts ont, à leur naissance, causé la même surprise chez ces deux peuples, et produit des effets aussi surprenants. Cette conformité me paraît curieuse, et propre à confirmer mes conjectures.

§. 51. Je viens de dire, d'après tous ceux qui ont écrit sur cette matière, que les Grecs avaient l'imagination plus vive que nous. Mais je ne sais si la vraie raison de cette différence est connue : il me semble au moins qu'on a tort de l'attribuer uniquement au climat. En supposant que celui de la Grèce se fût toujours conservé tel qu'il était, l'imagination de ses habitants devait, peu-à-peu, s'affaiblir. On va voir que c'est un effet naturel des changements qui

1 Hist. de l'acad. des Belles-Lettres, tom. 5.

SECONDE PARTIE

arrivent au langage.

J'ai remarqué ailleurs [1] que l'imagination agit bien plus vivement dans des hommes qui n'ont point encore l'usage des signes d'institution : par conséquent, le langage d'action étant immédiatement l'ouvrage de cette imagination, il doit avoir plus de feu. En effet, pour ceux à qui il est familier, un seul geste équivaut souvent à une longue phrase. Par la même raison, les langues faites sur le modèle de ce langage, doivent être les plus vives ; et les autres doivent perdre de leur vivacité, à proportion que, s'éloignant davantage de ce modèle, elles en conservent moins le caractère. Or, ce que j'ai dit sur la prosodie, fait voir que, par cet endroit, la langue grecque se ressentait plus qu'aucune autre des influences du langage d'action ; et ce que je dirai sur les inversions, prouvera que ce n'était pas là les seuls effets de cette influence. Cette langue était donc très propre à exercer l'imagination. La nôtre, au contraire, est si simple dans sa construction et dans sa prosodie, qu'elle ne demande presque que l'exercice de la mémoire. Nous nous contentons, quand nous parlons des choses, d'en rappeler les signes, et nous en réveillons rarement les idées. Ainsi l'imagination moins souvent remuée, devient naturellement plus difficile à émouvoir. Nous devons donc l'avoir moins vive que les Grecs.

§. 52. La prévention pour la coutume a été, de tout temps, un obstacle aux progrès des arts : la musique s'en est surtout ressentie. Six cents ans avant J. C. Timothée fut banni de Sparte par un décret des Éphores, pour avoir, au mépris de l'ancienne musique, ajouté trois cordes à la lyre ; c'est-à-dire, pour avoir voulu la rendre propre à exécuter des chants plus variés et plus étendus : tels étaient les préjugés de ces temps-là. Nous en avons de semblables, on en aura encore après nous, sans jamais se douter qu'ils puissent un jour être trouvés ridicules. Lulli, que nous jugeons aujourd'hui si simple et si naturel, a paru outré dans son temps. On disait que, par ses airs de ballets, il corrompait la danse, et qu'il en allait faire un *baladinage*. « Il y a six-vingts ans, dit l'abbé du Bos, que les chants qui se composaient en France n'étaient, généralement parlant, qu'une suite de notes longues.... et.... il y a quatre-vingts ans que le mouvement de tous les airs de ballet était un mouvement lent, et leur chant, s'il est permis d'user de cette expression, marchait posément, même dans

1 Première partie, §. 21.

Étienne Bonnot de Condillac

sa plus grande gaieté ». Voilà la musique que regrettaient ceux qui blâmaient Lulli.

§. 53. La musique est un art où tout le monde se croit en droit de juger, et où, par conséquent, le nombre des mauvais juges est bien grand. Il y a, sans doute, dans cet art, comme dans les autres, un point de perfection dont il ne faut pas s'écarter : voilà le principe ; mais qu'il est vague ! Qui, jusqu'ici, a déterminé ce point ? et s'il ne l'est pas, à qui est-ce à le reconnaître ? Est-ce aux oreilles peu exercées, parce qu'elles sont en plus grand nombre ? Il y a donc eu un temps où la musique de Lulli a été justement condamnée. Est-ce aux oreilles savantes, quoiqu'en petit nombre ? Il y a donc aujourd'hui une musique qui n'en est pas moins belle, pour être différente de celle de Lulli.

Il devait arriver à la musique d'être critiquée à mesure qu'elle se perfectionnerait davantage, surtout si les progrès en étaient considérables et subits : car alors elle ressemble moins à ce qu'on est accoutumé d'entendre. Mais commence-t-on à se la rendre familière, on la goûte et elle n'a plus que le préjugé contre elle.

§. 54. Nous ne saurions connaître quel était le caractère de la musique instrumentale des anciens, je me bornerai à faire quelques conjectures sur le chant de leur déclamation.

Il s'écartait vraisemblablement de leur prononciation ordinaire à-peu-près comme notre déclamation s'éloigne de la nôtre, et se variait également selon le caractère des pièces et des scènes. Il devait être aussi simple dans la comédie que la prosodie le permettait. C'était la prononciation ordinaire qu'on n'avait altérée qu'autant qu'il avait fallu pour en apprécier les sons, et pour conduire la voix par des intervalles certains.

Dans la tragédie, le chant était plus varié et plus étendu, et principalement dans les monologues auxquels on donnait le nom de *cantiques*. Ce sont ordinairement les scènes les plus passionnées ; car il est naturel que le même personnage, qui se contraint dans les autres, se livre, quand il est seul, à toute l'impétuosité des sentiments qu'il éprouve. C'est pourquoi les poètes romains faisaient mettre les monologues en musique par des musiciens de profession. Quelquefois même ils leur laissaient le soin de composer la déclamation du reste de la pièce. Il n'en était pas de même chez les

SECONDE PARTIE

Grecs ; les poètes y étaient musiciens, et ne confiaient ce travail à personne.

Enfin, dans les chœurs, le chant était plus chargé que dans les autres scènes : c'étaient les endroits où le poète donnait le plus d'essor à son génie, il n'est pas douteux que le musicien ne suivît son exemple. Ces conjectures se confirment par les différentes sortes d'instruments dont on accompagnait la voix des acteurs ; car ils avaient une portée plus ou moins étendue selon le caractère des paroles.

Nous ne pouvons pas nous représenter les chœurs des anciens par ceux de nos opéras. La musique en était bien différente, puisqu'ils ne connaissaient pas la composition à plusieurs parties ; et les danses étaient peut-être encore plus éloignées de ressembler à nos ballets. « Il est facile de concevoir, dit l'abbé du Bos, qu'elles n'étaient autre chose que les gestes et les démonstrations que les personnages des chœurs faisaient pour exprimer leurs sentiments, soit qu'ils parlassent, soit qu'ils témoignassent, par un jeu muet, combien ils étaient touchés de l'événement auquel ils devaient s'intéresser. Cette déclamation obligeait souvent les chœurs à marcher sur la scène ; et comme les évolutions, que plusieurs personnes font en même temps, ne se peuvent faire sans avoir été concertées auparavant, quand on ne veut pas qu'elles dégénèrent en une foule, les anciens avaient prescrit certaines règles aux démarches des chœurs ». Sur des théâtres aussi vastes que ceux des anciens, ces évolutions pouvaient former des tableaux bien propres à exprimer les sentiments dont le chœur était pénétré.

§. 55. L'art de noter la déclamation, et de l'accompagner d'un instrument, était connu à Rome dès les premiers temps de la république. La déclamation y fut, dans les commencements, assez simple : mais par la suite, le commerce des Grecs y amena des changements. Les Romains ne purent résister aux charmes de l'harmonie et de l'expression de la langue de ce peuple. Cette nation polie devint l'école où ils se formèrent le goût pour les lettres, les arts et les sciences : et la langue Latine se conforma au caractère de la langue Grecque, autant que son génie put le permettre.

Cicéron nous apprend que les accents qu'on avait empruntés des étrangers, avaient changé, d'une manière sensible, la prononcia-

Étienne Bonnot de Condillac

tion des Romains. Ils occasionnèrent, sans doute, de pareils changements dans la musique des pièces dramatiques : l'un est une suite naturelle de l'autre. En effet, Horace et cet orateur remarquent que les instruments qu'on employait au théâtre de leur temps, avaient une portée bien plus étendue que ceux dont on s'était servi auparavant ; que l'acteur, pour les suivre, était obligé de déclamer sur un plus grand nombre de tons, et que le chant était devenu si pétulant qu'on n'en pouvait observer la mesure qu'en s'agitant d'une manière violente. Je renvoie à ces passages, tels que les rapporte l'abbé du Bos, afin qu'on juge si l'on peut les entendre d'une simple déclamation [1].

§. 56. Telle est l'idée qu'on peut se faire de la déclamation chantante et des causes qui l'ont introduite, ou qui l'ont fait varier. Il nous reste à rechercher les circonstances qui ont occasionné une déclamation aussi simple que la nôtre, et des spectacles si différents de ceux des anciens.

Le climat n'a pas permis aux peuples froids et flegmatiques du Nord de conserver les accents et la quantité que la nécessité avait introduits dans la prosodie à la naissance des langues. Quand ces barbares eurent inondé l'empire romain et qu'ils en eurent conquis toute la partie occidentale, le latin, confondu avec leurs idiomes, perdit son caractère. Voilà d'où nous vient le défaut d'accent que nous regardons comme la principale beauté de notre prononciation. Cette origine ne prévient pas en sa faveur. Sous l'empire de ces peuples grossiers, les lettres tombèrent, les théâtres furent détruits, l'art des pantomimes, celui de noter la déclamation et de la partager entre deux comédiens, les arts qui concourent à la décoration des spectacles, tels que l'architecture, la peinture, la sculpture, et tous ceux qui sont subordonnés à la musique, périrent. A la renaissance des lettres, le génie des langues était si changé, et les mœurs si différentes, qu'on ne put rien comprendre à ce que les anciens rapportaient de leurs spectacles.

Pour concevoir parfaitement la cause de cette révolution, il ne faut que se rappeler ce que j'ai dit sur l'influence de la prosodie. Celle des Grecs et des Romains était si caractérisée qu'elle avait des principes fixes, et si connus que le peuple même sans en avoir étudié les règles, était choqué des moindres défauts de prononciation.

1 Tom. 3, sect. X.

C'est là ce qui fournit les moyens de faire un art de la déclamation et de l'écrire en notes : dès lors cet art fit partie de l'éducation.

La déclamation ainsi perfectionnée, produisit l'art de partager le chant et les gestes entre deux comédiens, celui des pantomimes ; et étendant même, son influence jusque sur la forme et la grandeur des théâtres, elle donna occasion, comme nous l'avons vu, de les faire assez vastes pour contenir une partie considérable du peuple.

Voilà l'origine du goût des anciens pour les spectacles, pour les décorations, et pour tous les arts qui y sont subordonnés, la musique, l'architecture, la peinture et la sculpture. Chez eux, il ne pouvait presque pas y avoir de talents perdus, parce que chaque citoyen rencontrait, à tous moments, des objets propres à exercer son imagination.

Notre langue n'ayant presque point de prosodie, la déclamation n'a pu avoir de règles fixes, il nous a été impossible de la partager entre deux acteurs ; celui des pantomimes a peu d'attraits pour nous, et les spectacles ont été renfermés dans des salles où le peuple n'a pu assister. De là, ce qui est plus à regretter, le peu de goût que nous avons pour la musique, l'architecture, la peinture et la sculpture. Nous croyons seuls ressembler aux anciens ; mais que, par cet endroit, les Italiens leur ressemblent bien plus que nous. On voit donc que, si nos spectacles sont si différents de ceux des Grecs et des Romains, c'est un effet naturel des changements arrivés dans la prosodie.

CHAPITRE VI.
Comparaison de la déclamation chantante
et de la déclamation simple.

§. 57. NOTRE déclamation admet de temps en temps des intervalles aussi distincts que le chant. Si on ne les altérait qu'autant qu'il serait nécessaire pour les apprécier, ils n'en seraient pas moins naturels, et l'on pourrait les noter. Je crois même que le goût et l'oreille font préférer au bon comédien les sons harmoniques, toutes les fois qu'ils ne contrarient point trop notre prononciation ordinaire. C'est sans doute pour ces sortes de sons que Molière avait imaginé des notes [1]. Mais le projet de noter le reste de la déclamation est impossible ; car les inflexions de la voix y sont si faibles que, pour en apprécier les tons, il faudrait altérer les intervalles, au point que la déclamation choquerait ce que nous appelons la *nature*.

§. 58. Quoique notre déclamation ne reçoive pas, comme le chant, une succession de sons appréciables, elle rend cependant les sentiments de l'âme assez vivement pour remuer ceux à qui elle est familière, ou qui parlent une langue dont la prosodie est peu variée et peu animée. Elle produit sans doute cet effet, parce que les sons y conservent à-peu-près entre eux les mêmes proportions que dans le chant. Je dis *à-peu-près* ; car n'y étant pas appréciables, ils ne sauraient avoir des rapports aussi exacts.

Notre déclamation est donc naturellement moins expressive que la musique. En effet, quel est le son le plus propre à rendre un sentiment de l'âme ? C'est d'abord celui qui imite le cri qui en est le signe naturel, il est commun à la déclamation et à la musique. Ensuite ce sont les sons harmoniques de ce premier, parce qu'ils lui sont liés plus étroitement. Enfin, ce sont tous les sons qui peuvent être engendrés de cette harmonie, variés et combinés dans le mouvement qui caractérise chaque passion : car tout sentiment de l'âme détermine le ton et le mouvement du chant, qui est le plus propre à l'exprimer. Or, ces deux dernières espèces de sons se trouvent rarement dans notre déclamation, et d'ailleurs elle n'imite pas les mouvements de l'âme, comme le chant.

§. 59. Cependant elle supplée à ce défaut par l'avantage qu'elle a de nous paraître plus naturelle. Elle donne à son expression un air de vérité, qui fait que, si elle agit sur les sens plus faiblement que la musique, elle agit plus vivement sur l'imagination. C'est pourquoi nous sommes souvent plus touchés d'un morceau bien déclamé, que d'un beau récitatif. Mais chacun peut remarquer que, dans les moments où la musique ne détruit pas l'illusion, elle fait à son tour une impression bien plus grande.

§. 60. Quoique notre déclamation ne puisse pas se noter, il me semble qu'on pourrait en quelque sorte la fixer. Il suffirait qu'un musicien eût assez de goût pour observer, dans le chant, à-peu-près les mêmes proportions que la voix suit dans la déclamation. Ceux qui se seraient rendus ce chant familier, pourraient, avec de

1 Réfl. Crit., tom. 3, sect. XVIII.

l'oreille, y retrouver la déclamation qui en aurait été le modèle. Un homme rempli des récitatifs de Lulli, ne déclamerait-il pas les tragédies de Quinault, comme Lulli les eût déclamées lui-même ? Pour rendre cependant la chose plus facile, il serait à souhaiter que la mélodie fût extrêmement simple, et qu'on n'y distinguât les inflexions de la voix qu'autant qu'il serait nécessaire pour les apprécier. La déclamation se reconnaîtrait encore plus aisément dans les récitatifs de Lulli, s'il y avait mis moins de musique. On a donc lieu de croire que ce serait là un grand secours pour ceux qui auraient quelques dispositions à bien déclamer.

§. 61. La prosodie, dans chaque langue, ne s'éloigne pas également du chant : elle recherche plus ou moins les accents, et même les prodigue à l'excès, ou les évite tout-à-fait ; parce que la variété des tempéraments, ne permet pas aux peuples de divers climats de sentir de la même manière. C'est pourquoi les langues demandent, selon leur caractère, différents genres de déclamation et de musique. On dit, par exemple, que le ton dont les Anglais expriment la colère, n'est, en Italie, que celui de l'étonnement.

La grandeur des théâtres, les dépenses des Grecs et des Romains pour les décorer, les masques qui donnaient à chaque personnage la physionomie que demandait son caractère, la déclamation qui avait des règles fixes, et qui était susceptible de plus d'expression que la nôtre, tout paraît prouver la supériorité des spectacles des anciens. Nous avons, pour dédommagement, les grâces, l'expression du visage, et quelques finesses de jeu, que notre manière de déclamer a seule pu faire sentir.

CHAPITRE VII.
Quelle est la prosodie la plus parfaite.

§. 62. Chacun sera, sans doute, tenté de décider en faveur de la prosodie de sa langue : pour nous précautionner contre ce préjugé, tâchons de nous faire des idées exactes.

La prosodie la plus parfaite est celle qui, par son harmonie, est la plus propre à exprimer toutes sortes de caractères. Or, trois choses concourent à l'harmonie, la qualité des sons, les intervalles par où ils se succèdent, et le mouvement. Il faut donc qu'une langue ait des sons doux, moins doux, durs même, en un mot de toutes les espèces ; qu'elle ait des accents qui déterminent la voix à s'élever et à s'abaisser ; enfin que, par l'inégalité de ses syllabes, elle puisse exprimer toutes sortes de mouvements.

Pour produire l'harmonie, les chutes ne doivent pas se placer indifféremment. Il y a des moments où elle doit être suspendue ; il y en a d'autres où elle doit finir par un repos sensible. Par conséquent, dans une langue dont la prosodie est parfaite, la succession des sons doit être subordonnée à la chute de chaque période, en sorte que les cadences soient plus ou moins précipitées, et que l'oreille ne trouve un repos qui ne laisse rien à désirer, que quand l'esprit est entièrement satisfait.

§. 63. On reconnaîtra combien la prosodie des Romains approchait plus que la nôtre de ce point de perfection, si l'on considère l'étonnement avec lequel Cicéron parle des effets du nombre oratoire. Il représente le peuple ravi en admiration, à la chute des périodes harmonieuses ; et, pour montrer que le nombre en est l'unique cause, il change l'ordre des mots d'une période qui avait eu de grands applaudissements, et il assure qu'on en sent aussitôt disparaître l'harmonie. La dernière construction ne conservait plus, dans le mélange des longues et des brèves, ni dans celui des accents, l'ordre nécessaire pour la satisfaction de l'oreille [1]. Notre langue a de la douceur et de la rondeur, mais il faut quelque chose de plus pour l'harmonie. Je ne vois pas que, dans les différents tours qu'elle autorise, nos orateurs aient jamais rien trouvé de semblable à ces cadences qui frappaient si vivement les Romains.

§. 64. Une autre raison qui confirme la supériorité de la prosodie latine sur la nôtre, c'est le goût des Romains pour l'harmonie, et la délicatesse du peuple même à cet égard. Les comédiens ne pouvaient faire, dans un vers, une syllabe plus longue ou plus brève qu'il ne fallait, qu'aussitôt toute l'assemblée, dont le peuple faisait partie, ne s'élevât contre cette mauvaise prononciation.

Nous ne pouvons lire de pareils faits sans quelque surprise ; parce que nous ne remarquons rien parmi nous qui puisse les confirmer. C'est qu'aujourd'hui la prononciation des gens du monde est si simple que ceux qui la choquent légèrement ne peuvent être relevés que par peu de personnes, parce qu'il y en a peu qui se la soient

1 Traité de l'Orat.

rendue familière. Chez les Romains, elle était si caractérisée, le nombre en était si sensible que les oreilles les moins fines y étaient exercées : ainsi ce qui altérait l'harmonie ne pouvait manquer de les offenser.

§. 65. A suivre mes conjectures, si les Romains ont dû être plus sensibles à l'harmonie que nous, les Grecs y ont dû être plus sensibles qu'eux, et les Asiatiques encore plus que les Grecs : car plus les langues sont anciennes, plus leur prosodie doit approcher du chant. Aussi a-t-on lieu de conjecturer que le grec était plus harmonieux que le latin, puisqu'il lui prêta des accents. Quant aux Asiatiques, ils recherchaient l'harmonie avec une affectation que les Romains trouvaient excessive, Cicéron le fait entendre, lorsqu'après avoir blâmé ceux qui, pour rendre le discours plus cadencé, le gâtent à force d'en transposer les termes, il représente les orateurs Asiatiques comme plus esclaves du nombre que les autres. Peut-être aujourd'hui trouverait-il que le caractère de notre langue nous fait tomber dans le vice opposé : mais si par-là nous avons quelques avantages de moins, nous verrons ailleurs que nous en sommes dédommagés par d'autres endroits.

Ce que j'ai dit à la fin du sixième chapitre de cette section, est une preuve bien sensible de la supériorité de la prosodie des anciens.

CHAPITRE VIII.
De l'origine de la poésie.

§. 66. Si, dans l'origine des langues, la prosodie approcha du chant, le style, afin de copier les images sensibles du langage d'action, adopta toutes sortes de figures et de métaphores, et fut une vraie peinture. Par exemple, dans le langage d'action, pour donner à quelqu'un l'idée d'un homme effrayé, on n'avait d'autre moyen que d'imiter les cris et les mouvements de la frayeur. Quand on voulut communiquer cette idée par la voie des sons articulés, on se servit donc de toutes les expressions qui la présentaient dans le même détail. Un seul mot qui ne peint rien, eût été trop faible pour succéder immédiatement au langage d'action. Ce langage était si proportionné à la grossièreté des esprits, que les sons articulés n'y pouvaient suppléer, qu'autant qu'on accumulait les expressions les unes sur les autres. Le peu d'abondance des langues ne permettait pas même de parler autrement. Comme elles fournissaient rarement le terme propre, on ne faisait deviner une pensée qu'à force de répéter les idées qui lui ressemblaient davantage. Voilà l'origine du pléonasme : défaut qui doit particulièrement se remarquer dans les langues anciennes. En effet, les exemples en sont très fréquents dans l'Hébreu. On ne s'accoutuma que fort lentement à lier à un seul mot des idées qui, auparavant, ne s'exprimaient que par des mouvements fort composés ; et l'on n'évita les expressions diffuses que quand les langues, devenues plus abondantes, fournirent des termes propres et familiers pour toutes les idées dont on avait besoin. La précision du style fut connue beaucoup plus tôt chez les peuples du Nord. Par un effet de leur tempérament froid et flegmatique, ils abandonnèrent plus facilement tout ce qui se ressentait du langage d'action. Ailleurs les influences de cette manière de communiquer ses pensées, se conservèrent longtemps. Aujourd'hui même, dans les parties méridionales de l'Asie, le pléonasme est regardé comme une élégance du discours.

§. 67. Le style, dans son origine, a été poétique, puisqu'il a commencé par peindre les idées avec les images les plus sensibles, et qu'il était d'ailleurs extrêmement mesuré ; mais les langues, devenant plus abondantes, le langage d'action s'abolit peu-à-peu, la voix se varia moins, le goût pour les figures et les métaphores, par les raisons que j'en donnerai, diminua insensiblement, et le style se rapprocha de notre prose. Cependant les auteurs adoptèrent le langage ancien, comme plus vif et plus propre à se graver dans la mémoire : unique moyen de faire passer pour lors leurs ouvrages à la postérité. On donna différentes formes à ce langage ; on imagina des règles pour en augmenter l'harmonie, et on en fit un art particulier. La nécessité où l'on était de s'en servir fit croire, pendant longtemps, qu'on ne devait composer qu'en vers. Tant que les hommes n'eurent point de caractères pour écrire leurs pensées, cette opinion était fondée sur ce que les vers s'apprennent et se retiennent plus facilement. La prévention la fit cependant encore subsister après que cette raison eut cessé d'avoir lieu. Enfin un philosophe, ne pouvant se plier aux règles de la poésie, hasarda le premier d'écrire en prose [1].

---

1 Phéricides, de l'île de Scyros, est le premier qu'on sache avoir écrit en prose.

SECONDE PARTIE

§. 68. La rime ne dut pas, comme la mesure, les figures et les métaphores, son origine à la naissance des langues. Les peuples du Nord froids et flegmatiques, ne purent conserver une prosodie aussi mesurée que celle des autres, lorsque la nécessité qui l'avait introduite ne fut plus la même. Pour y suppléer, ils furent obligés d'inventer la rime.

§. 69. Il n'est pas difficile d'imaginer par quels progrès la poésie est devenue un art. Les hommes ayant remarqué les chutes uniformes et régulières que le hasard amenait dans le discours ; les différents mouvements produits par l'inégalité des syllabes, et l'impression agréable de certaines inflexions de la voix, se firent des modèles de nombre et d'harmonie, où ils puisèrent peu-à-peu toutes les règles de la versification. La musique et la poésie sont donc naturellement nées ensemble.

§. 70. Ces deux arts s'associèrent celui du geste, plus ancien qu'eux, et qu'on appelait du nom de danse. D'où nous pouvons conjecturer que, dans tous les temps et chez tous les peuples, on aurait pu remarquer quelque espèce de danse, de musique et de poésie. Les Romains nous apprennent que les Gaulois et les Germains avaient leurs musiciens et leurs poètes : on a observé, de nos jours, la même chose par rapport aux nègres, aux Caraïbes et aux Iroquois. C'est ainsi qu'on trouve, parmi les barbares, le germe des arts qui se sont formés chez les nations polies, et qui aujourd'hui, destinés à nourrir le luxe dans nos villes, paraissent si éloignés de leur origine, qu'on a bien de la peine à le reconnaître.

§.71. L'étroite liaison de ces arts à leur naissance est la vraie raison qui les a fait confondre par les anciens sous un nom générique. Chez eux le terme de *musique* comprend non seulement l'art qu'il désigne dans notre langue, mais encore celui du geste, la danse, la poésie et la déclamation. C'est donc à ces arts réunis qu'il faut rapporter la plupart des effets de leur musique, et dès lors ils ne sont plus si surprenants [1].

§. 72. On voit sensiblement quel était l'objet des premières poésies. Dans l'établissement des sociétés, les hommes ne pouvaient point encore s'occuper des choses de pur agrément, et les besoins qui les obligeaient de se réunir bornaient leurs vues à ce qui

1 On dit, par exemple, que la musique de Terpandre apaisa une sédition ; mais cette musique n'était pas un simple chant, c'était des vers que déclamait ce poète.

Étienne Bonnot de Condillac

pouvait leur être utile ou nécessaire. La poésie et la musique ne furent donc cultivées que pour faire connaître la religion, les lois, et pour conserver le souvenir des grands hommes et des services qu'ils avaient rendus à la société. Rien n'y était plus propre, ou plutôt c'était le seul moyen dont on pût se servir, puisque l'écriture n'était pas encore connue. Aussi tous les monuments de l'antiquité prouvent-ils que ces arts, à leur naissance, ont été destinés à l'instruction des peuples. Les Gaulois et les Germains s'en servaient pour conserver leur histoire et leurs lois ; et chez les Égyptiens et les Hébreux, ils faisaient, en quelque sorte, partie de la religion. Voilà pourquoi les anciens voulaient que l'éducation eût pour principal objet l'étude de la musique : je prends ce terme dans toute l'étendue qu'ils lui donnaient. Les Romains jugeaient la musique nécessaire à tous les âges, parce qu'ils trouvaient qu'elle enseignait ce que les enfants devaient apprendre, et ce que les personnes faites devaient savoir. Quant aux Grecs, il leur paraissait si honteux de l'ignorer, qu'un musicien et un savant étaient pour eux la même chose, et qu'un ignorant était désigné, dans leur langue, par le nom d'un homme qui ne sait pas la musique. Ce peuple ne se persuadait pas que cet art fût de l'invention des hommes, et il croyait tenir des Dieux les instruments qui l'étonnaient davantage. Ayant plus d'imagination que nous, il était plus sensible à l'harmonie : d'ailleurs, la vénération qu'il avait pour les lois, pour la religion et pour les grands hommes qu'il célébrait dans ses chants, passa à la musique qui conservait la tradition de ces choses.

§. 73. La prosodie et le style étant devenus plus simples, la prose s'éloigna de plus en plus de la poésie. D'un autre côté, l'esprit fit des progrès, la poésie en parut avec des images plus neuves ; par ce moyen elle s'éloigna aussi du langage ordinaire, fut moins à la portée du peuple et devint moins propre à l'instruction.

D'ailleurs les faits, les lois et toutes les choses, dont il fallait que les hommes eussent connaissance, se multiplièrent si fort, que la mémoire était trop faible pour un pareil fardeau ; les sociétés s'agrandirent au point que la promulgation des lois ne pouvait parvenir que difficilement à tous les citoyens. Il fallut donc, pour instruire le peuple, avoir recours à quelque nouvelle voie. C'est alors qu'on imagina l'écriture : j'exposerai plus bas quels en furent les progrès [1].

1 Chap. 13 de cette sect.

SECONDE PARTIE

A la naissance de ce nouvel art, la poésie et la musique commencèrent à changer d'objet : elles se partagèrent entre l'utile et l'agréable, et enfin se bornèrent presqu'aux choses de pur agrément. Moins elles devinrent nécessaires, plus elles cherchèrent les occasions de plaire davantage, et elles firent l'une et l'autre des progrès considérables.

La musique et la poésie, jusque-là inséparables, commencèrent, quand elles se furent perfectionnées, à se diviser en deux arts différents ; mais on cria à l'abus contre ceux qui, les premiers, hasardèrent de les séparer. Les effets qu'elles pouvaient produire, sans se prêter des secours mutuels, n'étaient pas encore assez sensibles, on ne prévoyait pas ce qui devait leur arriver, et d'ailleurs ce nouvel usage était trop contraire à la coutume. On en appelait, comme nous aurions fait, à l'antiquité, qui ne les avait jamais employées l'une sans l'autre ; et l'on concluait que des airs sans paroles, ou des vers pour n'être point chantés, étaient quelque chose de trop bizarre pour avoir jamais du succès ; mais quand l'expérience eut prouvé le contraire, les philosophes commencèrent à craindre que ces arts n'énervassent les mœurs. Ils s'opposèrent à leurs progrès, et citèrent aussi l'antiquité qui n'en avait jamais fait usage pour des choses de pur agrément. Ce n'est donc point sans avoir eu bien des obstacles à surmonter que la musique et la poésie ont changé d'objets et ont été distinguées en deux arts.

§. 74. On serait tenté de croire que le préjugé qui fait respecter l'antiquité, a commencé à la seconde génération des hommes. Plus nous sommes ignorants, plus nous avons besoin de guides et plus nous sommes portés à croire que ceux qui sont venus avant nous ont bien fait tout ce qu'ils ont fait, et qu'il ne nous reste qu'à les imiter. Plusieurs siècles d'expérience auraient bien dû nous corriger de cette prévention.

Ce que la raison ne peut faire, le temps et les circonstances l'occasionnent, mais souvent pour faire tomber dans des préjugés tout contraires. C'est ce qu'on peut remarquer au sujet de la poésie et de la musique. Notre prosodie étant devenue aussi simple qu'elle l'est aujourd'hui, ces deux arts ont été si fort séparés, que le projet de les réunir sur un théâtre a paru ridicule à tout le monde, et le paraît même encore, tant on est bizarre, à plusieurs de ceux qui applaudissent à l'exécution.

Étienne Bonnot de Condillac

§. 75. L'objet des premières poésies nous indique quel en était le caractère. Il est vraisemblable qu'elles ne chantaient la religion, les lois et les héros, que pour réveiller, dans les citoyens, des sentiments d'amour, d'admiration et d'émulation. C'étaient des psaumes, des cantiques, des odes et des chansons. Quant aux poèmes épiques et dramatiques, ils ont été connus plus tard. L'invention en est due aux Grecs, et l'histoire en a été faite si souvent que personne ne l'ignore.

§. 76. On peut juger du style des premières poésies par le génie des premières langues.

En premier lieu, l'usage de sous-entendre des mots y était fort fréquent. L'hébreu en est la preuve ; mais en voici la raison :

La coutume, introduite par la nécessité, de mêler ensemble le langage d'action et celui des sons articulés, subsista encore longtemps après que cette nécessité eut cessé, surtout chez les peuples dont l'imagination était plus vive, tels que les Orientaux. Cela fut cause que, dans la nouveauté d'un mot, on s'entendait également bien en ne l'employant pas comme en l'employant. On l'omettait donc volontiers pour exprimer plus vivement sa pensée, ou pour la renfermer dans la mesure d'un vers. Cette licence était d'autant plus tolérée, que la poésie, étant faite pour être chantée, et ne pouvant encore être écrite, le ton et le geste suppléaient au mot qu'on avait omis. Mais quand, par une longue habitude, un nom fut devenu le signe le plus naturel d'une idée, il ne fut pas aisé d'y suppléer. C'est pourquoi, en descendant des langues anciennes aux plus modernes, ou s'apercevra que l'usage de sous-entendre des mots est de moins en moins reçu. Notre langue le rejette même si fort, qu'on dirait quelquefois qu'elle se méfie de notre pénétration.

§. 77. En second lieu, l'exactitude et la précision ne pouvaient être connues des premiers poètes. Ainsi, pour remplir la mesure des vers, on y insérait souvent des mots inutiles, ou l'on répétait la même chose de plusieurs manières : nouvelle raison des pléonasmes fréquents dans les langues anciennes.

§. 78. Enfin, la poésie était extrêmement figurée et métaphorique ; car on assure que, dans les langues Orientales, la prose même souffre des figures que la poésie des Latins n'emploie que rarement. C'est donc chez les poètes Orientaux que l'enthousiasme

SECONDE PARTIE

produisait les plus grands désordres : c'est chez eux que les passions se montraient avec des couleurs qui nous paraîtraient exagérées. Je ne sais cependant si nous serions en droit de les blâmer. Ils ne sentaient pas les choses comme nous : ainsi ils ne devaient pas les exprimer de la même manière. Pour apprécier leurs ouvrages, il faudrait considérer le tempérament des nations pour lesquelles ils ont écrit. On parle beaucoup de la belle nature ; il n'y a pas même de peuple poli qui ne se pique de l'imiter ; mais chacun croit en trouver le modèle dans sa manière de sentir. Qu'on ne s'étonne pas si on a tant de peine à la reconnaître, elle change trop souvent de visage, ou du moins elle prend trop l'air de chaque pays. Je ne sais même si la façon dont j'en parle actuellement, ne se sent pas un peu du ton qu'elle prend, depuis quelque temps en France.

§. 79. Le style poétique et le langage ordinaire, en s'éloignant l'un de l'autre, laissèrent entre eux un milieu où l'éloquence prit son origine, et d'où elle s'écarta pour se rapprocher tantôt du ton de la poésie, tantôt de celui de la conversation. Elle ne diffère de celui-ci, que parce qu'elle rejette toutes les expressions qui ne sont pas assez nobles, et de celui-là, que parce qu'elle n'est pas assujettie à la même mesure, et que, selon le caractère des langues, on ne lui permet pas certaines figures et certains tours qu'on souffre dans la poésie. D'ailleurs, ces deux arts se confondent quelquefois si fort, qu'il n'est plus possible de les distinguer.

CHAPITRE IX.
Des mots.

JE n'ai pu interrompre ce que j'avais à dire sur l'art des gestes, la danse, la prosodie, la déclamation, la musique et la poésie : toutes ces choses tiennent trop ensemble et au langage d'action qui en est le principe. Je vais actuellement rechercher par quels progrès le langage des sons articulés a pu se perfectionner et devenir enfin le plus commode de tous.

§. 80. Pour comprendre comment les hommes convinrent entre eux du sens des premiers mots qu'ils voulurent mettre en usage, il suffit d'observer qu'ils les prononçaient dans des circonstances où chacun était obligé de les rapporter aux mêmes perceptions.

Par là ils en fixaient la signification avec plus d'exactitude, selon que les circonstances, en se répétant plus souvent, accoutumaient davantage l'esprit à lier les mêmes idées avec les mêmes signes. Le langage d'action levait les ambiguïtés et les équivoques qui, dans les commencements, devaient être fréquentes.

§. 81. Les objets destinés à soulager nos besoins, peuvent bien échapper quelquefois à notre attention, mais il est difficile de ne pas remarquer ceux qui sont propres à produire des sentiments de crainte et de douleur. Ainsi, les hommes ayant dû nommer les choses plus tôt ou plus tard, à proportion qu'elles attiraient davantage leur attention ; il est vraisemblable, par exemple, que les animaux qui leur faisaient la guerre, eurent des noms avant les fruits dont ils se nourrissaient. Quant aux autres objets ils imaginèrent des mots pour les désigner, selon qu'ils les trouvaient propres à soulager des besoins plus pressants et qu'ils en recevaient des impressions plus vives.

§. 82. La langue fut longtemps sans avoir d'autres mots que les noms qu'on avait donnés aux objets sensibles, tels que ceux d'*arbre, fruit, eau, feu,* et autres dont on avait plus souvent occasion de parler. Les notions complexes des substances étant connues les premières, puisqu'elles viennent immédiatement des sens, devaient être les premières à avoir des noms. À mesure qu'on fut capable de les analyser, en réfléchissant sur les différentes perceptions qu'elles renferment, on imagina des signes pour des idées plus simples. Quand on eut, par exemple, celui d'*arbre*, on fit ceux de *tronc, branche, feuille, verdure,* etc. On distingua ensuite, mais peu-à-peu, les différentes qualités sensibles des objets ; on remarqua les circonstances où ils pouvaient se trouver, et l'on fit des mots pour exprimer toutes ces choses : ce furent les adjectifs et les adverbes ; mais on trouva de grandes difficultés à donner des noms aux opérations de l'âme, parce qu'on est naturellement peu propre à réfléchir sur soi-même. On fut donc longtemps à n'avoir d'autre moyen pour rendre ces idées, *je vois, j'entends, je veux, j'aime,* et autres semblables, que de prononcer le nom des choses d'un ton particulier, et de marquer à-peu-près par quelque action la situation où l'on se trouvait. C'est ainsi que les enfants qui n'apprennent ces mots que quand ils savent déjà nommer les objets qui ont le plus de rapport à eux, font connaître ce qui se passe dans leur âme.

SECONDE PARTIE

§. 83. En se faisant une habitude de se communiquer ces sortes d'idées par des actions, les hommes s'accoutumèrent à les déterminer, et dès lors ils commencèrent à trouver plus de facilité à les attacher à d'autres signes. Les noms qu'ils choisirent pour cet effet, sont ceux qu'on appela *verbes*. Ainsi les premiers verbes n'ont été imaginés que pour exprimer l'état de l'âme quand elle agit ou pâtit. Sur ce modèle on en fit ensuite pour exprimer celui de chaque chose. Ils eurent cela de commun avec les adjectifs, qu'ils désignaient l'état d'un être ; et ils eurent de particulier, qu'ils le marquaient, en tant qu'il consiste en ce qu'on appelle *action* et *passion*. *Sentir, se mouvoir*, étaient des verbes ; *grand, petit*, étaient des adjectifs : pour les adverbes, ils servaient à faire connaître les circonstances que les adjectifs n'exprimaient pas.

§. 84. Quand on n'avait point encore l'usage des verbes, le nom de l'objet dont on voulait parler se prononçait dans le moment même qu'on indiquait par quelque action l'état de son âme : c'était le moyen le plus propre à se faire entendre. Mais quand on commença à suppléer à l'action par le moyen des sons articulés, le nom de la chose se présenta naturellement le premier, comme étant le signe le plus familier. Cette manière de s'énoncer était la plus commode pour celui qui parlait et pour celui qui écoutait. Elle l'était pour le premier, parce qu'elle le faisait commencer par l'idée la plus facile a communiquer : elle l'était encore pour le second, parce qu'en fixant son attention à l'objet dont on voulait l'entretenir, elle le préparait à comprendre plus aisément un terme moins usité, et dont la signification ne devait pas être si sensible. Ainsi l'ordre le plus naturel des idées voulait qu'on mît le régime avant le verbe : on disait, par exemple, *fruit vouloir*.

Cela peut encore se confirmer par une réflexion bien simple. C'est que le langage d'action ayant seul pu servir de modèle à celui des sons articulés, ce dernier a dû, dans les commencements, conserver les idées dans le même ordre que l'usage du premier avait rendu le plus naturel. Or on ne pouvait, avec le langage d'action, faire connaître l'état de son âme qu'en montrant l'objet auquel il se rapportait. Les mouvements qui exprimaient un besoin, n'étaient entendus qu'autant qu'on avait indiqué par quelque geste ce qui était propre à le soulager. S'ils précédaient, c'était à pure perte, et l'on était obligé de les répéter ; car ceux à qui on voulait faire connaître sa pensée étaient encore trop peu exercés pour songer à se les rappeler, dans le dessein d'en interpréter le sens. Mais l'attention qu'on donnait sans effort à l'objet indiqué, facilitait l'intelligence de l'action. Il me semble même qu'aujourd'hui ce serait encore la manière la plus naturelle de se servir de ce langage.

Le verbe venant après son régime, le nom qui le régissait, c'est-à-dire, le nominatif ne pouvait être placé entre deux, car il en aurait obscurci le rapport. Il ne pouvait pas non plus commencer la phrase, parce que son rapport avec son régime eût été moins sensible. Sa place était donc après le verbe. Par là les mots se construisaient dans le même ordre dans lequel ils se régissaient, unique moyen d'en faciliter l'intelligence. On disait *fruit vouloir Pierre*, pour *Pierre veut du fruit*, et la première construction n'était pas moins naturelle que l'autre l'est actuellement. Cela se prouve par la langue latine, où toutes deux sont également reçues. Il paraît que cette langue tient comme un milieu entre les plus anciennes et les plus modernes, et qu'elle participe du caractère des unes et des autres.

§. 85. Les verbes, dans leur origine, n'exprimaient l'état des choses que d'une manière indéterminée. Tels sont les infinitifs *aller*, *agir*. L'action dont on les accompagnait suppléait au reste, c'est-à-dire, au temps, aux modes, aux nombres et aux personnes. En disant *arbre voir*, on faisait connaître, par quelque geste, si l'on parlait de soi ou d'un autre, d'un ou de plusieurs, du passé, du présent ou de l'avenir, enfin dans un sens positif ou dans un sens conditionnel.

§. 86. La coutume de lier ces idées à de pareils signes ayant facilité les moyens de les attacher à des sons, on inventa, pour cet effet, des mots qu'on ne plaça dans le discours qu'après les verbes, par la même raison que ceux-ci ne l'avaient été qu'après les noms. On rangeait donc ses idées dans cet ordre, *fruit manger à l'avenir moi*, pour dire, *je mangerai du fruit*.

§. 87. Les sons qui rendaient la signification du verbe déterminée, lui étant toujours ajoutés, ne firent bientôt avec lui qu'un seul mot, qui se terminait différemment selon ses différentes acceptions. Alors le verbe fut regardé comme un nom qui, quoique indéfini dans son origine, était, par la variation de ses temps et de ses modes, devenu propre à exprimer, d'une manière déterminée, l'état

164

d'action et de passion de chaque chose. C'est de la sorte que les hommes parvinrent insensiblement à imaginer les conjugaisons.

§. 88. Quand les mots furent devenus les signes les plus naturels de nos idées, la nécessité de les disposer dans un ordre aussi contraire à celui que nous leur donnons aujourd'hui, ne fut plus la même. On continua cependant de le faire, parce que le caractère des langues, formé d'après cette nécessité, ne permit pas de rien changer à cet usage ; et l'on ne commença à se rapprocher de notre manière de concevoir qu'après que plusieurs idiomes se furent succédés les uns aux autres. Ces changements furent fort lents, parce que les dernières langues conservèrent toujours une partie du génie de celles qui les avaient précédées. On voit dans le latin un reste bien sensible du caractère des plus anciennes, d'où il a passé jusque dans nos conjugaisons. Lorsque nous disons *je fais, je faisais, je fis, je ferai*, etc., nous ne distinguons le temps, le mode et le nombre, qu'en variant les terminaisons du verbe ; ce qui provient de ce que nos conjugaisons ont en cela été faites sur le modèle de celles des Latins. Mais lorsque nous disons *j'ai fait, j'eus fait, j'avais fait*, etc., nous suivons l'ordre qui nous est devenu le plus naturel : car *fait* est ici proprement le verbe, puisque c'est le nom qui marque l'état d'action ; et *avoir* ne répond qu'au son qui, dans l'origine des langues, venait après le verbe, pour en désigner le temps, le mode et le nombre.

§. 89. On peut faire la même remarque sur le terme *être*, qui rend le participe auquel on le joint, tantôt équivalent à un verbe passif, tantôt au prétérit composé d'un verbe actif ou neutre. Dans ces phrases, *je suis aimé, je m'étais fait fort, je serais parti* ; *aimé* exprime l'état de passion ; *fait* et *parti* celui d'action : mais *suis, étais* et *serais* ne marquent que le temps, le mode et le nombre. Ces sortes de mots étaient de peu d'usage dans les conjugaisons latines, et ils s'y construisaient comme dans les premières langues, c'est-à-dire, après le verbe.

§. 90. Puisque, pour signifier le temps, le mode et le nombre, nous avons des termes que nous mettons avant le verbe, nous pourrions, en les plaçant après, nous faire un modèle des conjugaisons des premières langues. Cela nous donnerait, par exemple, au lieu de *je suis aimé, j'étais aimé*, etc. *aimésuis, aimétais*, etc.

Étienne Bonnot de Condillac

§. 91. Les hommes ne multiplièrent pas les mots sans nécessité, surtout quand ils commencèrent à en avoir l'usage : il leur en coûtait trop pour les imaginer et pour les retenir. Le même nom qui était le signe d'un temps ou d'un mode, fut donc mis après chaque verbe : d'où il résulte que chaque mère-langue n'a d'abord eu qu'une seule conjugaison. Si le nombre en augmenta, ce fut par le mélange de plusieurs langues, ou parce que les mots destinés à indiquer les temps, les modes, etc., se prononçant plus ou moins facilement, selon le verbe qui les précédait, furent quelquefois altérés.

§. 92. Les différentes qualités de l'âme ne sont qu'un effet des divers états d'action et de passion par où elle passe, ou des habitudes qu'elle contracte, lorsqu'elle agît ou pâtit à plusieurs reprises. Pour connaître ces qualités, il faut donc déjà avoir quelque idée des différentes manières d'agir et de pâtir de cette substance : ainsi les adjectifs qui les expriment, n'ont pu avoir cours qu'après que les verbes ont été connus. Les mots de *parler* et de *persuader* ont nécessairement été en usage avant celui d'*éloquent* : cet exemple suffit pour rendre ma pensée sensible.

§. 93. En parlant des noms donnés aux qualités des choses, je n'ai encore fait mention que des adjectifs : c'est que les substantifs abstraits n'ont pu être connus que longtemps après. Lorsque les hommes commencèrent à remarquer les différentes qualités des objets, ils ne les virent pas toutes seules ; mais ils les aperçurent comme quelque chose dont un sujet était revêtu. Les noms qu'ils leur donnèrent, durent, par conséquent, emporter quelque idée de ce sujet : tels sont les mots *grand*, *vigilant*, etc. Dans la suite, on repassa sur les notions qu'on s'était faites, et l'on fut obligé de les décomposer, afin de pouvoir exprimer plus commodément de nouvelles pensées : c'est alors qu'on distingua les qualités de leur sujet, et qu'on fit les substantifs abstraits de *grandeur*, *vigilance*, etc. Si nous pouvions remonter à tous les noms primitifs, nous reconnaîtrions qu'il n'y a point de substantif abstrait qui ne dérive de quelque adjectif ou de quelque verbe.

§. 94. Avant l'usage des verbes, on avait déjà, comme nous l'avons vu, des adjectifs pour exprimer des qualités sensibles ; parce que les idées les plus aisées à déterminer, ont dû les premières avoir des noms. Mais, faute de mot pour lier l'adjectif à son substantif, on se contentait de mettre l'un à côté de l'autre. *Monstre terrible* signifiait, ce *monstre est terrible* ; car l'action suppléait à ce qui n'était pas exprimé par les sons. Sur quoi il faut observer que le substantif se construisait tantôt avant, tantôt après l'adjectif, selon qu'on voulait plus appuyer sur l'idée de l'un ou sur celle de l'autre. Un homme surpris de la hauteur d'un arbre, disait *grand arbre* quoique dans toute autre occasion il eût dit *arbre grand* : car l'idée dont on est le plus frappé, est celle qu'on est naturellement porté à énoncer la première.

Quand on se fut fait des verbes, on remarqua facilement que le mot qu'on leur avait ajouté pour en distinguer la personne, le nombre, le temps et le mode, avait encore la propriété de les lier avec le nom qui les régissait. On employa donc ce même mot pour la liaison de l'adjectif avec son substantif, ou du moins on en imagina un semblable. Voilà à quoi répond celui d'*être*, à cela près qu'il ne suffit pas pour désigner la personne. Cette manière de lier deux idées est, comme je l'ai dit ailleurs [1], ce qu'on appelle *affirmer*. Ainsi le caractère de ce mot est de marquer l'affirmation.

§. 95. Lorsqu'on s'en servit pour la liaison du substantif et de l'adjectif, on le joignit à ce dernier, comme à celui sur lequel l'affirmation tombe plus particulièrement. Il arriva bientôt ce qu'on avait déjà vu à l'occasion des verbes ; c'est que les deux ne firent qu'un mot. Par là les adjectifs devinrent susceptibles de conjugaison, et ne furent distingués des verbes que parce que les qualités qu'ils exprimaient n'étaient ni action ni passion. Alors, pour mettre tous ces noms dans une même classe, on ne considéra le verbe que *comme un mot qui, susceptible de conjugaison, affirme d'un sujet une qualité quelconque*. Il y eut donc trois sortes de verbes : les uns actifs, ou qui signifient action ; les autres passifs, ou qui marquent passion ; et les derniers neutres, ou qui indiquent toute autre qualité. Les grammairiens changèrent ensuite ces divisions, ou en imaginèrent de nouvelles, parce qu'il leur parut plus commode de distinguer les verbes par le régime que par le sens.

§. 96. Les adjectifs s'étant changés en verbes, la construction des langues fut quelque peu altérée. La place de ces nouveaux verbes varia comme celle des noms d'où ils dérivaient : ainsi ils furent mis tantôt avant, tantôt après le substantif dont ils étaient le régime. Cet usage s'étendit ensuite aux autres verbes. Telle est l'époque qui

---

1 Première partie, sect. II.

Étienne Bonnot de Condillac

a préparé la construction qui nous est si naturelle.

§. 97. On ne fut donc plus assujetti à arranger toujours ses idées dans le même ordre : on sépara de plusieurs adjectifs le mot qui leur avait été ajouté ; on le conjugua à part ; et, après l'avoir longtemps placé assez indifféremment, comme le prouve la langue latine, on le fixa dans la nôtre après le nom qui le régit et avant celui qu'il a pour régime.

§. 98. Ce mot n'était le signe d'aucune qualité, et n'aurait pu être mis au nombre des verbes, si en sa faveur on n'avait pas étendu la notion du verbe, comme on l'avait déjà fait pour les adjectifs. Ce nom ne fut donc plus considéré que comme *un mot qui signifie affirmation avec distinction de personnes, de nombres, de temps et de modes*. Dès lors le verbe *être* fut proprement le seul. Les grammairiens n'ayant pas suivi le progrès de ces changements, ont eu bien de la peine à s'accorder sur l'idée qu'on doit avoir de cette sorte de noms [1].

§. 99. Les déclinaisons des Latins doivent s'expliquer de la même manière que leurs conjugaisons : l'origine n'en saurait être différente. Pour exprimer le nombre, le cas et le genre, on imagina des mots qu'on plaça après les noms et qui en varièrent la terminaison. Sur quoi on peut remarquer que nos déclinaisons ont été faites en partie sur celles de la langue latine, puisqu'elles admettent différentes terminaisons, et en partie d'après l'ordre que nous donnons aujourd'hui à nos idées ; car les articles qui sont les signes du nombre, du cas et du genre, se mettent avant les noms.

Il me semble que la comparaison de notre langue avec celle des Latins rend mes conjectures assez vraisemblables, et qu'il y a lieu de présumer qu'elles s'écarteraient peu de la vérité, si l'on pouvait remonter à une première langue.

§. 100. Les conjugaisons et les déclinaisons latines ont sur les nôtres l'avantage de la variété et de la précision. L'usage fréquent que nous sommes obligés de faire des verbes auxiliaires et des articles, rend le style diffus et traînant : cela est d'autant plus sensible que nous portons le scrupule jusqu'à répéter les articles sans nécessité. Par exemple, nous ne disons pas *c'est le plus pieux et plus savant homme que je connaisse* ; mais nous disons, *c'est le plus pieux*

1 De toutes les parties de l'oraison, dit l'abbé Régnier, il n'y en a aucune dont nous ayons autant de définitions que nous en avons des verbes. *Gramm. Franç.*, p. 325.

SECONDE PARTIE

et le *plus savant,* etc. On peut encore remarquer que, par la nature de nos déclinaisons, nous manquons de ces noms que les grammairiens appellent comparatifs, à quoi nous ne suppléons que par le mot *plus,* qui demande les mêmes répétitions que l'article. Les conjugaisons et les déclinaisons étant les parties de l'oraison qui reviennent le plus souvent dans le discours, il est démontré que notre langue a moins de précision que la langue latine.

§. 101. Nos conjugaisons et nos déclinaisons ont à leur tour un avantage sur celles des Latins : c'est qu'elles nous font distinguer des sens qui se confondent dans leur langue. Nous avons trois prétérits, *je fis, j'ai fait, j'eus fait* : ils n'en ont qu'un, *feci.* L'omission de l'article change quelquefois le sens d'une proposition : *je suis père* et *je suis le père,* ont deux sens différents, qui se confondent dans la langue latine, *sum pater.*

CHAPITRE X.
Continuation de la même matière.

§. 102. Il n'était pas possible d'imaginer des noms pour chaque objet particulier ; il fut donc nécessaire d'avoir de bonne heure des termes généraux. Mais avec quelle adresse ne fallut-il pas saisir les circonstances, pour s'assurer que chacun formait les mêmes abstractions, et donnait les mêmes noms aux mêmes idées ? Qu'on lise des ouvrages sur des matières abstraites, on verra qu'aujourd'hui même il n'est pas aisé d'y réussir.

Pour comprendre dans quel ordre les termes abstraits ont été imaginés, il suffit d'observer l'ordre des notions générales. L'origine et les progrès sont les mêmes de part et d'autre. Je veux dire que, s'il est constant que les notions les plus générales viennent des idées que nous tenons immédiatement des sens, il est également certain que les termes les plus abstraits dérivent des premiers noms qui ont été donnés aux objets sensibles.

Les hommes, autant qu'il est en leur pouvoir, rapportent leurs dernières connaissances à quelques-unes de celles qu'ils ont déjà acquises. Par là les idées moins familières se lient à celles qui le sont davantage, ce qui est d'un grand secours à la mémoire et à l'imagination. Quand les circonstances firent remarquer de nouveaux objets, on chercha donc ce qu'ils avaient de commun avec ceux qui étaient connus, on les mit dans la même classe, et les mêmes noms servirent à désigner les uns et les autres. C'est de la sorte que les idées des signes devinrent plus générales : mais cela ne se fit que peu-à-peu, on ne s'éleva aux notions les plus abstraites que par degrés, et on n'eut que fort tard les termes d'*essence*, de *substance* et d'*être*. Sans doute qu'il y a des peuples qui n'en ont point encore enrichi leur langue [1] : s'ils sont plus ignorants que nous, je ne crois pas que ce soit par cet endroit.

§. 103. Plus l'usage des termes abstraits s'établit, plus il fit connaître combien les sons articulés étaient propres à exprimer jusqu'aux pensées qui paraissent avoir le moins de rapport aux choses sensibles. L'imagination travailla pour trouver dans les objets qui frappent les sens des images de ce qui se passait dans l'intérieur de l'âme. Les hommes ayant toujours aperçu du mouvement et du repos dans la matière ; ayant remarqué le penchant ou l'inclination des corps ; ayant vu que l'air s'agite se trouble et s'éclaircit ; que les plantes se développent, se fortifient et s'affaiblissent : ils dirent le *mouvement*, le *repos*, l'*inclination* et le *penchant* de l'âme ; ils dirent que l'esprit *s'agite*, *se trouble*, *s'éclaircit*, *se développe*, *se fortifie*, et *s'affaiblit*. Enfin on se contenta d'avoir trouvé un rapport quelconque entre une action de l'âme et une action du corps, pour donner le même nom à l'une et à l'autre [2]. Le terme d'*esprit*, d'où vient-il lui-même, si ce n'est de l'idée d'une matière très subtile, d'une vapeur, d'un souffle qui échappe à la vue ? Idée avec laquelle plusieurs philosophes se sont si fort familiarisés, qu'ils s'imaginent qu'une substance composée d'un nombre innombrable de parties, est capable de penser. J'ai réfuté cette erreur. [3]

On voit évidemment comment tous ces noms ont été figurés dans leur origine. On pourrait prendre, parmi des termes plus abstraits,

1 Cela se trouve confirmé par la relation de M. de la Condamine.

2 « Je ne doute point (dit Locke, liv. III, ch. 1, §. 5) que, si nous pouvions conduire tous les mots jusqu'à leur source, nous ne trouvassions que dans toutes les langues les mots qu'on emploie pour signifier des choses qui ne tombent pas sous les sens, ont tiré leur première origine d'idées sensibles ; d'où nous pouvons conjecturer quelle sorte de notions avaient ceux qui les premiers parlèrent ces langues-là, d'où elles leur venaient dans l'esprit, et comment la nature suggéra inopinément aux hommes l'origine et le principe de toutes leurs connaissances, par les noms mêmes qu'ils donnaient aux choses ».

3 Première partie, sect. I, ch. I.

SECONDE PARTIE

des exemples où cette vérité ne serait pas si sensible. Tel est le mot de *pensée* [1] : mais on sera bientôt convaincu qu'il ne fait pas une exception.

Ce sont les besoins qui fournirent aux hommes les premières occasions de remarquer ce qui se passait en eux-mêmes, et de l'exprimer par des actions, ensuite par des noms. Ces observations n'eurent donc lieu que relativement à ces besoins, et on ne distingua plusieurs choses qu'autant qu'ils engageaient à le faire. Or les besoins se rapportaient uniquement au corps. Les premiers noms qu'on donna à ce que nous sommes capables d'éprouver, ne signifièrent donc que des actions sensibles. Dans la suite les hommes se familiarisèrent peu-à-peu avec les termes abstraits, devinrent capables de distinguer l'âme du corps, et de considérer à part les opérations de ces deux substances. Alors ils aperçurent non seulement quelle était l'action du corps quand on dit, par exemple, *je vois* ; mais ils remarquèrent encore particulièrement la perception de l'âme, et commencèrent à regarder le terme de *voir* comme propre à désigner l'une et l'autre. Il est même vraisemblable que cet usage s'établît si naturellement, qu'on ne s'aperçut pas qu'on étendait la signification de ce mot. C'est ainsi qu'un signe qui s'était d'abord terminé à une action du corps, devint le nom d'une opération de l'âme.

Plus on voulut réfléchir sur les opérations dont cette voie avait fourni les idées, plus ou sentit la nécessité de les rapporter à différentes classes. Pour cet effet, on n'imagina pas de nouveaux termes, ce n'aurait pas été le moyen le plus facile de se faire en-

1 Je crois que cet exemple est le plus difficile que l'on puisse choisir. On en peut juger par une difficulté avec laquelle les cartésiens ont cru réduire à l'absurde ceux qui prétendent que toutes nos connaissances viennent des sens. « Par quel sens, demandent-ils, des idées toutes spirituelles, celle de la pensée, par exemple, et celle de l'être seraient-elles entrées dans l'entendement ? Sont-elles lumineuses ou colorées, pour être entrées par la vue ? D'un son grave ou aigu, pour être entrées par l'ouïe ? D'une bonne ou mauvaise odeur, pour être entrées par l'odorat ? D'un bon ou d'un mauvais goût, pour être entrées par le goût ? Froides ou chaudes, dures ou molles, pour être entrées par l'attouchement ? Que si on ne peut rien répondre qui ne soit déraisonnable, il faut avouer que les idées spirituelles, telles que celles de l'être et de la pensée, ne tirent en aucune sorte leur origine des sens, mais que notre âme a la faculté de les former de soi-même ». *Art de penser....* Cette objection a été tirée des Confessions de Saint-Augustin. Elle pouvait avoir de quoi séduire avant que Locke eût écrit ; mais à présent, s'il y a quelque chose de peu solide, c'est l'objection elle-même.

Étienne Bonnot de Condillac

tendre : mais on étendit peu-à-peu, et selon le besoin, la signification de quelques-uns des noms qui étaient devenus les signes des
opérations de l'âme; de sorte qu'un d'eux se trouva enfin si général
qu'il les exprima toutes : c'est celui de *pensée*. Nous-mêmes nous
ne nous conduisons pas autrement, quand nous voulons indiquer
une idée abstraite, que l'usage n'a pas encore déterminée. Tout
confirme donc ce que je viens de dire dans le paragraphe précédent, *que les termes les plus abstraits dérivent des premiers noms qui
ont été donnés aux objets sensibles.*

§. 104. On oublia l'origine de ces signes, aussitôt que l'usage en fut
familier, et on tomba dans l'erreur de croire qu'ils étaient les noms
les plus naturels des choses spirituelles. On s'imagina même qu'ils
en expliquaient parfaitement l'essence et la nature, quoiqu'ils n'exprimassent que des analogies fort imparfaites. Cet abus se montre
sensiblement dans les philosophes anciens, il s'est conservé chez
les meilleurs des modernes, et il est la principale cause de la lenteur de nos progrès dans la manière de raisonner.

§. 105. Les hommes, principalement dans l'origine des langues,
étant peu propres à réfléchir sur eux-mêmes, ou n'ayant, pour exprimer ce qu'ils y pouvaient remarquer, que des signes jusque-là
appliqués à des choses toutes différentes ; on peut juger des obstacles qu'ils eurent à surmonter avant de donner des noms à certaines opérations de l'âme. Les particules, par exemple, qui lient les
différentes parties du discours, ne durent être imaginées que fort
tard. Elles expriment la manière dont les objets nous affectent, et
les jugements que nous en portons, avec une finesse qui échappa
longtemps à la grossièreté des esprits, ce qui rendit les hommes
incapables de raisonnement. Raisonner, c'est exprimer les rapports
qui sont entre différentes propositions ; or il est évident qu'il n'y
a que les conjonctions qui en fournissent les moyens. Le langage
d'action ne pouvait que faiblement suppléer au défaut de ces particules ; et l'on ne fut en état d'exprimer avec des noms, les rapports
dont elles sont les signes, qu'après qu'ils eurent été fixés par des
circonstances marquées, et à beaucoup de reprises. Nous verrons
plus bas que cela donna naissance à l'apologue.

§. 106. Les hommes ne s'entendirent jamais mieux que lorsqu'ils
donnèrent des noms aux objets sensibles. Mais aussitôt qu'ils voulurent passer aux notions archétypes ; comme ils manquaient ordi-

SECONDE PARTIE

nairement de modèles, qu'ils se trouvaient dans des circonstances qui variaient sans cesse, et que tous ne savaient pas également bien conduire les opérations de leur âme, ils commencèrent à avoir bien de la peine à s'entendre. On rassembla, sous un même nom, plus ou moins d'idées simples, et souvent des idées infiniment opposées : de là des disputes de mots. Il fut rare de trouver sur cette matière, dans deux langues différentes, des termes qui se répondissent parfaitement. Au contraire, il fut très commun, dans une même langue, d'en remarquer dont le sens n'était point assez déterminé, et dont on pouvait faire mille applications différentes. Ces vices sont passés jusque dans les ouvrages des philosophes, et sont le principe de bien des erreurs.

Nous avons vu, en parlant des noms des substances, que ceux des idées complexes ont été imaginés avant les noms des idées simples [1] : on a suivi un ordre tout différent, quand on a donné des noms aux notions archétypes. Ces notions n'étant que des collections de plusieurs idées simples que nous avons rassemblées à notre choix, il est évident que nous n'avons pu les former qu'après avoir déjà déterminé, par des noms particuliers, chacune des idées simples que nous y avons voulu faire entrer. On n'a, par exemple, donné le nom de *courage* à la notion dont il est le signe qu'après avoir fixé, par d'autres noms, les idées de *danger, connaissance du danger, obligation de s'y exposer*, et *fermeté à remplir cette obligation*.

§. 107. Les pronoms furent les derniers mots qu'on imagina, parce qu'ils furent les derniers dont on sentit la nécessité : il est même vraisemblable qu'on fut longtemps avant de s'y accoutumer. Les esprits dans l'habitude de réveiller à chaque fois une même idée par un même mot, avaient de la peine à se faire à un nom qui tenait lieu d'un autre, et quelquefois d'une phrase entière.

§. 108. Pour diminuer ces difficultés, on mit dans le discours les pronoms avant les verbes ; car étant par là plus près des noms dont ils tenaient la place, leurs rapports en devenaient plus sensibles. Notre langue s'en est même fait une règle ; on ne peut excepter que le cas où un verbe est à l'impératif, et qu'il marque commandement : on dit, *faites-le*. Cet usage n'a peut-être été introduit que pour distinguer davantage l'impératif du présent. Mais si l'impéra-

1 Ci-dessus, §. 82.

Étienne Bonnot de Condillac

tif signifie une défense, le pronom reprend sa place naturelle : on dit, *ne le faites pas*. La raison m'en paraît sensible. Le verbe signifie l'état d'une chose, et la négation marque la privation de cet état ; il est donc naturel, pour plus de clarté, de ne la pas séparer du verbe. Or c'est *pas* qui la rend complète : par conséquent il est plus nécessaire qu'il soit joint au verbe que *ne*. Il me semble même que cette particule ne veut jamais être séparée de son verbe : je ne sais si les Grammairiens en ont fait la remarque.

§. 109. On n'a pas toujours consulté la nature des mots, quand on a voulu les distribuer en différentes classes : c'est pourquoi on a mis au nombre des pronoms des mots qui n'en sont pas. Quand on dit, par exemple, *voulez-vous me donner cela* ; *vous, me, cela* désignent la personne qui parle, celle à qui l'on parle, et la chose qu'on demande. Ainsi ce sont là proprement des noms qui ont été connus longtemps avant les pronoms, et qui ont été placés dans le discours, suivant l'ordre des autres noms ; c'est-à-dire, avant le verbe, quand ils en étaient le régime, et après, quand ils le régissaient : on disait : *cela vouloir moi*, pour dire, *je veux cela*.

§. 110. Je crois qu'il ne nous reste plus à parler que de la distinction des genres : mais il est visible qu'elle ne doit son origine qu'à la différence des sexes, et qu'on n'a rapporté les noms à deux ou trois sortes de genres qu'afin de mettre plus d'ordre et plus de clarté dans le langage.

§. 111. Tel est l'ordre, ou à-peu-près, dans lequel les mots ont été inventés. Les langues ne commencèrent proprement à avoir un style que quand elles eurent des noms de toutes les espèces, et qu'elles se furent fait des principes fixes pour la construction du discours. Auparavant, ce n'était qu'une certaine quantité de termes qui n'exprimaient une suite de pensées, qu'avec le secours du langage d'action. Il faut cependant remarquer que les pronoms n'étaient nécessaires que pour la précision du style.

CHAPITRE XI.
De la signification des mots.

§. 112. Il suffit de considérer comment les noms ont été imaginés, pour remarquer que ceux des idées simples sont les moins susceptibles d'équivoques : car les circonstances déterminent sensiblement les perceptions auxquelles ils se rapportent. Je ne puis douter de la signification de ces mots, *blanc, noir*, si je remarque qu'on les emploie pour désigner certaines perceptions que j'éprouve actuellement.

§. 113. Il n'en est pas de même des notions complexes : elles sont quelquefois si composées, qu'on ne peut rassembler que fort lentement les idées simples qui doivent leur appartenir. Quelques qualités sensibles qu'on observa facilement, composèrent d'abord la notion qu'on se fît d'une substance : dans la suite on la rendit plus complexe, selon qu'on fut plus habile à saisir de nouvelles qualités. Il est vraisemblable, par exemple, que la notion de l'or ne fut au commencement que celle d'un corps jaune et fort pesant : une expérience y fit, quelque temps après, ajouter la malléabilité ; une autre, la ductilité ou la fixité ; et ainsi successivement toutes les qualités dont les plus habiles chimistes ont formé l'idée qu'ils ont de cette substance. Chacun put observer que les nouvelles qualités qu'on y découvrait, avaient, pour entrer dans la notion qu'on s'en était déjà faite, le même droit que les premières qu'on y avait remarquées. C'est pourquoi il ne fut plus possible de déterminer le nombre des idées simples qui pouvaient composer la notion d'une substance. Selon les uns, il était plus grand, selon les autres, il l'était moins : cela dépendait entièrement des expériences, et de la sagacité qu'on apportait à les faire. Par là la signification des noms des substances a nécessairement été fort incertaine, et a occasionné quantité de disputes de mots. Nous sommes naturellement portés à croire que les autres ont les mêmes idées que nous, parce qu'ils se servent du même langage ; d'où il arrive souvent que nous croyons être d'avis contraires, quoique nous défendions les mêmes sentiments. Dans ces occasions, il suffirait d'expliquer le sens des termes pour faire évanouir les sujets de dispute, et pour rendre sensible le frivole de bien des questions que nous regardons comme importantes. Locke en donne un exemple qui mérite d'être rapporté.

« Je me trouvai, dit-il, un jour dans une assemblée de médecins habiles et pleins d'esprit, où l'on vint à examiner par hasard si quelque *liqueur* passait à travers les filaments des nerfs : les sentiments furent partagés, et la dispute dura assez longtemps, chacun proposant de part et d'autre différents arguments pour appuyer son opinion. Comme je me suis mis dans l'esprit, depuis longtemps, qu'il pourrait bien être que la plus grande partie des disputes roule plutôt sur la signification des mots que sur une différence réelle qui se trouve dans la manière de concevoir les choses, je m'avisai de demander à ces messieurs qu'avant de pousser plus loin cette dispute, ils voulussent premièrement examiner et établir entre eux ce que signifiait le mot de *liqueur*. Ils furent d'abord un peu surpris de cette proposition ; et s'ils eussent été moins polis, ils l'auraient peut-être regardée avec mépris comme frivole et extravagante, puisqu'il n'y avait personne dans cette assemblée qui ne crût entendre parfaitement ce que signifiait le mot de *liqueur*, qui, je crois, n'est pas effectivement un des noms des substances le plus embarrassé. Quoi qu'il en soit, ils eurent la complaisance de céder à mes instances ; et ils trouvèrent enfin, après avoir examiné la chose, que la signification de ce mot n'était pas si déterminée ni si certaine qu'ils l'avaient tous cru jusqu'alors, et qu'au contraire chacun d'eux le faisait signe d'une différente idée complexe. Ils virent par là que le fort de leur dispute roulait sur la signification de ce terme, et qu'ils convenaient tous à-peu-près de la même chose ; savoir, que quelque matière fluide et subtile passait à travers les pores des nerfs, quoi qu'il ne fût pas si facile de déterminer si cette matière devait porter le nom de liqueur ou non ; chose qui bien considérée par chacun d'eux, fut jugée indigne d'être mise en dispute [1]. »

§. 114. La signification des noms des idées archétypes est encore plus incertaine que celle des noms des substances, soit parce qu'on trouve rarement le modèle des collections auxquelles ils appartiennent, soit parce qu'il est souvent bien difficile d'en remarquer toutes les parties, quand même on en a le modèle : les plus essentielles sont précisément celles qui nous échappent davantage. Pour se faire, par exemple, l'idée d'une action criminelle, il ne suffit pas d'observer ce qu'elle a d'extérieur et de visible, il faut encore saisir des choses qui ne tombent pas sous les yeux. Il faut pénétrer dans l'invention de celui qui la commet, découvrir le rapport qu'elle a avec la loi, et même quelquefois connaître plusieurs circonstances qui l'ont précédée. Tout cela demande un soin dont notre négligence, ou notre peu de sagacité nous rend communément incapables.

---

1 Liv. III, ch. 9, §. 16.

SECONDE PARTIE

§. 115. Il est curieux de remarquer avec quelle confiance on se sert du langage dans le moment même qu'on en abuse le plus. On croit s'entendre, quoiqu'on n'apporte aucune précaution pour y parvenir. L'usage des mots est devenu si familier, que nous ne doutons point qu'on ne doive saisir notre pensée, aussitôt que nous les prononçons, comme si les idées ne pouvaient qu'être les mêmes dans celui qui parle est dans celui qui écoute. Au lieu de remédier à ces abus, les philosophes ont eux-mêmes affecté d'être obscurs. Chaque secte a été intéressée à imaginer des termes ambigus ou vides de sens. C'est par là qu'on a cherché à cacher les endroits faibles de tant de systèmes frivoles ou ridicules ; et l'adresse à y réussir a passé, comme Locke le remarque [1], pour pénétration d'esprit et pour véritable savoir. Enfin, il est venu des hommes qui, composant leur langage du jargon de toutes les sectes, ont soutenu le pour et le contre sur toutes sortes de matières : talent qu'on a admiré et qu'on admire peut-être encore, mais qu'on traiterait avec un souverain mépris, si l'on appréciait mieux les choses. Pour prévenir tous ces abus, voici quelle doit être la signification précise des mots :

§. 116. Il ne faut se servir des signes que pour exprimer les idées qu'on a soi-même dans l'esprit. S'il s'agit des substances, les noms qu'on leur donne ne doivent se rapporter qu'aux qualités qu'on y a remarquées et dont on a fait des collections. Ceux des idées archétypes ne doivent aussi désigner qu'un certain nombre d'idées simples, qu'on est en état de déterminer. Il faut surtout éviter de supposer légèrement que les autres attachent aux mêmes mots les mêmes idées que nous. Quand on agite une question, notre premier soin doit être de considérer si les notions complexes des personnes avec qui nous nous entretenons renferment un plus grand nombre d'idées simples que les nôtres. Si nous le soupçonnons plus grand, il faut nous informer de combien et de quelles espèces d'idées : s'il nous paraît plus petit, nous devons faire connaître quelles idées simples nous y ajoutons de plus.

Quant aux noms généraux, nous ne pouvons les regarder que comme des signes qui distinguent les différentes classes sous lesquelles nous distribuons nos idées ; et lorsqu'on dit qu'une substance appartient à une espèce, nous devons entendre simplement qu'elle renferme les qualités qui sont contenues dans la notion

1 Liv. III, ch. 10.

Étienne Bonnot de Condillac

complexe dont un certain mot est le signe.

Dans tout autre cas que celui des substances, l'essence de la chose se confond avec la notion que nous nous en sommes faite ; et, par conséquent, un même nom est également le signe de l'une ou de l'autre. Un espace terminé par trois lignes est tout-à-la-fois l'essence et la notion du triangle. Il en est de même de tout ce que les mathématiciens confondent sous le terme général de *grandeur*. Les philosophes, voyant qu'en mathématiques la notion de la chose emporte la connaissance de son essence, ont conclu précipitamment qu'il en était de même en physique, et se sont imaginés connaître l'essence même des substances.

Les idées en mathématiques étant déterminées d'une manière sensible, la confusion de la notion de la chose avec son essence, n'entraîne aucun abus ; mais dans les sciences où l'on raisonne sur des idées archétypes, il arrive qu'on en est moins en garde contre les disputes de mots. On demande, par exemple, quelle est l'essence des poèmes dramatiques qu'on appelle *comédies* ; et si certaines pièces auxquelles on donne ce nom, méritent de le porter.

Je remarque que le premier qui a imaginé des comédies, n'a point eu de modèle : par conséquent, l'essence de cette sorte de poèmes était uniquement dans la notion qu'il s'en est faite. Ceux qui sont venus après lui, ont successivement ajouté quelque chose à cette première notion, et ont par là changé l'essence de la comédie. Nous avons le droit d'en faire autant : mais au lieu d'en user, nous consultons les modèles que nous avons aujourd'hui, et nous formons notre idée d'après ceux qui non ! plaisent davantage. En conséquence, nous n'admettons dans la classe des comédies, que certaines pièces, et nous en excluons toutes les autres. Qu'on demande ensuite si tel poème est une comédie, ou non ; nous répondrons chacun selon les notions que nous nous sommes faites ; et, comme elles ne sont pas les mêmes, nous paraîtrons prendre des partis différents. Si nous voulions substituer les idées à la place des noms, nous connaîtrions bientôt que nous ne différons que par la manière de nous exprimer. Au lieu de borner ainsi la notion d'une chose, il serait bien plus raisonnable de l'étendre à mesure qu'on trouve de nouveaux genres qui peuvent lui être subordonnés. Ce serait ensuite une recherche curieuse et solide que d'examiner quel genre est supérieur aux autres.

SECONDE PARTIE

On peut appliquer au poème épique ce que je viens de dire de la comédie, puisqu'on agite comme de grandes questions, si le Paradis perdu, le Lutrin, etc., sont des poèmes épiques.

Il suffit quelquefois d'avoir des idées incomplètes, pourvu quelles soient déterminées ; d'autres fois il est absolument nécessaire qu'elles soient complètes : cela dépend de l'objet qu'on a en vue. On devrait surtout distinguer si l'on parle des choses pour en rendre raison, ou seulement pour s'instruire. Dans le premier cas, ce n'est pas assez d'en avoir quelques idées, il faut les connaître à fond. Mais un défaut assez général, c'est de décider sur tout avec des idées en petit nombre, et souvent même mal déterminées.

J'indiquerai, en traitant de la méthode, les moyens dont on peut se servir pour déterminer toujours les idées que nous attachons à différents signes.

CHAPITRE XII
Des inversions.

§. 117. Nous nous flattons que le Français a, sur les langues anciennes, l'avantage d'arranger les mots dans le discours, comme les idées s'arrangent d'elles-mêmes dans l'esprit ; parce que nous nous imaginons que l'ordre le plus naturel demande qu'on fasse connaître le sujet dont on parle, avant d'indiquer ce qu'on en affirme ; c'est-à-dire, que le verbe soit précédé de son nominatif et suivi de son régime. Cependant nous avons vu que, dans l'origine des langues, la construction la plus naturelle exigeait un ordre tout différent.

Ce qu'on appelle ici naturel, varie nécessairement selon le génie des langues et se trouve, dans quelques-unes, plus étendu que dans d'autres. Le Latin en est la preuve ; il allie des constructions tout-à-fait contraires, et qui néanmoins paraissent également conformes à l'arrangement des idées. Telles sont celles-ci : *Alexander vicit Darium, Darium vicit Alexander.* Si nous n'adoptons que la première, *Alexandre a vaincu Darius*, ce n'est pas qu'elle soit seule naturelle, mais c'est que nos déclinaisons ne permettent pas de concilier la clarté avec un ordre différent.

Sur quoi serait fondée l'opinion de ceux qui prétendent que, dans

Étienne Bonnot de Condillac

cette proposition, *Alexandre a vaincu Darius*, la construction française serait seule naturelle ? Qu'ils considèrent la chose du côté des opérations de l'âme, ou du côté des idées, ils reconnaîtront qu'ils sont dans un préjugé. En la prenant du côté des opérations de l'âme, on peut supposer que les trois idées qui forment cette proposition, se réveillent tout-à-la-fois dans l'esprit de celui qui parle, ou qu'elles s'y réveillent successivement. Dans le premier cas, il n'y a point d'ordre entre elles ; dans le second, il peut varier, parce qu'il est tout aussi naturel que les idées d'*Alexandre* et de *vaincre* se retracent à l'occasion de celle de *Darius*, comme il est naturel que celle de *Darius*, se retrace à l'occasion des deux autres.

L'erreur ne sera pas moins sensible, quand on envisagera la chose du côté des idées ; car la subordination qui est entre elles, autorise également les deux constructions latines : *Alexander vicit Darium, Darium vicit Alexander*. En voici la preuve :

Les idées se modifient dans le discours, selon que l'une explique l'autre, l'étend, ou y met quelque restriction. Par là, elles sont naturellement subordonnées entre elles, mais plus ou moins immédiatement, à proportion que leur liaison est elle-même plus ou moins immédiate. Le nominatif est lié avec le verbe, le verbe avec son régime, l'adjectif avec son substantif, etc. Mais la liaison n'est pas aussi étroite entre le régime du verbe et son nominatif, puisque ces deux noms ne se modifient que par le moyen du verbe. L'idée de *Darius*, par exemple, est immédiatement liée à celle de *vainquit*, celle de *vainquit* à celle d'*Alexandre*, et la subordination qui est entre ces trois idées conserve le même ordre.

Cette observation fait comprendre que, pour ne point choquer l'arrangement naturel des idées, il suffit de se conformer à la plus grande liaison qui est entre elles. Or, c'est ce qui se rencontre également dans les deux constructions latines : *Alexander vicit Darium, Darium vicit Alexander*. Elles sont donc aussi naturelles l'une que l'autre. On ne se trompe à ce sujet que parce qu'on prend pour plus naturel un ordre qui n'est qu'une habitude que le caractère de notre langue nous a fait contracter. Il y a cependant dans le Français même, des constructions qui auraient pu faire éviter cette erreur, puisque le nominatif y est beaucoup mieux après le verbe : on dit, par exemple, *Darius que vainquit Alexandre*.

§. 118. La subordination des idées est altérée à proportion qu'on se conforme moins à leur plus grande liaison ; et pour lors les constructions cessent d'être naturelles. Telle serait celle-ci : *Vicit Darium Alexander* ; car l'idée d'*Alexander* serait séparée de celle de *vicit* à laquelle elle doit être liée immédiatement.

§. 119. Les auteurs latins fournissent des exemples de tontes sortes de constructions : *Conferte hanc pacem cum illo bello* ; en voilà une dans l'analogie de notre langue : *Hujus prætoris adventum, cum illius Imperatoris victoria ; hujus cohortem impuram, cum illius exercitu invicto ; hujus libidines, cum illius continentia* : en voilà qui sont aussi naturelles que la première, puisque la liaison des idées n'y est point altérée ; cependant notre langue ne les permettrait pas. Enfin, la période est terminée par une construction qui n'est pas naturelle : *Ab illo, qui cepit conditas ; ab hoc, qui constitutas accepit, captas dicetis Syracusas. Syracusas* est séparé de *conditas, conditas* d'*ab illo*, etc. Ce qui est contraire à la subordination des idées.

§. 120. Les inversions, lorsqu'elles ne se conforment pas à la plus grande liaison des idées, auraient des inconvénients, si la langue Latine n'y remédiait par le rapport que les terminaisons mettent entre les mots qui ne devraient pas naturellement être séparés. Ce rapport est tel, que l'esprit rapproche facilement les idées les plus écartées, pour les placer dans leur ordre : si ces constructions font quelque violence à la liaison des idées, elles ont d'ailleurs des avantages qu'il est important de connaître.

Le premier, c'est de donner plus d'harmonie au discours. En effet, puisque l'harmonie d'une langue consiste dans le mélange des sons de toute espèce, dans leur mouvement, et dans les intervalles par où ils se succèdent, on voit quelle harmonie devraient produire des inversions choisies avec goût. Cicéron donne pour un modèle la période que je viens de rapporter [1].

§. 121. Un autre avantage, c'est d'augmenter la force et la vivacité du style : cela paraît par la facilité qu'on a de mettre chaque mot à la place ou il doit naturellement produire le plus d'effet. Peut-être, demandera-t-on par quelle raison un mot a plus de force dans un endroit que dans un autre.

---

1 Traité de l'Orateur.

Étienne Bonnot de Condillac

Pour le comprendre, il ne faut que comparer une construction où les termes suivent la liaison des idées avec celle où ils s'en écartent. Dans la première, les idées se présentent si naturellement, que l'esprit en voit toute la suite, sans que l'imagination ait presque d'exercice. Dans l'autre, les idées qui devraient se suivre immédiatement, sont trop séparées pour se saisir de la même manière : mais si elle est faite avec adresse, les mots les plus éloignés se rapprochent sans effort, par le rapport que les terminaisons mettent entre eux. Ainsi le faible obstacle qui vient de leur éloignement, ne paraît fait que pour exciter l'imagination ; et les idées ne sont dispersées qu'afin que l'esprit, obligé de les rapprocher lui-même, en sente la liaison ou le contraste avec plus de vivacité. Par cet artifice, toute la force d'une phrase se réunit quelquefois dans le mot qui la termine. Par exemple :

.... Nec quicquam tibi prodest
Aërias tentasse domos, animoque rotundum
Percurrisse polum, morituro [1].

Ce dernier mot (*morituro*) finit avec force, parce que l'esprit ne peut le rapprocher de *tibi*, auquel il se rapporte, sans se retracer naturellement tout ce qui l'en sépare. Transposez *morituro*, conformément à la liaison des idées, et dites : *Nec quicquam tibi morituro*, etc. l'effet ne sera plus le même, parce que l'imagination n'a plus le même exercice. Ces sortes d'inversions participent au caractère du langage d'action, dont un seul signe équivalait souvent à une phrase entière.

§. 122. De ce second avantage des inversions, il en naît un troisième, c'est qu'elles font un tableau, je veux dire qu'elles réunissent dans un seul mot les circonstances d'une action, en quelque sorte comme un peintre les réunit sur une toile : si elles les offraient l'une après l'autre, ce ne serait qu'un simple récit. Un exemple mettra ma pensée dans tout son jour.

Nymphæ flebant Daphnim extinctum funere crudeli, voilà une simple narration. J'apprends que les Nymphes pleuraient, qu'elles pleuraient Daphnis, que Daphnis était mort, etc. Ainsi les circonstances venant l'une après l'autre, ne font sur moi qu'une légère impression. Mais qu'on change l'ordre des mots, et qu'on dise :

---

1 Hor., liv. I, ode 28.

>   Extinctum Nymphæ crudeli funere Daphnim
>   Flebant [1]

l'effet est tout différent, parce qu'ayant lu *extinctum Nymphæ crudeli funere*, sans rien apprendre, je vois à *Daphnim* un premier coup de pinceau, à *flebant* j'en vois un second, et le tableau est achevé. Les nymphes en pleurs, Daphnis mourant, cette mort accompagnée de tout ce qui peut rendre un destin déplorable, me frappent tout-à-la-fois. Tel est le pouvoir des inversions sur l'imagination.

§. 123. Le dernier avantage que je trouve dans ces sortes de constructions, c'est de rendre le style plus précis. En accoutumant l'esprit à rapporter un terme à ceux qui, dans la même phrase, en sont les plus éloignés, elles l'accoutument à en éviter la répétition. Notre langue est si peu propre à nous faire prendre cette habitude, qu'on dirait que nous ne voyons le rapport de deux mots qu'autant qu'ils se suivent immédiatement.

§. 124. Si nous comparons le Français avec le Latin, nous trouverons des avantages et des inconvénients de part et d'autre. De deux arrangements d'idées également naturels, notre langue n'en permet ordinairement qu'un ; elle est donc, par cet endroit, moins variée et moins propre à l'harmonie. Il est rare qu'elle souffre de ces inversions où la liaison des idées s'altère ; elle est donc naturellement moins vive. Mais elle se dédommage du côté de la simplicité et de la netteté de ses tours. Elle aime que ses constructions se conforment toujours à la plus grande liaison des idées. Par là elle accoutume de bonne heure l'esprit à saisir cette liaison, le rend naturellement plus exact, et lui communique peu-à-peu ce caractère de simplicité et de netteté par où elle est elle-même si supérieure dans bien des genres. Nous verrons ailleurs [2] combien ces avantages ont contribué aux progrès de l'esprit philosophique, et combien nous sommes dédommagés de la perte de quelques beautés particulières aux langues anciennes. Afin qu'on ne pense pas que je promets un paradoxe, je ferai remarquer qu'il est naturel que nous nous accoutumions à lier nos idées conformément au génie de la langue dans laquelle nous sommes élevés, et que nous acquérions de la justesse, à proportion qu'elle en a elle-même davantage.

---

1 Virg., Ecl. 5, v. 20.
2 Dernier chapitre de cette section.

Étienne Bonnot de Condillac

§. 125. Plus nos constructions sont simples, plus il est difficile d'en saisir le caractère, il me semble qu'il était bien plus aisé d'écrire en latin. Les conjugaisons et les déclinaisons étaient d'une nature à prévenir beaucoup d'inconvénients dont nous ne pouvons nous garantir qu'avec bien de la peine. On réunissait sans confusion, dans une même période, une grande quantité d'idées : souvent même c'était une beauté. En français, au contraire, on ne saurait prendre trop de précaution pour ne faire entrer dans une phrase que les idées qui peuvent le plus naturellement s'y construire. Il faut une attention étonnante pour éviter les ambiguïtés que l'usage des pronoms occasionne. Enfin que de ressources ne doit-on pas avoir, quand on se garantit de ces défauts, sans prendre de ces tours écartés qui font languir le discours ? Mais, ces obstacles surmontés, y a-t-il rien de plus beau que les constructions de notre langue ?

§. 126. Au reste, je n'oserais me flatter de décider au gré de tout le monde la question sur la préférence de la langue latine ou de la langue française, par rapport au point que je traite dans ce chapitre. Il y a des esprits qui ne recherchent que l'ordre et la plus grande clarté ; il y en a d'autres qui préfèrent la variété et la vivacité. Il est naturel qu'en ces occasions chacun juge par rapport à lui-même. Pour moi, il me paraît que les avantages de ces deux langues sont si différents, qu'on ne peut guères les comparer.

CHAPITRE XIII.
De l'écriture [1].

§. 127. LES hommes en état de se communiquer leurs pensées par des sons sentirent la nécessité d'imaginer de nouveaux signes propres à les perpétuer et à les faire connaître à des personnes

---

1 Cette section était presque achevée quand l'Essai sur les Hiéroglyphes, traduit de l'anglais de M. Warburthon, me tomba entre les mains : ouvrage où l'esprit philosophique et l'érudition règnent également. Je vis avec plaisir que j'avais pensé comme son auteur, que le langage a dû, dès les commencements, être fort figuré et fort métaphorique. Mes propres réflexions m'avaient aussi conduit à remarquer que l'écriture n'avait d'abord été qu'une simple peinture ; mais je n'avais point encore tenté de découvrir par quels progrès on était arrivé à l'invention des lettres, et il me paraissait difficile d'y réussir. La chose a été parfaitement exécutée par M. Warburthon ; j'ai extrait de son ouvrage tout ce que j'en dis, ou à-peu-près.

absentes [1]. Alors l'imagination ne leur représenta que les mêmes images qu'ils avaient déjà exprimées par des actions et par des mots, et qui avaient, dès les commencements, rendu le langage figuré et métaphorique. Le moyen le plus naturel fut donc de dessiner les images des choses. Pour exprimer l'idée d'un homme ou d'un cheval, on représenta la forme de l'un ou de l'autre, et le premier essai de l'écriture ne fut qu'une simple peinture.

§. 128. C'est vraisemblablement à la nécessité de tracer ainsi nos pensées que la peinture doit son origine, et cette nécessité a sans doute concouru à conserver le langage d'action, comme celui qui pouvait se peindre le plus aisément.

§. 129. Malgré les inconvénients qui naissaient de cette méthode, les peuples les plus polis de l'Amérique n'en avaient pas su inventer de meilleure [2]. Les Égyptiens, plus ingénieux, ont été les premiers à se servir d'une voie plus abrégée, à laquelle on a donné le nom d'Hiéroglyphe [3]. Il paraît, par le plus ou moins d'art des méthodes qu'ils ont imaginées, qu'ils n'ont inventé les lettres qu'après avoir suivi l'écriture dans tous ses progrès.

L'embarras que causait l'énorme grosseur des volumes, engagea à n'employer qu'une seule figure pour être le signe de plusieurs choses. Par ce moyen, l'écriture, qui n'était auparavant qu'une simple peinture, devint peinture et caractère, ce qui constitue proprement l'hiéroglyphe. Tel fut le premier degré de perfection qu'acquit cette méthode grossière de conserver les idées des hommes. On s'en est servi de trois manières qui, à consulter la nature de la chose, paraissent avoir été trouvées par degrés et dans trois temps différents. La première consiste à employer la principale circonstance d'un sujet pour tenir lieu du tout. Deux mains, par exemple, <u>dont l'une tenait</u> un bouclier et l'autre un arc, représentent une ba-

1 J'en ai donné les raisons, chapitre 7 de cette section.
2 Les sauvages du Canada n'en ont pas d'autre.
3 Les Hiéroglyphes se distinguent en propres et en symboliques. Les propres se subdivisent en curiologiques et en tropiques. Les curiologiques substituaient une partie au tout, et les tropiques représentaient une chose par une autre qui avait avec elle quelque ressemblance ou analogie connue. Les uns et les autres servaient à divulguer. Les Hiéroglyphes symboliques servaient à tenir caché ; on les distinguait aussi en deux espèces, en tropiques et en énigmatiques. Pour former les symboles tropiques, on employait les propriétés les moins connues des choses, et les énigmatiques étaient composés du mystérieux assemblage de choses différentes et de parties de divers animaux. Voyez l'Essai sur les Hiérogl., §. 20 et suiv.

Étienne Bonnot de Condillac

taille. La seconde, imaginée avec plus d'art, consistait à substituer l'instrument réel ou métaphorique de la chose à la chose même. Un œil, placé d'une manière éminente, était destiné à représenter la science infinie de Dieu, et une épée représentait un tyran. Enfin on fit plus, on se servit, pour représenter une chose, d'une autre où l'on voyait quelque ressemblance ou quelque analogie, et ce fut la troisième manière d'employer cette écriture. L'univers, par exemple, était représenté par un serpent, et la bigarrure de ses taches désignait les étoiles.

§. 130. Le premier objet de ceux qui imaginèrent les hiéroglyphes, fut de conserver la mémoire des évènements, et de faire connaître les lois, les règlements et tout ce qui a rapport aux matières civiles. On eut donc soin, dans les commencements, de n'employer que les figures dont l'analogie était le plus à la portée de tout le monde : mais cette méthode fit donner dans le raffinement, à mesure que les philosophes s'appliquèrent aux matières de spéculation. Aussitôt qu'ils crurent avoir découvert dans les choses des qualités plus abstruses, quelques-uns, soit par singularité, soit pour cacher leurs connaissances au vulgaire, se plurent à choisir pour caractère des figures dont le rapport aux choses qu'ils voulaient exprimer, n'était point connu. Pendant quelque temps ils se bornèrent aux figures dont la nature offre des modèles : mais par la suite elles ne leur parurent ni suffisantes ni assez commodes pour le grand nombre d'idées que leur imagination leur fournissait. Ils formèrent donc leurs hiéroglyphes de l'assemblage mystérieux de choses différentes, ou de partie de divers animaux : ce qui les rendit tout-à-fait énigmatiques.

§. 131. Enfin l'usage d'exprimer les pensées par des figures analogues, et le dessein d'en faire quelquefois un secret et un mystère, engagea à représenter les modes mêmes des substances par des images sensibles. On exprima la franchise par un lièvre ; l'impureté, par un bouc sauvage ; l'impudence, par une mouche ; la science par une fourmi, etc. En un mot, on imagina des marques symboliques pour toutes les choses qui n'ont point de formes. On se contenta, dans ces occasions, d'un rapport quelconque : c'est la manière dont on s'était déjà conduit, quand on donna des noms aux idées qui s'éloignent des sens.

§. 132. « Jusques-là l'animal ou la chose qui servait à représenter, avait été dessiné au naturel. Mais lorsque l'étude de la philosophie, qui avait occasionné l'écriture symbolique, eut porté les savants d'Égypte à écrire beaucoup sur divers sujets, ce dessein exact multipliant trop les volumes, parut ennuyeux. On se servit donc, par degrés, d'un autre caractère, que nous pouvons appeler l'écriture courante des hiéroglyphes. Il ressemblait aux caractères chinois, et, après avoir d'abord été formé du seul contour de la figure, il devint à la longue une sorte de marque. L'effet naturel que produit cette écriture courante, fut de diminuer beaucoup de l'attention qu'on donnait au symbole, et de la fixer à la chose signifiée. Par ce moyen l'étude de l'écriture symbolique se trouva fort abrégée, n'y ayant alors presque autre chose à faire qu'à se rappeler le pouvoir de la marque symbolique ; au lieu qu'auparavant il fallait être instruit des propriétés de la chose ou de l'animal qui était employé comme symbole. En un mot, cela réduisit cette sorte d'écriture à l'état où est présentement celle des Chinois ».

§. 133. Ces caractères ayant essuyé autant de variations, il n'était pas aisé de reconnaître comment ils provenaient d'une écriture qui n'avait été qu'une simple peinture. C'est pourquoi quelques savants sont tombés dans l'erreur de croire que l'écriture des Chinois n'a pas commencé comme celle des Égyptiens.

§. 134. « Voilà l'histoire générale de l'écriture conduite par une gradation simple, depuis l'état de la peinture jusqu'à celui de la lettre : car les lettres sont les derniers pas qui restent à faire après les marques chinoises, qui, d'une côté, participent de la nature des hiéroglyphes Égyptiens, et, de l'autre, participent des lettres précisément de même que les hiéroglyphes participaient également des peintures mexicaines et des caractères chinois. Ces caractères sont si voisins de notre écriture, qu'un alphabet diminue simplement l'embarras de leur nombre, et en est l'abrégé succinct ».

§. 135. Malgré tous les avantages des lettres, les Égyptiens, longtemps après qu'elles eurent été trouvées, conservèrent encore l'usage des hiéroglyphes ; c'est que toute la science de ce peuple se trouvait confiée à cette sorte d'écriture. La vénération qu'on avait pour les livres passa aux caractères dont les savants perpétuèrent l'usage. Mais ceux qui ignoraient les sciences ne furent pas tentés de continuer de se servir de cette écriture. Tout ce que put sur eux l'autorité des savants, fut de leur faire regarder ces caractères avec respect, et comme des choses propres à embellir les monuments publics, où l'on continua de les employer. Peut-être même les prêtres Égyptiens voyaient-ils avec plaisir que peu-à-peu ils se trouvaient seuls avoir la clef d'une écriture qui conservait les secrets de la religion. Voilà ce qui a donné lieu à l'erreur de ceux qui se sont imaginé que les hiéroglyphes renfermaient les plus grands mystères.

§. 136. « Par ce détail on voit comment il est arrivé que ce qui devait son origine à la nécessité, a été dans la suite employé au secret et a été cultivé pour l'ornement. Mais par un effet de la révolution continuelle des choses, ces mêmes figures qui avaient d'abord été inventées pour la clarté, et puis converties en mystères, ont repris à la longue leur premier usage. Dans les siècles florissants de la Grèce et de Rome, elles étaient employées sur les monuments et sur les médailles, comme le moyen le plus propre à faire connaître la pensée ; de sorte que le même symbole qui cachait en Égypte une sagesse profonde, était entendu par le simple peuple en Grèce et à Rome ».

§. 137. Le langage, dans ses progrès, a suivi le sort de l'écriture. Dès les commencements, les figures et les métaphores furent, comme nous l'avons vu, nécessaires pour la clarté : nous allons rechercher comment elles se changèrent en mystères, et servirent ensuite à l'ornement, en finissant par être entendues de tout le monde.

CHAPITRE XIV.
De l'origine de la fable, de la parabole et de l'énigme,
avec quelques détails sur l'usage des figures
et des métaphores [1].

§. 138. PAR tout ce qui a été dit, il est évident que dans l'origine des langues, c'était une nécessité pour les hommes de joindre le langage d'action à celui des sons articulés, et de ne parler qu'avec des images sensibles. D'ailleurs les connaissances, aujourd'hui les plus communes, étaient si subtiles, par rapport à eux, quelles ne pouvaient se trouver à leur portée qu'autant qu'elles se rapprochaient des sens. Enfin l'usage des conjonctions n'étant pas connu, il n'était

---

1 La plus grande partie de ce chapitre est encore tirée de l'Essai sur les Hiéroglyphes.

pas encore possible de faire des raisonnements. Ceux qui voulaient, par exemple, prouver combien il est avantageux d'obéir aux lois ou de suivre les conseils des personnes plus expérimentées, n'avaient rien de plus simple que d'imaginer des faits circonstanciés : l'événement qu'ils rendaient contraire, ou favorable selon leurs vues, avait le double avantage d'éclairer et de persuader. Voilà l'origine de l'apologue ou de la fable. On voit que son premier objet fut l'instruction, et que, par conséquent, les sujets en furent empruntés des choses les plus familières et dont l'analogie était plus sensible ; ce fut d'abord parmi les hommes, ensuite parmi les bêtes, bientôt après parmi les plantes ; enfin l'esprit de subtilité, qui de tout temps a eu ses partisans, engagea à puiser dans les sources les plus éloignées. On étudia les propriétés les plus singulières des êtres pour en tirer des allusions fines et délicates, de sorte que la fable fut, par degrés, changée en parabole, enfin rendue mystérieuse au point de n'être plus qu'une énigme. Les énigmes devinrent d'autant plus à la mode, que les sages, ou ceux qui se donnaient pour tels, crurent devoir cacher au vulgaire une partie de leurs connaissances. Par là le langage imaginé pour la clarté, fut changé en mystère. Rien ne retrace mieux le goût des premiers siècles que les hommes qui n'ont aucune teinture des lettres : tout ce qui est figuré et métaphorique leur plaît, quelle qu'en soit l'obscurité ; ils ne soupçonnent pas qu'il y ait dans ces occasions quelque choix à faire.

§. 139. Une autre cause a encore concouru à rendre le style de plus en plus figuré, c'est l'usage des hiéroglyphes. Ces deux manières de communiquer nos pensées, ont dû nécessairement influer l'une sur l'autre [1]. Il était naturel, en parlant d'une chose, de se servir du nom de la figure hiéroglyphique qui en était le symbole, comme il l'avait été à l'origine des hiéroglyphes de peindre les figures auxquelles l'usage avait donné cours dans le langage. Aussi trouverons-nous « d'un côté que dans l'écriture hiéroglyphique, le soleil, la lune et les étoiles, servaient à représenter les états, les empires, les rois, les reines et les grands : que l'éclipse et l'extinction de ces luminaires marquaient des désastres temporels : que le feu et l'inondation signifiaient une désolation produite par la guerre ou par la famine : et que les plantes et les animaux indiquaient les qualités des per-

1 Voyez dans M. Warburthon le parallèle ingénieux qu'il fait entre l'apologue, la parabole, et l'énigme, les figures et les métaphores d'un côté, et les différentes espèces d'écritures de l'autre.

Étienne Bonnot de Condillac

sonnes en particulier, etc. Et d'un côté, nous voyons que les prophètes donnent aux rois et aux empires les noms des luminaires
célestes ; que leurs malheurs et leur renversement sont représentés
par l'éclipse et l'extinction de ces mêmes luminaires ; que les étoiles
qui tombent du firmament sont employées à désigner la destruction des grands ; que le tonnerre et les vents impétueux marquent
des invasions de la part des ennemis ; que les lions, les ours, les
léopards, les boucs et les arbres fort élevés désignent les généraux
d'armées, les conquérants et les fondateurs des empires. En un
mot, le style prophétique semble être un hiéroglyphe parlant ».

§. 140. A mesure que l'écriture devînt plus simple, le style le devint également. En oubliant la signification des hiéroglyphes, on
perdit peu-à-peu l'usage de bien des figures et de bien des métaphores : mais il fallut des siècles pour rendre ce changement sensible. Le style des anciens Asiatiques était prodigieusement figuré :
on trouve même, dans les langues grecque et latine des traces de
l'influence des hiéroglyphes sur le langage [1] ; et les Chinois qui
se servent encore d'un caractère qui participe des hiéroglyphes,
chargent leurs discours d'allégories, de comparaisons et de métaphores.

§. 141. Enfin, les figures, après toutes ces révolutions, furent employées pour l'ornement du discours, quand les hommes eurent
acquis des connaissances assez exactes et assez étendues des arts
et des sciences, pour en tirer des images qui, sans jamais nuire
à la clarté, étaient aussi riantes, aussi nobles, aussi sublimes, que
la matière le demandait. Par la suite, les langues ne purent que
perdre dans les révolutions qu'elles essuyèrent. On trouvera même
l'époque de leur décadence, dans ces temps où elles paraissent vouloir s'approprier de plus grandes beautés. On verra les figures et
les métaphores s'accumuler et surcharger le style d'ornements, au
point que le fond ne paraîtra plus que l'accessoire. Quand ces moments sont arrivés, on peut retarder, mais on ne saurait empêcher
la chute d'une langue. Il y a dans les choses morales, comme dans
les physiques, un dernier accroissement après lequel il faut qu'elles
dépérissent.

C'est ainsi que les figures et les métaphores, d'abord inventées par
nécessité, ensuite choisies pour servir au mystère, sont devenues

---

1 *Annus*, par exemple, vient d'*Annulus* ; parce que l'année retourne sur elle-même.

l'ornement du discours, lorsqu'elles ont pu être employées avec discernement ; et c'est ainsi que, dans la décadence des langues, elles ont porté les premiers coups par l'abus qu'on en a fait.

CHAPITRE XV.
Du génie des langues.

§. 142. DEUX choses concourent à former le caractère des peuples, le climat et le gouvernement. Le climat donne plus de vivacité ou plus de flegme, et par là dispose plutôt à une forme de gouvernement qu'à une autre ; mais ces dispositions s'altèrent par mille circonstances. La stérilité ou l'abondance d'un pays, sa situation ; les intérêts respectifs du peuple qui l'habite, avec ceux de ses voisins ; les esprits inquiets qui le troublent, tant que le gouvernement n'est pas assis sur des fondements solides ; les hommes rares dont l'imagination subjugue celle de leurs concitoyens : tout cela et plusieurs autres causes contribuent à altérer et même à changer quelquefois entièrement les premiers goûts qu'une nation devait à son climat. Le caractère d'un peuple souffre donc à-peu-près les mêmes variations que son gouvernement, et il ne se fixe point que celui-ci n'ait pris une forme constante.

§. 143. Ainsi que le gouvernement influe sur le caractère des peuples, le caractère des peuples influe sur celui des langues. Il est naturel que les hommes, toujours pressés par des besoins et agités par quelque passion, ne parlent pas des choses sans faire connaître l'intérêt qu'ils y prennent. Il faut qu'ils attachent insensiblement aux mots des idées accessoires qui marquent la manière dont ils sont affectés, et les jugements qu'ils portent. C'est une observation facile à faire ; car il n'y a presque personne dont les discours ne décèlent enfin le vrai caractère, même dans ces moments où l'on apporte le plus de précaution à se cacher. Il ne faut qu'étudier un homme quelque temps pour apprendre son langage : je dis *son langage*, car chacun a le sien, selon ses passions : je n'excepte que les hommes froids et flegmatiques ; ils se conforment plus aisément à celui des autres, et sont par cette raison plus difficiles à pénétrer.

Le caractère des peuples se montre encore plus ouvertement que celui des particuliers. Une multitude ne saurait agir de concert pour cacher ses passions. D'ailleurs nous ne songeons pas à faire un mystère de nos goûts, quand ils sont communs à nos compatriotes. Au contraire, nous en tirons vanité, et nous aimons qu'ils fassent reconnaître un pays qui nous a donné la naissance, et pour lequel nous sommes toujours prévenus. Tout confirme donc que chaque langue exprime le caractère du peuple qui la parle.

§. 144. Dans le latin, par exemple, les termes d'agriculture emportent des idées de noblesse qu'ils n'ont point dans notre langue : la raison en est bien sensible. Quand les Romains jetèrent les fondements de leur empire, ils ne connaissaient encore que les arts les plus nécessaires. Ils les estimèrent d'autant plus, qu'il était également essentiel à chaque membre de la république de s'en occuper ; et l'on s'accoutuma de bonne heure à regarder du même œil l'agriculture et le général qui la cultivait. Par là les termes de cet art s'approprièrent les idées accessoires qui les ont anoblis. Ils les conservèrent encore quand la république romaine donnait dans le plus grand luxe, parce que le caractère d'une langue, surtout s'il est fixé par des écrivains célèbres, ne change pas aussi facilement que les mœurs d'un peuple. Chez nous les dispositions d'esprit ont été toutes différentes dès l'établissement de la monarchie. L'estime des Francs pour l'art militaire, auquel ils devaient un puissant empire, ne pouvait que leur faire mépriser des arts qu'ils n'étaient pas obligés de cultiver par eux-mêmes, et dont ils abandonnaient le soin à des esclaves. Dès lors les idées accessoires qu'on attacha aux termes d'agriculture durent être bien différentes de celles qu'ils avaient dans la langue latine.

§. 145. Si le génie des langues commence à se former d'après celui des peuples, il n'achève de se développer que par le secours des grands écrivains. Pour en découvrir les progrès, il faut résoudre deux questions qui ont été souvent discutées et jamais, ce me semble, bien éclaircies : c'est de savoir pourquoi les arts et les sciences ne sont pas également de tous les pays et de tous les siècles ; et pourquoi les grands hommes dans tous les genres sont presque contemporains.

La différence des climats a fourni une réponse à ces deux questions. S'il y a des nations chez qui les arts et les sciences n'ont pas pénétré, on prétend que le climat en est la vraie cause ; et s'il y en a où ils ont cessé d'être cultivés avec succès, on veut que le cli-

SECONDE PARTIE

mat y ait changé. Mais c'est sans fondement qu'on supposerait ce changement aussi subit et aussi considérable que les révolutions des arts et des sciences. Le climat n'influe que sur les organes ; le plus favorable ne peut produire que des machines mieux organisées, et vraisemblablement il en produit en tout temps un nombre à-peu-près égal. S'il était partout le même, on ne laisserait pas de voir la même variété parmi les peuples : les uns, comme à présent, seraient éclairés, les autres croupiraient dans l'ignorance. Il faut donc des circonstances qui, appliquant les hommes bien organisés aux choses pour lesquelles ils sont propres, en développent les talents. Autrement ils seraient comme d'excellents automates qu'on laisserait dépérir faute d'en savoir entretenir le mécanisme, et faire jouer les ressorts. Le climat n'est donc pas la cause du progrès des arts et des sciences, il n'y est nécessaire que comme une condition essentielle.

§. 146. Les circonstances favorables au développement des génies se rencontrent chez une nation, dans le temps où sa langue commence à avoir des principes fixes et un caractère décidé. Ce temps est donc l'époque des grands hommes. Cette observation se confirme par l'histoire des arts ; mais j'en vais donner une raison tirée de la nature même de la chose.

Les premiers tours qui s'introduisent dans une langue, ne sont ni les plus clairs, ni les plus précis, ni les plus élégants : il n'y a qu'une longue expérience qui puisse peu-à-peu éclairer les hommes dans ce choix. Les langues qui se forment des débris de plusieurs autres, rencontrent même de grands obstacles à leurs progrès. Ayant adopté quelque chose de chacune, elles ne sont qu'un amas bizarre de tours qui ne sont point faits les uns pour les autres. On n'y trouve point cette analogie qui éclaire les écrivains, et qui caractérise un langage. Telle a été la nôtre dans son établissement. C'est pourquoi nous avons été longtemps avant d'écrire en langue vulgaire, et que ceux qui les premiers en ont fait l'essai, n'ont pu donner de caractère soutenu à leur style.

§. 147. Si l'on se rappelle que l'exercice de l'imagination et de la mémoire dépend entièrement de la liaison des idées, et que celle-ci est formée par le rapport et l'analogie des signes [1], on reconnaîtra que moins une langue a de tours analogues, moins elle prête de

1 Première partie, sect. II, chap. 3 et 4.

Étienne Bonnot de Condillac

secours à la mémoire et à l'imagination. Elle est donc peu propre à développer les talents. Il en est des langues comme des chiffres des géomètres : elles donnent de nouvelles vues, et étendent l'esprit à proportion qu'elles sont plus parfaites. Les succès de Newton ont été préparés par le choix qu'on avait fait avant lui des signes, et par les méthodes de calcul qu'on avait imaginées. S'il fût venu plus tôt, il eût pu être un grand homme pour son siècle, mais il ne serait pas l'admiration du nôtre. Il en est de même dans les autres genres. Le succès des génies les mieux organisés dépend tout-à-fait des progrès du langage pour le siècle où ils vivent ; car les mots répondent aux signes des Géomètres, et la manière de les employer répond aux méthodes de calcul. On doit donc trouver, dans une langue qui manque de mots, ou qui n'a pas de constructions assez commodes, les mêmes obstacles qu'on trouvait en Géométrie avant l'invention de l'algèbre. Le français a été, pendant longtemps, si peu favorable aux progrès de l'esprit, que si l'on pouvait se représenter Corneille successivement dans les différents âges de la monarchie, on lui trouverait moins de génie, à proportion qu'on s'éloignerait davantage de celui où il a vécu, et l'on arriverait enfin à un Corneille qui ne pourrait donner aucune preuve de talent.

§. 148. Peut-être m'objectera-t-on que des hommes tels que ce grand poète, devaient trouver dans les langues savantes les secours que la langue vulgaire leur refusait.

Je réponds qu'accoutumés à concevoir les choses de la même manière qu'elles étaient exprimées dans la langue qu'ils avaient apprise en naissant, leur esprit était naturellement rétréci. Le peu de précision et d'exactitude ne pouvait les choquer, parce qu'ils s'en étaient fait une habitude. Ils n'étaient donc pas encore capables de saisir tous les avantages des langues savantes. En effet, qu'on remonte de siècles en siècles, on verra que plus notre langue a été barbare, plus nous avons été éloignés de connaître la langue latine, et que nous n'avons commencé à écrire bien en latin que quand nous avons été capables de le faire en français. D'ailleurs, ce serait bien peu connaître le génie des langues, que de s'imaginer qu'on pût faire passer tout d'un coup dans les plus grossières, les avantages des plus parfaites : ce ne peut être que l'ouvrage du temps, Pourquoi Marot, qui n'ignorait pas le latin, n'a-t-il pas un style aussi égal que Rousseau à qui il a servi de modèle ? C'est uniquement parce que le français n'avait pas encore fait assez de progrès. Rousseau, peut-être avec moins de talent, a donné un caractère plus égal au style marotique, parce qu'il est venu dans des circonstances plus favorables : un siècle plutôt il n'y eût pas réussi. La comparaison qu'on pourrait faire de Régnier avec Despréaux confirme encore ce raisonnement.

§. 149. Il faut remarquer que, dans une langue qui n'est pas formée des débris de plusieurs autres, les progrès doivent être beaucoup plus prompts, parce qu'elle a, dès son origine, un caractère : c'est pourquoi les Grecs ont eu, de bonne heure, d'excellents écrivains.

§. 150. Faisons naître un homme parfaitement bien organisé parmi des peuples encore barbares, quoiqu'habitants d'un climat favorable aux arts et aux sciences ; je conçois qu'il peut acquérir assez d'esprit pour devenir un génie par rapport à ces peuples mais on voit évidemment qu'il lui est impossible d'égaler quelques-uns des hommes supérieurs du siècle de Louis XIV. La chose, présentée dans ce point de vue, est si sensible qu'on ne saurait la révoquer en doute.

Si la langue de ces peuples grossiers est un obstacle aux progrès de l'esprit, donnons-lui un degré de perfection, donnons-lui-en deux, trois, quatre ; l'obstacle subsistera encore, et ne peut diminuer qu'à proportion des degrés qui y auront été ajoutés. Il ne sera donc entièrement levé que quand cette langue aura acquis à-peu-près autant de degrés de perfection que la nôtre en avait quand elle a commencé à former de bons écrivains. Il est, par conséquent, démontré que les nations ne peuvent avoir des génies supérieurs qu'après que les langues ont déjà fait des progrès considérables.

§. 151. Voici dans leur ordre les causes qui concourent au développement des talents ; 1°. Le climat est une condition essentielle ; 2°. Il faut que le gouvernement ait pris une forme constante, et que par là il ait fixé le caractère d'une nation ; 3°. C'est ce caractère à en donner un au langage, en multipliant les tours qui expriment le goût dominant d'un peuple ; 4°. Cela arrive lentement dans les langues formées des débris de plusieurs autres ; mais ces obstacles une fois surmontés, les règles de l'analogie s'établissent, le langage fait des progrès et les talents se développent. On voit donc pourquoi les grands écrivains ne naissent pas également dans tous les siècles, et pourquoi ils viennent plus tôt chez certaines nations et plus tard chez d'autres. Il nous reste à examiner par quelle raison les hommes excellents dans tous les genres sont presque contemporains.

§. 152. Quand un génie a découvert le caractère d'une langue, il l'exprime vivement et le soutient dans tous ses écrits. Avec ce secours, le reste des gens à talents, qui auparavant n'eussent pas été capables de le pénétrer d'eux-mêmes, l'aperçoivent sensiblement, et l'expriment à son exemple, chacun dans son genre. La langue s'enrichit peu-à-peu de quantité de nouveaux tours qui, pur le rapport qu'ils ont à son caractère, le développent de plus en plus ; et l'analogie devient comme un flambeau dont la lumière augmente sans cesse pour éclairer un plus grand nombre d'écrivains. Alors tout le monde tourne naturellement les yeux sur ceux qui se distinguent : leur goût devient le goût dominant de la nation : chacun apporte, dans les matières auxquelles il s'applique, le discernement qu'il a puisé chez eux : les talents fermentent : tons les arts prennent le caractère qui leur est propre, et l'on voit des hommes supérieurs dans tous les genres. C'est ainsi que les grands talents, de quelque espèce qu'ils soient, ne se montrent qu'après que le langage a déjà fait des progrès considérables. Cela est si vrai que, quoique les circonstances favorables à l'art militaire et au gouvernement soient les plus fréquentes, les généraux et les ministres du premier ordre appartiennent cependant au siècle des grands écrivains. Telle est l'influence des gens de lettres dans l'état : il me semble qu'on n'en avait point encore connu toute l'étendue.

§. 153. Si les grands talents doivent leur développement aux progrès sensibles que le langage a faits avant eux, le langage doit à son tour, aux talents de nouveaux progrès qui l'élèvent à son dernier période : c'est ce que je vais expliquer.

Quoique les grands hommes tiennent par quelque endroit au caractère de leur nation, ils ont toujours quelque chose qui les en distingue. Ils voient et sentent d'une manière qui leur est propre ; et, pour exprimer leur manière de voir et de sentir, ils sont obligés d'imaginer de nouveaux tours dans les règles de l'analogie, ou du moins en s'en écartant aussi peu qu'il est possible. Par là ils se conforment au génie de leur langue, et lui prêtent en même temps le leur. Corneille développe les intérêts des grands, la politique des ambitieux et tous les mouvements de l'âme avec une noblesse et avec une force qui ne sont qu'à lui. Racine, avec une douceur et avec une élégance qui caractérisent les petites passions, exprime l'amour, ses craintes et ses emportements. La mollesse conduit le pinceau avec lequel Quinault peint les plaisirs et la volupté : et plusieurs autres écrivains qui ne sont plus, ou qui se distinguent parmi les modernes, ont chacun un caractère que notre langue s'est peu-à-peu rendu propre. C'est aux poètes que nous avons les premières et peut-être aussi les plus grandes obligations. Assujettis à des règles qui les gênent, leur imagination fait de plus grands efforts et produit nécessairement de nouveaux tours. Aussi les progrès subits du langage sont-ils toujours l'époque de quelque grand poète. Les philosophes ne le perfectionnent que longtemps après. Ils ont achevé de donner au nôtre cette exactitude et cette netteté qui font son principal caractère, et qui, nous fournissant les signes les plus commodes pour analyser nos idées, nous rendent capables d'apercevoir ce qu'il y a de plus fin dans chaque objet.

§. 154. Les philosophes remontent aux raisons des choses, donnent les règles des arts, expliquent ce qu'ils ont de plus caché, et par leurs leçons augmentent le nombre des bons juges. Mais si l'on considère les arts dans les parties qui demandent davantage d'imagination, les philosophes ne peuvent pas se flatter de contribuer à leurs progrès comme à ceux des sciences, ils paraissent au contraire y nuire. C'est que l'attention qu'on donne à la connaissance des règles, et la crainte qu'on a de paraître les ignorer, diminue le feu de l'imagination : car cette opération aime mieux être guidée par le sentiment et par l'impression vive des objets qui la frappent, que par une réflexion qui combine et qui calcule tout.

Il est vrai que la connaissance des règles peut être très utile à ceux qui, dans le moment de la composition, donnent trop d'essor à leur génie pour ne pas oublier, et qui ne se les rappellent que pour corriger leurs ouvrages. Mais il est bien difficile que les esprits qui se sentent quelque faiblesse, ne cherchent à s'étayer souvent des règles. Cependant peut-on réussir dans des ouvrages d'imagination, si l'on ne sait pas se refuser de pareils secours ? Ne doit-on pas au moins se méfier de ses productions ? En général le siècles où les philosophes développent les préceptes des arts, est celui des ouvrages communément mieux faits et mieux écrits ; mais les arti-

Étienne Bonnot de Condillac

sans de génie y paraissent plus rares.

§. 155. Puisque le caractère des langues se forme peu-à-peu et conformément à celui des peuples, il doit nécessairement avoir quelque qualité dominante. Il n'est donc pas possible que les mêmes avantages soient communs au même point à plusieurs langues. La plus parfaite serait celle qui les réunirait tous dans le degré qui leur permet de compatir ensemble : car ce serait sans doute un défaut qu'une langue excellât si fort dans un genre, qu'elle ne fût point propre pour les autres. Peut-être que le caractère que la nôtre montre dans les ouvrages de Quinault et de la Fontaine, prouve que nous n'aurons jamais de poète qui égale la force de Milton ; et que le caractère de force qui paraît dans le Paradis perdu, prouve que les Anglais n'auront jamais de poète égal à Quinault et à la Fontaine [1].

§. 156. L'analyse et l'imagination sont deux opérations si différentes qu'elles mettent ordinairement des obstacles aux progrès l'une de l'autre. Il n'y a que dans un certain tempérament qu'elles puissent se prêter mutuellement des secours sans se nuire ; et ce tempérament est ce milieu dont j'ai déjà eu occasion de parler [2]. Il est donc bien difficile que les mêmes langues favorisent également l'exercice de ces deux opérations. La nôtre, par la simplicité et par la netteté de ses constructions, donne de bonne heure à l'esprit une exactitude dont il se fait insensiblement une habitude, et qui prépare beaucoup les progrès de l'analyse ; mais elle est peu favorable à l'imagination. Les inversions des langues anciennes étaient au contraire un obstacle à l'analyse, à proportion que, contribuant davantage à l'exercice de l'imagination, elles le rendaient plus naturel que celui des autres opérations de l'âme. Voilà, je pense, une des causes de la supériorité des philosophes modernes sur les philosophes anciens. Une langue, aussi sage que la nôtre dans le choix des figures et des tours, devait l'être à plus forte raison dans la manière de raisonner.

Il faudrait, afin de fixer nos idées, imaginer deux langues : l'une qui donnât tant d'exercice à l'imagination, que les hommes qui la parleraient déraisonneraient sans cesse ; l'autre qui exerçât au

---

1 Je hasarde cette conjecture d'après ce que j'entends dire du poème de Milton : car je ne sais pas l'anglais.
2 Première partie.

SECONDE PARTIE

contraire si fort l'analyse, que les hommes à qui elle serait naturelle se conduiraient jusque dans leurs plaisirs comme des géomètres qui cherchent la solution d'un problème. Entre ces deux extrémités, nous pourrions nous représenter toutes les langues possibles, leur voir prendre différents caractères selon l'extrémité dont elles se rapprocheraient, et se dédommager des avantages qu'elles perdraient d'un côté, par ceux qu'elles acquerraient de l'autre. La plus parfaite occuperait le milieu, et le peuple qui la parlerait serait un peuple de grands hommes.

Si le caractère des langues, pourra-t-on me dire, est une raison de la supériorité des philosophes modernes sur les philosophes anciens, ne sera-ce pas une conséquence que les poètes anciens soient supérieurs aux poètes modernes ? Je réponds que non : l'analyse n'emprunte des secours que du langage ; ainsi elle ne peut avoir lieu qu'autant que les langues la favorisent : nous avons vu au contraire que les causes qui contribuent aux progrès de l'imagination sont beaucoup plus étendues ; il n'y a même rien qui ne soit propre à faciliter l'exercice de cette opération. Si, dans certains genres, les Grecs et les Romains ont des poètes supérieurs aux nôtres, nous en avons, dans d'autres genres, de supérieurs aux leurs. Quel poète de l'antiquité peut être mis à côté de Corneille ou de Molière ?

§. 157. Le moyen le plus simple pour juger quelle langue excelle dans un plus grand nombre de genres, ce serait de compter les auteurs originaux de chacune. Je doute que la nôtre eût par là quelque désavantage.

§. 158. Après avoir montré les causes des derniers progrès du langage, il est à propos de rechercher celles de sa décadence : elles sont les mêmes, et elles ne produisent des effets si contraires que par la nature des circonstances. Il en est à-peu-près ici comme dans le physique où le même mouvement qui a été un principe de vie devient un principe de destruction.

Quand une langue a, dans chaque genre, des écrivains originaux, plus un homme a de génie, plus il croit apercevoir d'obstacles à les surpasser. Les égaler, ce ne serait pas assez pour son ambition : il veut, comme eux, être le premier dans son genre. Il tente donc une route nouvelle. Mais, parce que les styles analogues au caractère de la langue et au sien sont saisis par ceux qui l'ont précédé, il ne lui reste qu'à s'écarter de l'analogie. Ainsi, pour être original, il est obligé de préparer la ruine d'une, langue dont un siècle plus tôt il eût hâté les progrès.

§. 159. Si des écrivains tels que lui sont critiqués, ils ont trop de talents pour n'avoir pas de grands succès. La facilité de copier leurs défauts persuade bientôt à des esprits médiocres qu'il ne tient qu'à eux d'arriver à une égale réputation. C'est alors qu'on voit naître le règne des pensées subtiles et détournées, des antithèses précieuses, des paradoxes brillants, des tours frivoles, des expressions recherchées, des mots faits sans nécessité, et, pour tout dire, du jargon des beaux esprits gâtés par une mauvaise métaphysique. Le public applaudit : les ouvrages frivoles, ridicules, qui ne naissent que pour un instant, se multiplient : le mauvais goût passe dans les arts et dans les sciences, et les talents deviennent rares de plus en plus.

§. 160. Je ne doute pas que je ne sois contredit sur ce que j'ai avancé touchant le caractère des langues. J'ai souvent rencontré des personnes qui croient toutes les langues également propres pour tous les genres, et qui prétendent qu'un homme organisé comme Corneille, dans quelque siècle qu'il eût vécu et dans quelque idiome qu'il eût écrit, eût donné les mêmes preuves de talents.

Les signes sont arbitraires la première fois qu'on les emploie : c'est peut-être ce qui a fait croire qu'ils ne sauraient avoir de caractère ; mais je demande s'il n'est pas naturel à chaque nation de combiner ses idées selon le génie qui lui est propre, et de joindre à un certain fonds d'idées principales différentes idées accessoires, selon qu'elle est différemment affectée. Or ces combinaisons, autorisées par un long usage, sont proprement ce qui constitue le génie d'une langue. Il peut être plus ou moins étendu : cela dépend du nombre et de la variété des tours reçus et de l'analogie qui, au besoin, fournit les moyens d'en inventer. Il n'est point au pouvoir d'un homme de changer entièrement ce caractère. Aussitôt qu'on s'en écarte, on parle un langage étranger et on cesse d'être entendu. C'est au temps à amener des changements aussi considérables, en plaçant tout un peuple dans des circonstances qui l'engagent à envisager les choses tout autrement qu'il ne faisait.

§. 161. De tous les écrivains, c'est chez les poètes que le génie des langues s'exprime le plus vivement. De là la difficulté de les tra-

duire : elle est telle qu'avec du talent, il serait plus aisé de les surpasser souvent que de les égaler toujours. A la rigueur, on pourrait
même dire qu'il est impossible d'en donner de bonnes traductions :
car les raisons qui prouvent que deux langues ne sauraient avoir le
même caractère, prouvent que les mêmes pensées peuvent rarement être rendues dans l'une et dans l'autre avec les mêmes beautés.

En parlant de la prosodie et des inversions, j'ai dit des choses qui
peuvent se rapporter au sujet de ce chapitre ; je ne les répéterai pas.

§. 162. Par cette histoire des progrès du langage, chacun peut
s'apercevoir que les langues, pour quelqu'un qui les connaîtrait bien,
seraient une peinture du caractère et du génie de chaque peuple.
Il y verrait comment l'imagination a combiné les idées d'après les
préjugés et les passions ; il y verrait se former chez chaque nation
un esprit différent à proportion qu'il y aurait moins de commerce
entre elles. Mais si les mœurs ont influé sur le langage, celui-ci,
lorsque les écrivains célèbres en eurent fixé les règles, influa à son
tour sur les mœurs, et conserva longtemps à chaque peuple son
caractère.

§. 163. Peut-être prendra-t-on toute cette histoire pour un roman,
mais on ne peut du moins lui refuser la vraisemblance. J'ai peine à
croire que la méthode que j'ai suivie m'ait souvent fait tomber dans
l'erreur : car j'ai eu pour objet de ne rien avancer que sur la supposition, qu'un langage a toujours été imaginé sur le modèle de celui
qui l'a immédiatement précédé. J'ai vu dans le langage d'action le
germe des langues et tous les arts qui peuvent servir à exprimer
nos pensées : j'ai observé les circonstances qui ont été propres à
développer ce germe ; et non seulement j'en ai vu naître ces arts,
mais encore j'ai suivi leurs progrès, et j'en ai expliqué les différents
caractères. En un mot, j'ai, ce me semble, démontré, d'une manière
sensible que les choses qui nous paraissent les plus singulières ont
été les plus naturelles dans leur temps, et qu'il n'est arrivé que ce
qui devait arriver.

SECTION SECONDE.
De la Méthode.

Étienne Bonnot de Condillac

C'EST à la connaissance que nous avons acquise des opérations de l'âme et des causes de leurs progrès, à nous apprendre la conduite que nous devons tenir dans la recherche de la vérité. Il n'était pas possible auparavant de nous faire une bonne méthode ; mais il me semble qu'actuellement elle se découvre d'elle-même, et qu'elle est une suite naturelle des recherches que nous avons faites. Il suffira de développer quelques-unes des réflexions qui sont répandues dans cet ouvrage.

CHAPITRE PREMIER.
De la première cause de nos Erreurs,
et de l'origine de la Vérité.

§. 1. PLUSIEURS philosophes ont relevé d'une manière éloquente grand nombre d'erreurs qu'on attribue aux sens, à l'imagination et aux passions : mais ils ne peuvent pas se flatter qu'on ait recueilli de leurs ouvrages tout le fruit qu'ils s'en étaient promis. Leur théorie trop imparfaite est peu propre à éclairer dans la pratique. L'imagination et les passions se replient de tant de manières, et dépendent si fort des tempéraments, des temps et des circonstances, qu'il est impossible de dévoiler tous les ressorts qu'elles font agir, et qu'il est très naturel que chacun se flatte de n'être pas dans le cas de ceux qu'elles égarent.

Semblable à un homme d'un faible tempérament, qui ne relève d'une maladie que pour retomber dans une autre, l'esprit, au lieu de quitter ses erreurs, ne fait souvent qu'en changer. Pour délivrer de toutes ses maladies un homme d'une faible constitution, il faudrait lui faire un tempérament tout nouveau : pour corriger notre esprit de toutes ses faiblesses, il faudrait lui donner de nouvelles vues, et, sans s'arrêter au détail de ses maladies, remonter à leur source même, et la tarir.

§. 2. Nous la trouverons, cette source, dans l'habitude où nous sommes de raisonner sur des choses dont nous n'avons point d'idées, ou dont nous n'avons que des idées mal déterminées. Il est à propos de rechercher ici la cause de cette habitude, afin de connaître l'origine de nos erreurs d'une manière convaincante, et de savoir avec quel esprit de critique on doit entreprendre la lecture des philosophes.

§. 3. Encore enfants, incapables de réflexions, nos besoins sont tout ce qui nous occupe. Cependant les objets font sur nos sens des impressions d'autant plus profondes, qu'ils y trouvent moins de résistance, les organes se développent lentement, la raison vient avec plus de lenteur encore, et nous nous remplissons d'idées et de maximes telles que le hasard et une mauvaise éducation les présentent. Parvenus à un âge où l'esprit commence à mettre de l'ordre dans ses pensées, nous ne voyons encore que des choses avec lesquelles nous sommes depuis longtemps familiarisés. Ainsi nous ne balançons pas à croire qu'elles sont, et qu'elles sont telles, parce qu'il nous paraît naturel qu'elles soient et qu'elles soient telles. Elles sont si vivement gravées dans notre cerveau, que nous ne saurions penser qu'elles ne fussent pas, ou qu'elles fussent autrement. De là cette indifférence pour connaître les choses avec lesquelles nous sommes accoutumés, et ces mouvements de curiosité pour tout ce qui paraît de nouveau.

§. 4. Quand nous commençons à réfléchir, nous ne voyons pas comment les idées et les maximes que nous trouvons en nous auraient pu s'y introduire ; nous ne nous rappelons pas d'en avoir été privés. Nous en jouissons donc avec sécurité. Quelque défectueuses quelles soient, nous les prenons pour des notions évidentes par elles-mêmes : nous leur donnons les noms de *raison*, de *lumière naturelle ou née avec nous*, de *principes gravés, imprimés dans l'âme*. Nous nous en rapportons d'autant plus volontiers à ces idées que nous croyons que, si elles nous trompaient, Dieu serait la cause de notre erreur, parce que nous les regardons comme l'unique moyen qu'il nous ait donné pour arriver à la vérité. C'est ainsi que des notions avec lesquelles nous ne sommes que familiarisés nous paraissent des principes de la dernière évidence.

§. 5. Ce qui accoutume notre esprit à cette inexactitude, c'est la manière dont nous nous formons au langage. Nous n'atteignons l'âge de raison que longtemps après avoir contracté l'usage de la parole. Si l'on excepte les mots destinés à faire connaître nos besoins, c'est ordinairement le hasard qui nous a donné occasion d'entendre certains sons plutôt que d'autres, et qui a décidé des idées que nous leur avons attachées. Pour peu qu'en réfléchissant sur les enfants que nous voyons nous nous rappelions l'état par où nous ayons passé, nous reconnaîtrons qu'il n'y a rien de moins exact que l'emploi que nous faisons ordinairement des mots. Cela n'est pas étonnant. Nous entendions des expressions dont la signification, quoique bien déterminée par l'usage, était si composée que nous n'avions si assez d'expérience, ni assez de pénétration, pour la saisir : nous en entendions d'autres qui ne présentaient jamais deux fois la même idée, ou qui même étaient tout-à-fait vides de sens. Pour juger de l'impossibilité où nous étions de nous en servir avec discernement, il ne faut que remarquer l'embarras où nous sommes encore souvent de le faire.

§. 6. Cependant l'usage de joindre les lignes avec les choses nous est devenu si naturel, quand nous n'étions pas encore en état d'en peser la valeur, que nous nous sommes accoutumés à rapporter les noms à la réalité même des objets, et que nous avons cru qu'ils en expliquaient parfaitement l'essence. On s'est imaginé qu'il y a des idées innées, parce qu'en effet il y en a qui sont les mêmes chez tous les hommes : nous n'aurions pas manqué de juger que notre langage est inné, si nous n'avions su que les autres peuples en parlent de tout différents. Il semble que, dans nos recherches, tous nos efforts ne tendent qu'à trouver de nouvelles expressions. A peine en avons-nous imaginé, que nous croyons avoir acquis de nouvelles connaissances. L'amour-propre nous persuade aisément que nous connaissons les choses, lorsque nous avons longtemps cherché à les connaître, et que nous en avons beaucoup parlé.

§. 7. En rappelant nos erreurs à l'origine que je viens d'indiquer, on les renferme dans une cause unique, et qui est telle que nous ne saurions nous cacher qu'elle n'ait eu jusqu'ici beaucoup de part dans nos jugements. Peut-être même pourrait-on obliger les philosophes les plus prévenus de convenir qu'elle a jeté les premiers fondements de leurs systèmes : il ne faudrait que les interroger avec adresse. En effet, si nos passions occasionnent des erreurs, c'est qu'elles abusent d'un principe vague, d'une expression métaphorique et d'un terme équivoque, pour en faire des applications d'où nous puissions déduire les opinions qui nous flattent. Si nous nous trompons, les principes vagues, les métaphores et les équivoques sont donc des causes antérieures à nos passions. Il suffira, par conséquent, de renoncer à ce vain langage, pour dissiper tout l'artifice de l'erreur.

SECONDE PARTIE

§. 8. Si l'origine de l'erreur est dans le défaut d'idées ou dans des idées mal déterminées, celle de la vérité doit être dans des idées bien déterminées. Les mathématiques en sont la preuve. Sur quelque sujet que nous ayons des idées exactes, elles seront toujours suffisantes pour nous faire discerner la vérité : si au contraire nous n'en avons pas, nous aurons beau prendre toutes les précautions imaginables, nous confondrons toujours tout. En un mot, en métaphysique on marcherait d'un pas assuré avec des idées bien déterminées, et sans ces idées on s'égarerait même en arithmétique.

§. 9. Mais comment les arithméticiens ont-ils des idées si exactes ? C'est que, connaissant de quelle manière elles s'engendrent, ils sont toujours en état de les composer ou de les décomposer pour les comparer selon tous leurs rapports. Ce n'est qu'en réfléchissant sur la génération des nombres qu'on a trouvé les règles des combinaisons. Ceux qui n'ont pas réfléchi sur cette génération, peuvent calculer avec autant de justesse que les autres, parce que les règles sont sûres ; mais, ne connaissant pas les raisons sur lesquelles elles sont fondées, ils n'ont point d'idées de ce qu'ils font, et sont incapables de découvrir de nouvelles règles.

§. 10. Or, dans toutes les sciences comme en arithmétique, la vérité ne se découvre que par des compositions et des décompositions. Si l'on n'y raisonne pas ordinairement avec la même justesse, c'est qu'on n'a pas encore trouvé de règles sûres pour composer ou décomposer toujours exactement les idées, ce qui provient de ce qu'on n'a pas même su les déterminer. Mais peut-être que les réflexions que nous avons faites sur l'origine de nos connaissances nous fourniront les moyens d'y suppléer.

CHAPITRE II.
De la manière de déterminer les idées ou leurs noms.

§. 11. C'est un avis usé et généralement reçu que celui qu'on donne de prendre les mots dans le sens de l'usage. En effet, il semble d'abord qu'il n'y a pas d'autre moyen, pour se faire entendre, que de parler comme les autres. J'ai cependant cru devoir tenir une conduite différente. Comme on a remarqué que, pour avoir de véritables connaissances, il faut recommencer dans les sciences sans se laisser prévenir en faveur des opinions accréditées, il m'a paru que, pour rendre le langage exact, on doit le réformer sans avoir égard à l'usage. Ce n'est pas que je veuille qu'on se fasse une loi d'attacher toujours aux termes des idées toutes différentes de celles qu'ils signifient ordinairement : ce serait une affectation puérile et ridicule. L'usage est uniforme et constant pour les noms des idées simples, et pour ceux de plusieurs notions familières au commun des hommes ; alors il n'y faut rien changer : mais, lorsqu'il est question des idées complexes qui appartiennent plus particulièrement à la métaphysique et à la morale, il n'y a rien de plus arbitraire, ou même souvent de plus capricieux. C'est ce qui m'a porté à croire que, pour donner de la clarté et de la précision au langage, il fallait reprendre les matériaux de nos connaissances, et en faire de nouvelles combinaisons sans égard pour celles qui se trouvent faites.

§. 12. Nous avons vu, en examinant les progrès des langues, que l'usage ne fixe le sens des mots que par le moyen des circonstances où l'on parle [1]. A la vérité, il semble que ce soit le hasard qui dispose des circonstances : mais, si nous savions nous-mêmes les choisir, nous pourrions faire dans toute occasion ce que le hasard nous fait faire dans quelques-unes, c'est-à-dire, déterminer exactement la signification des mots. Il n'y a pas d'autre moyen pour donner toujours de la précision au langage que celui qui lui en a donné toutes les fois qu'il en a eu. Il faudrait donc se mettre d'abord dans des circonstances sensibles, afin de faire des signes pour exprimer les premières idées qu'on acquerrait par sensation et par réflexion ; et, lorsqu'en réfléchissant sur celles-là, on en acquerrait de nouvelles, on ferait de nouveaux noms dont on déterminerait le sens en plaçant les autres dans les circonstances où l'on se serait trouvé, et en leur faisant faire les mêmes réflexions qu'on aurait faites. Alors les expressions succéderaient toujours aux idées : elles seraient donc claires et précises, puisqu'elles ne rendraient que ce que chacun aurait sensiblement éprouvé.

§. 13. En effet, un homme qui commencerait par se faire un langage à lui-même, et qui ne se proposerait de s'entretenir avec les autres qu'après avoir fixé le sens de ses expressions par des circonstances où il aurait su se placer, ne tomberait dans aucun des défauts qui nous sont si ordinaires. Les noms des idées simples

1 Seconde partie, sect. I, chap. 9.

SECONDE PARTIE

seraient clairs, parce qu'ils ne signifieraient que ce qu'il apercevrait dans des circonstances choisies : ceux des idées complexes seraient précis, parce qu'ils ne renfermeraient que les idées simples que certaines circonstances réuniraient d'une manière déterminée. Enfin ; quand il voudrait ajouter à ses premières combinaisons, ou en retrancher quelque chose, les signes qu'il emploierait conserveraient la clarté des premiers, pourvu que ce qu'il aurait ajouté ou retranché se trouvât marqué par de nouvelles circonstances. S'il voulait ensuite faire part aux autres de ce qu'il aurait pensé, il n'aurait qu'à les placer dans les mêmes points de vue où il s'est trouvé lui-même lorsqu'il a examiné les signes, et il les engagerait à lier les mêmes idées que lui aux mots qu'il aurait choisis.

§ 14. Au reste, quand je parle de faire des mots, ce n'est pas que je veuille qu'on propose des termes tout nouveaux. Ceux qui sont autorisés par l'usage me paraissent d'ordinaire suffisants pour parler sur toutes sortes de matières. Ce serait même nuire à la clarté du langage que d'inventer, surtout dans les sciences, des mots sans nécessité. Je me sers donc de cette façon de parler, *faire des mots*, parce que je ne voudrais pas qu'on commençât par exposer les termes, pour les définir ensuite, comme on fait ordinairement : mais parce qu'il faudrait qu'après s'être mis dans des circonstances où l'on sentirait et où l'on verrait quelque chose, on donnât à ce qu'on sentirait et à ce qu'on verrait un nom qu'on emprunterait de l'usage. Ce tour m'a paru assez naturel, et d'ailleurs plus propre à marquer la différence qui se trouve entre la manière dont je voudrais qu'on déterminât la signification des mots et les définitions des philosophes.

§. 15. Je crois qu'il serait inutile de se gêner dans le dessein de n'employer que les expressions accréditées par le langage des savants : peut-être même serait-il plus avantageux de les tirer du langage ordinaire. Quoique l'un ne soit pas plus exact que l'autre, je trouve cependant dans celui-ci un vice de moins. C'est que les gens du monde, n'ayant pas autrement réfléchi sur les objets des sciences, conviendront assez volontiers de leur ignorance, et du peu d'exactitude des mots dont ils se servent. Les philosophes, honteux d'avoir médité inutilement, sont toujours partisans entêtés des prétendus fruits de leurs veilles.

§. 16. Afin de faire mieux comprendre cette méthode, il faut en-

Étienne Bonnot de Condillac

trer dans un plus grand détail, et appliquer aux différentes idées ce que nous venons d'exposer d'une manière générale. Nous commencerons par les noms des idées simples.

L'obscurité et la confusion des mots viennent de ce que nous leur donnons trop ou trop peu d'étendue, ou même de ce que nous nous en servons, sans leur avoir attaché d'idée. Il y en a beaucoup dont nous ne saisissons pas toute la signification ; nous la prenons partie par partie, et nous y ajoutons ou nous en retranchons : d'où il se forme différentes combinaisons qui n'ont qu'un même signe, et d'où il arrive que les mêmes mots ont dans la même bouche des acceptions bien différentes D'ailleurs, comme l'étude des langues, avec quelque peu de soin qu'elle se fasse, ne laisse pas de demander quelque réflexion, on coupe court, et l'on rapporte les signes à des réalités dont on n'a point d'idées. Tels sont, dans le langage de bien des philosophes, des termes d'*être*, de *substance*, d'*essence*, etc. Il est évident que ces défauts ne peuvent appartenir qu'aux idées qui sont l'ouvrage de l'esprit. Pour la signification des noms des idées simples, qui viennent immédiatement des sens, elle est connue tout-à-la-fois ; elle ne peut pas avoir pour objet des réalités imaginaires, parce qu'elle se rapporte immédiatement à de simples perceptions, qui sont en effet dans l'esprit telles qu'elles y paraissent. Ces sortes de termes ne peuvent donc être obscurs. Le sens en est si bien marqué par toutes les circonstances où nous nous trouvons naturellement, que les enfants mêmes ne sauraient s'y tromper. Pour peu qu'ils soient familiarisés avec leur langue, ils ne confondent point les noms des sensations, et ils ont des idées aussi claires de ces mots, *blanc, noir, rouge, mouvement, repos, plaisir, douleur,* que nous-mêmes. Quant aux opérations de l'âme, ils en distinguent également les noms, pourvu qu'elles soient simples, et que les circonstances tournent leur réflexion de ce côté ; car on voit, par l'usage qu'ils font de ces mots, *oui, non, je veux, je ne veux pas*, qu'ils en saisissent la vraie signification.

§. 17. On m'objectera peut-être qu'il est démontré que les mêmes objets produisent différentes sensations dans différentes personnes ; que nous ne les voyons pas sous les mêmes idées de grandeur ; que nous n'y apercevons pas les mêmes couleurs, etc.

Je réponds que, malgré cela, nous nous entendrons toujours suffisamment par rapport au but qu'on se propose en métaphysique et en morale. Pour cette dernière, il n'est pas nécessaire de s'assurer, par exemple, que les mêmes châtiments produisent dans tous les hommes les mêmes sentiments de douleur, et que les mêmes récompenses soient suivies des mêmes sentiments de plaisir. Quelle que soit la variété avec laquelle les causes du plaisir et de la douleur affectent les hommes de différent tempérament, il suffit que le sens de ces mots, *plaisir*, *douleur*, soit si bien arrêté, que personne ne puisse s'y méprendre. Or les circonstances où nous nous trouvons tous les jours ne nous permettent pas de nous tromper dans l'usage que nous sommes obligés de faire de ces termes.

Pour la métaphysique, c'est assez que les sensations représentent de l'étendue, des figures et des couleurs. La variété qui se trouve entre les sensations de deux hommes ne peut occasionner aucune confusion. Que, par exemple, ce que j'appelle *bleu* me paraisse constamment ce que d'autres appellent *vert*, et que ce que j'appelle *vert* me paraisse constamment ce que d'autres appellent *bleu*, nous nous entendrons aussi bien quand nous dirons *les prés sont verts, le ciel est bleu*, que si, à l'occasion de ces objets, nous avions tous les mêmes sensations. C'est qu'alors nous ne voulons dire autre chose, sinon que le ciel et les prés viennent à notre connaissance sous des apparences qui entrent dans notre âme par la vue, et que nous nommons *bleues*, *vertes*. Si l'on voulait faire signifier à ces mots que nous avons précisément les mêmes sensations, ces propositions ce deviendraient pas obscures ; mais elles seraient fausses, ou du moins elles ne seraient pas suffisamment fondées pour être regardées comme certaines.

§. 18. Je crois donc pouvoir conclure que les noms des idées simples, tant ceux des sensations que ceux des opérations de l'âme, peuvent être fort bien déterminés par des circonstances, puisqu'ils le sont déjà si exactement que les enfants ne s'y trompent pas. Un philosophe doit seulement avoir attention, lorsqu'il s'agit des sensations, d'éviter deux erreurs ou les hommes ont coutume de tomber par des jugements précipités ; l'une, c'est de croire que les sensations soient dans les objets ; l'autre, dont nous venons de parler, que les mêmes objets produisent dans chacun de nous les mêmes sensations.

§. 19. Dès que les termes, qui sont les signes des idées simples, sont exacts, rien n'empêche qu'on ne détermine ceux qui appartiennent aux autres idées. Il suffit, pour cela, de fixer le nombre et la qualité des idées simples dont on peut former une notion complexe. Ce qui fait qu'on trouve tant d'obstacles à arrêter dans ces occasions le sens des noms, et qu'après bien des peines on y laisse encore beaucoup d'équivoque et d'obscurité, c'est qu'on prend les mots tels qu'on les trouve dans l'usage auquel on veut absolument se conformer. La morale fournit surtout des expressions si composées, et l'usage, que nous consultons, s'accorde si peu avec lui-même, qu'il est impossible que cette méthode ne nous fasse parler d'une manière peu exacte et ne nous fasse tomber dans bien des contradictions. Un homme qui ne s'appliquerait d'abord à ne considérer que des idées simples, et qui ne les rassemblerait sous des signes qu'à mesure qu'il se familiariserait avec elles, ne courrait certainement pas les mêmes dangers. Les mots les plus composés, dont il serait obligé de se servir, auraient constamment une signification déterminée, parce qu'en choisissant lui-même les idées simples qu'il voudrait leur attacher, et dont il aurait soin de fixer le nombre, il renfermerait le sens de chacun dans des limites exactes.

§. 20. Mais si l'on ne veut renoncer à la vaine science de ceux qui rapportent les mots à des réalités qu'ils ne connaissent pas, il est inutile de penser à donner de la précision au langage. L'arithmétique n'est démontrée dans toutes ses parties que parce que nous avons une idée exacte de l'unité, et que, par l'art avec lequel nous nous servons des signes, nous déterminons combien de fois l'unité est ajoutée à elle-même dans les nombres les plus composés. Dans d'autres sciences on veut, avec des expressions vagues et obscures, raisonner sur des idées complexes et en découvrir les rapports. Pour sentir combien cette conduite est peu raisonnable, on n'a qu'à juger où nous en serions si les hommes avaient pu mettre l'arithmétique dans la confusion où se trouvent la métaphysique et la morale.

§. 21. Les idées complexes sont l'ouvrage de l'esprit : si elles sont défectueuses, c'est parce que nous les avons mal faites : le seul moyen pour les corriger, c'est de les refaire. Il faut donc reprendre les matériaux de nos connaissances, et les mettre en œuvre comme s'ils n'avaient pas encore été employés. Pour cette fin, il est à propos, dans les commencements, de n'attacher aux sons que le plus petit nombre d'idées simples qu'il sera possible ; de choisir celles que tout le monde peut apercevoir sans peine, en se plaçant dans les mêmes circonstances que nous ; et de n'en ajouter de nouvelles que quand on se sera familiarisé avec les premières, et qu'on se trouvera dans des circonstances propres à les faire entrer dans l'esprit d'une manière claire et précise. Par là on s'accoutumera à joindre aux mots toutes sortes d'idées simples, en quelque nombre qu'elles puissent être.

La liaison des idées avec les signes est une habitude qu'on ne saurait contracter tout d'un coup, principalement s'il en résulte des notions fort composées. Les enfants ne parviennent que fort tard à avoir des idées précises des nombres 1 000, 10 000, etc. Ils ne peuvent les acquérir que par un long et fréquent usage, qui leur apprend à multiplier l'unité, et à fixer chaque collection par des noms particuliers. Il nous sera également impossible, parmi la quantité d'idées complexes qui appartiennent à la métaphysique et à la morale, de donner de la précision aux termes que nous aurons choisis, si nous voulons, dès la première fois et sans autre précaution, les charger d'idées simples. Il nous arrivera de les prendre tantôt dans un sens et bientôt après dans un autre, parce que, n'ayant gravé que superficiellement dans notre esprit les collections d'idées, nous y ajouterons ou nous en retrancherons souvent quelque chose, sans nous en apercevoir. Mais si nous commençons à ne lier aux mots que peu d'idées, et si nous ne passons à de plus grandes collections qu'avec beaucoup d'ordre, nous nous accoutumerons à composer nos notions de plus en plus, sans les rendre moins fixes et moins assurées.

§. 22. Voilà la méthode que j'ai voulu suivre, principalement dans la troisième section de cet ouvrage. Je n'ai pas commencé par exposer les noms des opérations de l'âme, pour les définir ensuite : mais je me suis appliqué à me placer dans les circonstances les plus propres à m'en faire remarquer le progrès ; et, à mesure que je me suis fait des idées qui ajoutaient aux précédentes, je les ai fixées par des noms en me conformant à l'usage, toutes les fois que je l'ai pu, sans inconvénient.

§. 23. Nous avons deux sortes de notions complexes : les unes sont celles que nous formons sur des modèles ; les autres sont certaines combinaisons d'idées simples que l'esprit joint par un effet de son propre choix.

Étienne Bonnot de Condillac

Ce serait se proposer une méthode inutile dans la pratique, et même dangereuse, que de vouloir se faire des notions des substances, en rassemblant arbitrairement certaines idées simples. Ces notions nous représenteraient des substances qui n'existeraient nulle part, rassembleraient des propriétés qui ne seraient nulle part rassemblées, sépareraient celles qui seraient réunies, et ce serait un effet du hasard si elles se trouvaient quelquefois conformes à des modèles. Pour rendre les noms des substances clairs et précis, il faut donc consulter la nature, et ne leur faire signifier que les idées simples que nous observerons exister ensemble.

§. 24. Il y a encore d'autres idées qui appartiennent aux substances, et qu'on nomme abstraites. Ce ne sont, comme je l'ai déjà dit, que des idées plus ou moins simples, auxquelles nous donnons notre attention en cessant de penser aux autres idées simples qui coexistent avec elles. Si nous cessons de penser à la substance des corps comme étant actuellement colorée et figurée, et que nous ne la considérions que comme quelque chose de mobile, de divisible, d'impénétrable et d'une étendue indéterminée, nous aurons l'idée de la matière : idée plus simple que celle des corps, dont elle n'est qu'une abstraction, quoiqu'il ait plu à bien des philosophes de la réaliser. Si ensuite nous cessons de penser à la mobilité de la matière, à sa divisibilité et à son impénétrabilité, pour ne réfléchir que sur son étendue indéterminée, nous nous formerons l'idée de l'espace pur, laquelle est encore plus simple. Il en est de même de toutes les abstractions, par où il paraît que les noms des idées les plus abstraites sont aussi faciles à déterminer que ceux des substances mêmes.

§. 25. Pour déterminer les notions archétypes, c'est-à-dire, celles que nous avons des actions des hommes et de toutes les choses qui sont du ressort de la morale, de la jurisprudence et des arts, il faut se conduire tout autrement que pour celles des substances. Les législateurs n'avaient point de modèles quand ils ont réuni la première fois certaines idées simples, dont ils ont composé les lois, et quand ils ont parlé de plusieurs actions humaines avant d'avoir considéré s'il y en avait des exemples quelque part. Les modèles des arts ne se sont pas non plus trouvés ailleurs que dans l'esprit des premiers inventeurs. Les substances telles que nous les connaissons ne sont que certaines collections de propriétés qu'il ne dépend point de nous d'unir ni de séparer, et qu'il ne nous importe de connaître qu'autant qu'elles existent, et que de la manière qu'elles existent. Les actions des hommes sont des combinaisons qui varient sans cesse, et dont il est souvent de notre intérêt d'avoir des idées, avant que nous en ayons vu des modèles. Si nous non formions les notions qu'à mesure que l'expérience les ferait venir à notre connaissance, ce serait souvent trop tard. Nous sommes donc obligés de nous y prendre différemment : ainsi nous réunissons ou séparons à notre choix certaines idées simples, ou bien nous adoptons les combinaisons que d'autres ont déjà faites.

§. 26. Il y a cette différence entre les notions des substances et les notions archétypes, que nous regardons celles-ci comme des modèles auxquels nous rapportons les choses extérieures, et que celles-là ne sont que des copies de ce que nous apercevons hors de nous. Pour la vérité des premières, il faut que les combinaisons de notre esprit soient conformes à ce qu'on remarque dans les choses ; pour la vérité des secondes, il suffit qu'au-dehors les combinaisons en puissent être, telles qu'elles sont dans notre esprit. La notion de la justice serait vraie, quand même on ne trouverait point d'action juste, parce que sa vérité consiste dans une collection d'idées, qui ne dépend point de ce qui se passe hors de nous. Celle du fer n'est vraie qu'autant qu'elle est conforme à ce métal, parce qu'il en doit être le modèle.

Par ce détail sur les idées archétypes, il est facile de s'apercevoir qu'il ne tiendra qu'à nous de fixer la signification de leurs noms, parce qu'il dépend de nous de déterminer les idées simples dont nous avons nous-mêmes formé des collections. On conçoit aussi que les autres entreront dans nos pensées, pourvu que nous les mettions dans des circonstances où les mêmes idées simples soient l'objet de leur esprit comme du nôtre, et où ils soient engagés à les réunir sous les mêmes noms que nous les aurons rassemblées.

Voilà les moyens que j'avais à proposer pour donner au langage toute la clarté et toute la précision dont il est susceptible. Je n'ai pas cru qu'il fallût rien changer aux noms des idées simples, parce que le sens m'en a paru suffisamment déterminé par l'usage. Pour les idées complexes, elles sont faites avec si peu d'exactitude, qu'on ne peut se dispenser d'en reprendre les matériaux, et d'en faire de nouvelles combinaisons, sans égard pour celles qui ont été faites.

Étienne Bonnot de Condillac

Elles sont toutes l'ouvrage de l'esprit, celles, qui sont le plus exactes, comme celles qui le sont le moins : si nous avons réussi dans quelques-unes, nous pouvons donc réussir dans les autres, pourvu que nous nous conduisions toujours avec la même adresse.

CHAPITRE III.
De l'ordre qu'on doit suivre dans la recherche de la vérité.

§. 27. IL me semble qu'une méthode qui a conduit à une vérité peut conduire à une seconde, et que la meilleure doit être la même pour toutes les sciences. Il suffirait donc de réfléchir sur les découvertes qui ont été faites pour apprendre à en faire de nouvelles. Les plus simples seraient les plus propres à cet effet, parce qu'on remarquerait avec moins de peine les moyens qui ont été mis en usage ; ainsi je prendrai pour exemple les notions élémentaires des mathématiques, et je suppose que nous fussions dans le cas de les acquérir pour la première fois.

§. 28. Nous commencerions sans doute par nous faire l'idée de l'unité ; et, l'ajoutant plusieurs fois à elle-même, nous en formerions des collections que nous fixerions par des signes. Nous répéterions cette opération, et, par ce moyen, nous aurions bientôt sur les nombres autant d'idées complexes que nous souhaiterions d'en avoir. Nous réfléchirions ensuite sur la manière dont elles se sont formées ; nous en observerions les progrès, et nous apprendrions infailliblement les moyens de les décomposer. Dès lors nous pourrions comparer les plus complexes avec les plus simples, et découvrir les propriétés des unes et des autres.

Dans cette méthode les opérations de l'esprit n'auraient pour objet que des idées simples ou des idées complexes que nous aurions formées, et dont nous connaîtrions parfaitement la génération. Nous ne trouverions donc point d'obstacle à découvrir les premiers rapports des grandeurs. Ceux-là connus, nous verrions plus facilement ceux qui les suivent immédiatement, et qui ne manqueraient pas de nous en faire apercevoir d'autres. Ainsi, après avoir commencé par les plus simples, nous nous élèverions insensiblement aux plus composés, et nous nous ferions une suite de connaissances qui dépendraient si fort les unes des autres, qu'on ne pourrait arriver aux plus éloignées que par celles qui les auraient précédées.

§. 29. Les autres sciences, qui sont également à la portée de l'esprit humain, n'ont pour principes que des idées simples, qui nous viennent par sensation et par réflexion. Pour en acquérir les notions complexes, nous n'avons, comme dans les mathématiques, d'autre moyen que de réunir les idées simples en différentes collections. Il y faut donc suivre le même ordre dans le progrès des idées, et apporter la même précaution dans le choix des signes.

Bien des préjugés s'opposent à cette conduite ; mais voici le moyen que j'ai imaginé pour s'en garantir.

C'est dans l'enfance que nous nous sommes imbus des préjugés qui retardent les progrès de nos connaissances et qui nous font tomber dans l'erreur. Un homme, que Dieu créerait d'un tempérament mûr, et avec des organes si bien développés qu'il aurait, dès les premiers instants, un parfait usage de la raison, ne trouverait pas, dans la recherche de la vérité, les mêmes obstacles que nous. Il n'inventerait des signes qu'à mesure qu'il éprouverait de nouvelles sensations, et qu'il ferait de nouvelles réflexions ; il combinerait ses premières idées selon les circonstances où il se trouverait ; il fixerait chaque collection par des noms particuliers ; et, quand il voudrait comparer deux notions complexes, il pourrait aisément les analyser, parce qu'il ne trouverait point de difficulté à les réduire aux idées simples dont il les aurait lui-même formées. Ainsi, n'imaginant des mots qu'après s'être fait des idées, ses notions seraient toujours exactement déterminées, et sa langue ne serait point sujette aux obscurités et aux équivoques des nôtres. Imaginons-nous donc être à la place de cet homme, passons par toutes les circonstances où il doit se trouver ; voyons avec lui ce qu'il sent : formons les mêmes réflexions ; acquérons les mêmes idées, analysons-les avec le même soin, exprimons-les par de pareils signes, et faisons-nous, pour ainsi dire, une langue toute nouvelle.

§. 3o. En ne raisonnant, suivant cette méthode, que sur des idées simples, ou sur des idées complexes qui seront l'ouvrage de l'esprit, nous aurons deux avantages ; le premier, c'est que, connaissant la génération des idées sur lesquelles nous méditerons, nous n'avancerons point que nous ne sachions où nous sommes, comment nous y sommes venus, et comment nous pourrions retourner sur nos pas ; le second, c'est que, dans chaque matière, nous verrons sensiblement quelles sont les bornes de nos connaissances ; car nous les trouverons lorsque les sens cesseront de nous fournir des idées, et que, par conséquent, l'esprit ne pourra plus former de notions. Or, rien ne me paraît plus important que de discerner les choses auxquelles nous pouvons nous appliquer avec succès, de celles où nous ne pouvons qu'échouer. Pour n'en avoir pas su faire la différence, les philosophes ont souvent perdu à examiner des questions insolubles un temps qu'ils auraient pu employer à des recherches utiles. On en voit un exemple dans les efforts qu'ils ont faits pour expliquer l'essence et la nature des êtres.

§. 31. Toutes les vérités se bornent aux rapports qui sont entre des idées simples, entre des idées complexes, et entre une idée simple et une idée complexe. Par la méthode que je propose, on pourra éviter les erreurs où l'on tombe dans la recherche des unes et des autres.

Les idées simples ne peuvent donner lieu à aucune méprise. La cause de nos erreurs vient de ce que nous retranchons d'une idée quelque chose qui lui appartient, parce que nous ne voyons pas toutes les parties ; ou de ce que nous lui ajoutons quelque chose qui ne lui appartient pas, parce, que notre imagination juge précipitamment qu'elle renferme ce qu'elle ne contient point. Or nous ne pouvons rien retrancher d'une idée simple, puisque nous n'y distinguons point de parties ; et nous n'y pouvons rien ajouter, tant que nous la considérons comme simple, puisqu'elle perdrait sa simplicité.

Ce n'est que dans l'usage des notions complexes qu'on pourrait se tromper, soit en ajoutant, soit en retranchant quelque chose mal à propos. Mais si nous les avons faites avec les précautions que je demande, il suffira, pour éviter les méprises, d'en reprendre la génération ; car, par ce moyen, nous y verrons ce qu'elles renferment, et rien de plus ni de moins. Cela étant, quelques comparaisons que nous fassions des idées simples et des idées complexes, nous ne leur attribuerons jamais d'autres rapports que ceux qui leur appartiennent.

§. 32. Les philosophes ne font des raisonnements si obscurs et si confus, que parce qu'ils ne soupçonnent pas qu'il y ait des idées qui soient l'ouvrage de l'esprit, ou que, s'ils le soupçonnent, ils sont incapables d'en découvrir la génération. Prévenus que les idées sont innées, ou que, telles qu'elles sont, elles ont été bien faites, ils croient n'y devoir rien changer, et les prennent telles que le hasard les présente. Comme on ne peut bien analyser que les idées qu'on a soi-même formées avec ordre, leurs analyses, ou plutôt leurs définitions sont presque toujours défectueuses. Ils étendent ou restreignent mal à propos la signification de leurs termes, ils la changent sans s'en apercevoir, ou même ils rapportent les mots à des notions vagues et à des réalités inintelligibles. Il faut, qu'on me permette de le répéter, il faut donc se faire une nouvelle combinaison d'idées ; commencer par les plus simples que les sens transmettent ; en former des notions complexes qui, en se combinant à leur tour, en produiront d'autres, et ainsi de suite. Pourvu que nous consacrions des noms distincts à chaque collection, cette méthode ne peut manquer de nous faire éviter l'erreur.

§. 33. Descartes a eu raison de penser que, pour arriver à des connaissances certaines, il fallait commencer par rejeter toutes celles que nous croyons avoir acquises ; mais il s'est trompé, lorsqu'il a cru qu'il suffisait pour cela de les révoquer en doute. Douter si deux et deux font quatre, si l'homme est un animal raisonnable, c'est avoir des idées de deux, de quatre, d'homme, d'animal et de raisonnable. Le doute laisse donc subsister les idées telles qu'elles sont : ainsi nos erreurs venant de ce que nos idées ont été mal faites, il ne les saurait prévenir. Il peut, pendant un temps, nous faire suspendre nos jugements ; mais enfin nous ne sortirons d'incertitude qu'en consultant les idées qu'il n'a pas détruites ; et, par conséquent, si elles sont vagues, mal déterminées, elles nous égareront comme auparavant. Le doute de Descartes est donc inutile. Chacun peut éprouver par lui-même qu'il est encore impraticable ; car, si l'on compare des idées familières et bien déterminées, il n'est pas possible de douter des rapports qui sont entre elles. Telles sont, par exemple, celles des nombres.

§. 34. Si ce philosophe n'avait pas été prévenu pour les idées innées, il aurait vu que l'unique moyen de se faire un nouveau fonds de connaissances, était de détruire les idées mêmes pour les reprendre à leur origine, c'est-à-dire, aux sensations. Par là, on peut remarquer une grande différence entre dire avec lui qu'il faut commencer par les choses les plus simples, ou, suivant ce qu'il m'en paraît, par les idées les plus simples que les sens transmettent. Chez lui les choses les plus simples sont des idées innées, des principes généraux et des notions abstraites, qu'il regarde comme la source de nos connaissances. Dans la méthode que je propose, les idées les plus simples sont les premières idées particulières qui nous viennent par sensation et par réflexion. Ce sont les matériaux de nos connaissances, que nous combinerons selon les circonstances, pour en former des idées complexes, dont l'analyse nous découvrira les rapports. Il faut remarquer que je ne me borne pas à dire qu'on doit commencer par les idées les plus simples ; mais je dis par les idées les plus simples *que les sens transmettent,* ce que j'ajoute afin qu'on ne les confonde pas avec les notions abstraites, ni avec les principes généraux des philosophes. L'idée du solide, par exemple, toute complexe qu'elle est, est une des plus simples qui viennent immédiatement des sens. A mesure qu'on la décompose, on se forme des idées plus simples qu'elle, et qui s'éloignent dans la même proportion de celles que les sens transmettent. On la voit diminuer dans la surface, dans la ligne, et disparaître entièrement dans le point [1].

§. 35. Il y a encore une différence entre la méthode de Descartes, et celle que j'essaie d'établir. Selon lui, il faut commencer par définir les choses, et regarder les définitions comme des principes propres à en faire découvrir les propriétés. Je crois, au contraire, qu'il faut commencer par chercher les propriétés, et il me paraît que c'est avec fondement. Si les notions que nous sommes capables d'acquérir ne sont, comme je l'ai fait voir, que différentes collections d'idées simples que l'expérience nous a fait rassembler sous certains noms, il est bien plus naturel de les former en cherchant les idées dans le même ordre que l'expérience les donne, que de commencer par les définitions, pour déduire ensuite les différentes propriétés des choses.

§. 36. Par ce détail, on voit que l'ordre qu'on doit suivre dans la recherche de la vérité est le même que j'ai déjà eu occasion d'indiquer, en parlant de l'analyse. Il consiste à remonter à l'origine des idées, à en développer la génération et à en faire différentes compositions ou décompositions, pour les comparer par tous les

---

1 Je prends les mots de *surface, ligne, point* dans le sens des géomètres.

SECONDE PARTIE

côtés qui peuvent en montrer les rapports. Je vais dire un mot sur la conduite qu'il me paraît qu'on doit tenir, pour rendre son esprit aussi propre aux découvertes qu'il peut l'être.

§. 37. Il faut commencer par se rendre compte des connaissances qu'on a sur la matière qu'on veut approfondir, en développer la génération, et en déterminer exactement les idées. Pour une vérité qu'on trouve par hasard, et dont ou ne peut même s'assurer, on court risque, lorsqu'on n'a que des idées vagues, de tomber dans bien des erreurs.

Les idées étant déterminées, il faut les comparer ; mais, parce que la comparaison ne s'en fait pas toujours avec la même facilité, il est important de savoir nous servir de tout ce qui peut nous être de quelque secours. Pour cela, on doit remarquer que, selon les habitudes que l'esprit s'est faites, il n'y a rien qui ne puisse nous aider à réfléchir. C'est qu'il n'est point d'objets auxquels nous n'ayons le pouvoir de lier nos idées, et qui, par conséquent, ne soient propres à faciliter l'exercice de la mémoire et de l'imagination. Tout consiste à savoir former ces liaisons conformément au but qu'on se propose, et aux circonstances où l'on se trouve. Avec cette adresse, il ne sera pas nécessaire d'avoir, comme quelques philosophes, la précaution de se retirer dans des solitudes, ou de s'enfermer dans un caveau, pour y méditer à la lueur d'une lampe. Ni le jour, ni les ténèbres, ni le bruit, ni le silence, rien ne peut mettre obstacle à l'esprit d'un homme qui sait penser.

§. 38. Voici deux expériences que bien des personnes pourront avoir faites. Qu'on se recueille dans le silence et dans l'obscurité, le plus petit bruit ou la moindre lueur suffira pour distraire, si l'on est frappé de l'un ou de l'autre au moment qu'on ne s'y attendait point. C'est que les idées dont on s'occupe se lient naturellement avec la situation où l'on se trouve, et qu'en conséquence les perceptions qui sont contraires à cette situation ne peuvent survenir qu'aussitôt l'ordre des idées ne soit troublé. On peut remarquer la même chose dans une supposition toute différente. Si, pendant le jour et au milieu du bruit ; je réfléchis sur un objet, ce sera assez pour me donner une distraction que la lumière ou le bruit cesse tout-à-coup. Dans ce cas, comme dans le premier, les nouvelles perceptions que j'éprouve sont tout-à-fait contraires à l'état où j'étais auparavant. L'impression subite qui se fait en moi doit donc encore

Étienne Bonnot de Condillac

interrompre la suite de mes idées.

Cette seconde expérience fait voir que la lumière et le bruit ne sont pas un obstacle à la réflexion : je crois même qu'il ne faudrait que de l'habitude pour en tirer de grands secours. Il n'y a proprement que les révolutions inopinées qui puissent nous distraire. Je dis *inopinées* ; car quels que soient les changements qui se font autour de nous, s'ils n'offrent rien à quoi nous ne devions naturellement nous attendre, ils ne font que nous appliquer plus fortement à l'objet dont nous voulions nous occuper. Combien de choses différentes ne rencontre-t-on pas quelquefois dans une même campagne ? Des coteaux abondants, des plaines arides, des rochers qui se perdent dans les nues, des bois, où le bruit et le silence, la lumière et les ténèbres se succèdent alternativement, etc. Cependant les poètes éprouvent tous les jours que cette variété les inspire ; c'est qu'étant liée avec les plus belles idées dont la poésie se pare ; elle ne peut manquer de les réveiller. La vue, par exemple, d'un coteau abondant retrace le chant des oiseaux, le murmure des ruisseaux, le bonheur des bergers, leur vie douce et paisible, leurs amours, leur constance, leur fidélité, la pureté de leurs mœurs, etc. Beaucoup d'autres exemples pourraient prouver que l'homme ne pense qu'autant qu'il emprunte des secours, soit des objets qui lui frappent les sens, soit de ceux dont son imagination lui retrace les images.

§. 39. J'ai dit que l'analyse est l'unique secret des découvertes ; mais, demandera-t-on, quel est celui de l'analyse ? La liaison des idées. Quand je veux réfléchir sur un objet, je remarque d'abord que les idées que j'en ai sont liées avec celles que je n'ai pas et que je cherche. J'observe ensuite que les unes et les autres peuvent se combiner de bien des manières, et que, selon que les combinaisons varient, il y a entre les idées plus ou moins de liaison. Je puis donc supposer une combinaison, où la liaison est aussi grande qu'elle peut l'être ; et plusieurs autres où la liaison va en diminuant, en sorte qu'elle cesse enfin d'être sensible. Si j'envisage un objet par un endroit qui n'a point de liaison sensible avec les idées que je cherche, je ne trouverai rien. Si la liaison est légère, je découvrirai peu de chose ; mes pensées ne me paraîtront que l'effet d'une application violente, ou même du hasard ; et une découverte faite de la sorte me fournira peu de lumière pour arriver à d'autres.

SECONDE PARTIE

Mais que je considère un objet par le côté qui a le plus de liaison avec les idées que je cherche, je découvrirai tout ; l'analyse se fera presque sans effort de ma part ; et, à mesure que j'avancerai dans la connaissance de la vérité, je pourrai observer jusqu'aux ressorts les plus subtils de mon esprit, et, par là, apprendre l'art de faire de nouvelles analyses.

Toute la difficulté se borne à savoir comment on doit commencer pour saisir les idées selon leur plus grande liaison. Je dis que la combinaison où cette liaison se rencontre est celle qui se conforme à la génération même des choses. Il faut, par conséquent, commencer par l'idée première qui a dû produire toutes les autres. Venons à un exemple.

Les Scholastiques et les Cartésiens n'ont connu ni l'origine, ni la génération de nos connaissances : c'est que le principe des idées innées et la notion vague de l'entendement d'où ils sont partis n'ont aucune liaison avec cette découverte. Locke a mieux réussi parce qu'il a commencé aux sens ; et il n'a laissé des choses imparfaites dans son ouvrage que parce qu'il n'a pas développé les premiers progrès des opérations de l'âme. J'ai essayé de faire ce que ce philosophe avait oublié ; je suis remonté à la première opération de l'âme, et j'ai, ce me semble, non seulement donné une analyse complète de l'entendement, mais j'ai encore découvert l'absolue nécessité des signes et le principe de la liaison des idées.

Au reste, on ne pourra se servir avec succès de la méthode que je propose qu'autant qu'on pourra prendre toutes sortes de précautions afin de n'avancer qu'à mesure qu'on déterminera exactement ses idées. Si on passe trop légèrement sur quelques-unes, on se trouvera arrêté, par des obstacles qu'on ne vaincra qu'en revenant à ses premières notions pour les déterminer mieux qu'on n'avait fait.

§. 40. Il n'y a personne qui ne tire quelquefois de son propre fonds des pensées, qu'il ne doit qu'à lui, quoique peut-être elles ne soient pas neuves. C'est dans ces moments qu'il faut rentrer en soi, pour réfléchir sur tout ce qu'on éprouve. Il faut remarquer les impressions qui se faisaient sur les sens, la manière dont l'esprit était affecté, le progrès de ses idées, en un mot, toutes les circonstances qui ont pu faire naître une pensée qu'on ne doit qu'à sa propre réflexion. Si l'on veut s'observer plusieurs fois de la sorte, on ne manquera pas de découvrir quelle est la marche naturelle de son esprit. On connaîtra, par conséquent, les moyens qui sont les plus propres à le faire réfléchir ; et même, s'il s'est fait quelque habitude contraire à l'exercice de ses opérations, on pourra peu-à-peu l'en corriger.

§. 41. On reconnaîtrait facilement ses défauts, si on pouvait remarquer que les plus grands hommes en ont eu de semblables. Les philosophes auraient suppléé à l'impuissance où nous sommes, pour la plupart, de nous étudier nous-mêmes, s'ils nous avaient laissé l'histoire des progrès de leur esprit. Descartes l'a fait, et c'est une des grandes obligations que nous lui ayons. Au lieu d'attaquer directement les Scholastiques, il représente le temps où il était dans les mêmes préjugés ; il ne cache point les obstacles qu'il a eus à surmonter pour s'en dépouiller ; il donne les règles d'une méthode beaucoup plus simple qu'aucune de celles qui avaient été en usage jusqu'à lui ; laisse entrevoir les découvertes qu'il croit avoir faites ; et prépare, par cette adresse, les esprits à recevoir les nouvelles opinions qu'il se proposait d'établir [1]. Je crois que cette conduite a eu beaucoup de part à la révolution dont ce philosophe est l'auteur.

§. 42. Rien ne serait plus important que de conduire les enfants de la manière dont je viens de remarquer que nous devrions nous conduire nous-mêmes. On pourrait, en jouant avec eux, donner aux opérations de leur âme tout l'exercice dont elles sont susceptibles, si, comme je le viens de dire, il n'est point d'objet qui n'y soit propre. On pourrait même insensiblement leur faire prendre l'habitude de les régler avec ordre. Quand, par la suite, l'âge et les circonstances changeraient les objets de leurs occupations, leur esprit serait parfaitement développé, et se trouverait de bonne heure une sagacité que, par toute autre méthode, il n'aurait que fort tard, ou même jamais. Ce n'est donc ni le latin, ni l'histoire, ni la géographie, etc., qu'il faut apprendre aux enfants... De quelle utilité peuvent être ces sciences dans un âge où l'on ne sait pas encore penser ? Pour moi, je plains les enfants dont on admire le savoir ? et je prévois le moment où l'on sera surpris de leur médiocrité, ou peut-être de leur bêtise. La première chose qu'on devrait avoir en vue, ce, serait, encore un coup, de donner à leur esprit l'exercice de toutes ses opérations ; et, pour cela, il ne faudrait pas aller chercher

---

1 Voyez sa Méthode.

SECONDE PARTIE

des objets qui leur sont étrangers : un badinage pourrait en fournir les moyens.

§. 43. Les philosophes ont souvent demandé s'il y a un premier principe de nos connaissances. Les uns n'en ont supposé qu'un, les autres deux ou même davantage. Il me semble que chacun peut, par sa propre expérience, s'assurer de la vérité de celui qui sert de fondement à tout cet ouvrage. Peut-être même se convaincra-t-on que la liaison des idées est, sans comparaison, le principe le plus simple, le plus lumineux et le plus fécond. Dans le temps même qu'on n'en remarquait pas l'influence, l'esprit humain lui devait tous ses progrès.

§. 44. Voilà les réflexions que j'avais faites sur la méthode, quand je lus, pour la première fois, le chancelier Bacon. Je fus aussi flatté de m'être rencontré en quelque chose avec ce grand homme, que je fus surpris que les Cartésiens n'en eussent rien emprunté. Personne n'a mieux connu que lui la cause de nos erreurs ; car il a vu que les idées, qui sont l'ouvrage de l'esprit, avaient été mal faites, et que, par conséquent, pour avancer dans la recherche de la vérité, il fallait les refaire. C'est un conseil qu'il répète souvent [1]. Mais pouvait-on l'écouter ? Prévenu, comme on l'était, pour le jargon de l'école et pour les idées innées, ne devait-on pas traiter de chimérique le projet de renouveler l'entendement humain ? Bacon proposait une méthode trop parfaite, pour être l'auteur d'une révolution ; et celle de Descartes devait réussir, parce qu'elle laissait subsister une partie des erreurs. Ajoutez à cela que le philosophe anglais avait des occupations qui ne lui permettaient pas d'exécuter lui-même ce qu'il conseillait aux autres ; il était donc obligé de se borner à donner des avis qui ne pouvaient faire qu'une légère impression sur des esprits incapables d'en sentir la solidité. Descartes,

---

1 Nemo, dit-il, adhuc tanta mentis constantia et rigore inventus est, ut decreverit et sibi imposuerit, theorias et notiones communes penitus abolere, et intellectum abrasum et æquum ad particularia de integro applicare. Itaque illa ratio humana quam habemus, ex multa fide, et multo etiam casu, nec non ex puerilibus, quas primo hausimus, notionibus, farrago quædam est et congeries. Quod si quis ætate matura, et sensibus integris, et mente repurgata, se ad experientiam et ad particularia de integro applicet, de eo melius sperandum est.... Non est spes nisi in regeneratione scientiarum, ut eæ scilicet ab experientia certo ordine excitentur et rursus condantur : quod adhuc factum esse aut cogitatum, nemo, ut arbitramur, affirmaverit. C'est là un des aphorismes de l'ouvrage dont j'ai parlé dans mon Introduction.

Étienne Bonnot de Condillac

au contraire, livré entièrement à la philosophie, et ayant une imagination plus vive et plus féconde, n'a quelquefois substitué aux erreurs des autres que des erreurs plus séduisantes : elles n'ont pas peu contribué à sa réputation.

CHAPITRE IV.
De l'ordre qu'on doit suivre dans l'exposition de la vérité.

§. 45. CHACUN sait que l'art ne doit pas paraître dans un ouvrage ; mais peut-être ne sait-on pas également que ce n'est qu'à force d'art qu'on peut le cacher. Il y a bien des écrivains qui, pour être plus faciles et plus naturels, croient ne devoir s'assujettir à aucun ordre : cependant, si par la belle nature on entend la nature sans défaut, il est évident qu'on ne doit pas chercher à l'imiter par des négligences, et que l'art ne peut disparaître que lorsqu'on en a assez pour les éviter.

§. 46. Il y a d'autres écrivains qui mettent beaucoup d'ordre dans leurs ouvrages : ils les divisent et sous-divisent avec soin ; mais on est choqué de l'art qui perce de toutes parts. Plus ils cherchant l'ordre, plus ils sont secs, rebutants et difficiles à entendre : c'est parce qu'ils n'ont pas su choisir celui qui est le plus naturel à la matière qu'ils traitent. S'ils l'eussent choisi, ils auraient exposé leurs pensées d'une manière si claire et si simple, que le lecteur les eût comprises trop facilement, pour se douter des efforts qu'ils auraient été obligés de faire. Nous sommes portés à croire les choses faciles ou difficiles pour les autres, selon qu'elles sont l'un ou l'autre à notre égard ; et nous jugeons naturellement de la peine qu'un écrivain a eue à s'exprimer par celle que nous avons à l'entendre.

§. 47. L'ordre naturel à la chose ne peut jamais nuire. Il en faut jusque dans les ouvrages qui sont faits dans l'enthousiasme, dans une ode, par exemple : non qu'on y doive raisonner méthodiquement ; mais il faut se conformer à l'ordre dans lequel s'arrangent les idées qui caractérisent chaque passion. Voilà, ce me semble en quoi consistent toute la force et toute la beauté de ce genre de poésie.

S'il s'agit des ouvrages de raisonnement, ce n'est qu'autant qu'un auteur y met de l'ordre qu'il peut s'apercevoir des choses qui ont été oubliées, ou de celles qui n'ont point été assez approfondies. J'en ai souvent fait l'expérience. Cet essai, par exemple, était achevé, et cependant je ne connaissais pas encore dans toute son étendue le principe de la liaison des idées. Cela provenait uniquement d'un morceau d'environ deux pages, qui n'était pas à la place où il devait être.

§. 48. L'ordre nous plaît, la raison m'en paraît bien simple : c'est qu'il rapproche les choses, qu'il les lie, et que, par ce moyen, facilitant l'exercice des opérations de l'âme, il nous met en état de remarquer sans peine les rapports qu'il nous est important d'apercevoir dans les objets qui nous touchent. Notre plaisir doit augmenter à proportion que nous concevons plus facilement les choses qu'il est de notre intérêt de connaître.

§. 49. Le défaut d'ordre plaît aussi quelquefois ; mais cela dépend de certaines situations où l'âme se trouve. Dans ces moments de rêverie, où l'esprit, trop paresseux pour s'occuper longtemps des mêmes pensées, aime à les voir flotter au hasard, on se plaira, par exemple, beaucoup plus dans une campagne que dans les plus beaux jardins ; c'est que le désordre qui y règne paraît s'accorder mieux avec celui de nos idées, et qu'il entretient notre rêverie, en nous empêchant de nous arrêter sur une même pensée. Cet état de l'âme est même assez voluptueux, surtout lorsqu'on en jouit après un long travail.

Il y a aussi des situations d'esprit favorables à la lecture des ouvrages qui n'ont point d'ordre. Quelquefois, par exemple, je lis Montaigne avec beaucoup de plaisir ; d'autres fois, j'avoue que je ne puis le supporter. Je ne sais si d'autres ont fait la même expérience ; mais, pour moi, je ne voudrais pas être condamné à ne lire jamais que de pareils écrivains. Quoi qu'il en soit l'ordre a l'avantage de plaire plus constamment ; le défaut d'ordre ne plaît que par intervalles, et il n'y a point de règles pour en assurer le succès. Montaigne est donc bien heureux d'avoir réussi, et l'on serait bien hardi de vouloir l'imiter.

§. 50. L'objet de l'ordre, c'est de faciliter l'intelligence d'un ouvrage. On doit donc éviter les longueurs, parce qu'elles lassent l'esprit ; les digressions, parce qu'elles le distraient ; les divisions et les sous-divisions, parce qu'elles l'embarrassent ; et les répétitions, parce qu'elles le fatiguent : une chose dite une seule fois, et où elle doit l'être, est plus claire que répétée ailleurs plusieurs fois.

§. 51. Il faut, dans l'exposition, comme dans la recherche de la vérité, commencer par les idées les plus faciles, et qui viennent immédiatement des sens, et s'élever ensuite par degrés à des idées plus simples ou plus composées. Il me semble que, si l'on saisissait bien le progrès des vérités, il serait inutile de chercher des raisonnements pour les démontrer, et que ce serait assez de les énoncer ; car elles se suivraient dans un tel ordre, que ce que l'une ajouterait à celle qui l'aurait immédiatement précédée serait trop simple pour avoir besoin de preuve. De la sorte on arriverait aux plus compliquées, et l'on s'en assurerait mieux que par toute autre voie. On établirait même une si grande subordination entre toutes les connaissances qu'on aurait acquises, qu'on pourrait, à son gré, aller des plus composées aux plus simples, ou des plus simples aux plus composées. A peine pourrait-on les oublier ; ou du moins, si cela arrivait, la liaison qui serait entre elles faciliterait les moyens de les retrouver.

Mais, pour exposer la vérité dans l'ordre le plus parfait, il faut avoir remarqué celui dans lequel elle a pu naturellement être trouvée ; car la meilleure manière d'instruire les autres, c'est de les conduire par la route qu'on a dû tenir pour s'instruire soi-même. Par ce moyen, on ne paraîtrait pas tant démontrer des vérités déjà découvertes, que de faire chercher et trouver des vérités nouvelles. On ne convaincrait pas seulement le lecteur, mais encore on l'éclairerait ; et, en lui apprenant à faire des découvertes par lui-même, on lui présenterait la vérité sous les jours les plus intéressants. Enfin, on le mettrait en état de se rendre raison de toutes ses démarches ; il saurait toujours où il est, d'où il vient, où il va ; il pourrait donc juger par lui-même de la route que son guide lui tracerait, et en prendre une plus sûre toutes les fois qu'il verrait du danger à le suivre.

§. 52. La nature indique elle-même l'ordre qu'on doit tenir dans l'exposition de la vérité ; car si, toutes nos connaissances viennent des sens, il est évident que c'est aux idées sensibles à préparer l'intelligence des notions abstraites. Est-il raisonnable de commencer par l'idée du possible pour venir à celle de l'existence, ou par l'idée du point, pour passer à celle du solide ? Les éléments des sciences

SECONDE PARTIE

ne seront simples et faciles que quand on aura pris une méthode toute opposée. Si les philosophes ont de la peine à reconnaître cette vérité, c'est parce qu'ils sont dans le préjugé des idées innées, ou parce qu'ils se laissent prévenir pour un usage que le temps paraît avoir consacré. Cette prévention est si générale, que je n'aurai presque pour moi que les ignorants ; mais ici les ignorants sont juges, puisque c'est pour eux que les éléments sont faits. Dans ce genre, un chef-d'œuvre aux yeux des savants remplit mal son objet, si nous ne l'entendons pas.

Les géomètres mêmes, qui devraient mieux connaître les avantages de l'analyse que les autres philosophes, donnent souvent la préférence à la synthèse. Aussi, quand ils sortent de leurs calculs, pour entrer dans des recherches d'une nature différente, on ne leur trouve plus la même clarté, la même précision, ni la même étendue d'esprit. Nous avons quatre métaphysiciens célèbres, Descartes, Malebranche, Leibnitz et Locke. Le dernier est le seul qui ne fut pas géomètre, et de combien n'est-il pas supérieur aux trois autres !

§. 53. Concluons que si l'analyse est la méthode qu'on doit suivre dans la recherche de la vérité, elle est aussi la méthode dont on doit se servir pour exposer les découvertes qu'on a faites : j'ai tâché de m'y conformer.

Ce que j'ai dit sur les opérations de l'âme, sur le langage et sur la méthode, prouve qu'on ne peut perfectionner les sciences qu'en travaillant à en rendre le langage plus exact. Ainsi il est démontré que l'origine et le progrès de nos connaissances dépendent entièrement de la manière dont nous nous servons des signes. J'ai donc eu raison de m'écarter quelquefois de l'usage.

Enfin voici, je pense, à quoi l'on peut réduire tout ce qui contribue au développement de l'esprit humain. Les sens sont la source de nos connaissances : les différentes sensations, la perception, la conscience, la réminiscence, l'attention et l'imagination, ces deux dernières, considérées comme n'étant point encore à notre disposition, en sont les matériaux : la mémoire, l'imagination, dont nous disposons à notre gré, la réflexion et les autres opérations mettent ces matériaux en œuvre : les signes auxquels nous devons l'exercice de ces mêmes opérations sont les instruments dont elles se servent, et la liaison des idées est le premier ressort qui donne le

Étienne Bonnot de Condillac

mouvement à toutes les autres. Je finis par proposer ce problème au lecteur. *L'ouvrage d'un homme étant donné, déterminer le caractère et l'étendue de son esprit, et dire en conséquence non seulement quels sont les talents dont il donne des preuves, mais encore quels sont ceux qu'il peut acquérir : prendre par exemple, la première pièce de Corneille, et démontrer que, quand ce poète la composait, il avait déjà, ou du moins aurait bientôt tout le génie qui lui a mérité de si grands succès.* Il n'y a que l'analyse de l'ouvrage qui puisse faire connaître quelles opérations y ont contribué, et jusqu'à quel degré elles ont eu de l'exercice ; et il n'y a que l'analyse de ces opérations qui puisse faire distinguer les qualités qui sont compatibles dans le même homme, de celles qui ne le sont pas, et par là donner la solution du problème. Je doute qu'il y ait beaucoup de problèmes plus difficiles que celui-là.

Procès-verbal de levée des scellés,
Apposés sur une caisse renfermant des livres et manuscrits trouvés après le décès de l'abbé de MABLY.

L'AN quatre de la République, une et indivisible, le vingt-deux : prairial, quatre heures du soir, nous Frédéric-Marie-Michel Fariau, Juge-de-paix de la section de l'Homme-Armé à Paris, assisté du citoyen Bidault, notre Greffier ; en conséquence d'une lettre missive du Ministre de l'Intérieur, au citoyen Commendeur, Huissier-priseur, en date du vingt-trois floréal dernier, et d'une autre en date du treize prairial, présent mois, du Directeur général de l'instruction publique, au citoyen Arnoux, ci-après nommé, lesquelles deux lettres sont demeurées, ci-annexées, après avoir été signées et paraphées ; savoir : celle du Ministre de l'Intérieur, par le citoyen Commandeur, et celle du Directeur général de l'instruction publique, par le citoyen Arnoux ; nous sommes transportés rue Croix de la Bretonnerie, n°. 56, dans l'étendue de cette section, où, étant montés au premier étage, entrés dans un appartement occupé par ledit citoyen Commandeur, nous y avons trouvé Jacques Philibert Commendeur, Huissier-Priseur à Paris, y demeurant dans les lieux où nous sommes.

Lequel nous a dit que, par la clôture de l'inventaire, en date au commencement du deux mai, mil sept cent quatre-vingt-cinq, et enfin du six du même mois, fait par Bontemps et son collègue, Notaires a Paris, après le décès de Gabriel Bonnot de MABLY ; il a été chargé, à titre de dépôt, des manuscrits dudit feu de MABLY, et de ceux du sieur Bonnot, abbé de CONDILLAC, son frère ; que depuis ce temps les prétendants à la propriété de ces manuscrits ne se sont point mis en mesure pour retirer ce dépôt de ses mains, que le Ministre de l'Intérieur, instruit que ces manuscrits étaient en sa garde, l'a invité, par sa lettre du 23 floréal, sus-énoncée, de remettre la caisse dans laquelle sont renfermés les manuscrits dont il s'agit, sous les scellés du sieur Carré, lors Commissaire au ci-devant Châtelet de Paris, à la direction générale de l'instruction publique, afin que les volumes y déposés puissent servir à perfectionner l'édition complète que l'on prépare des Œuvres dudit défunt abbé de CONDILLAC ; que, dans l'intention de seconder les vues du Gouvernement, et voulant, d'un autre côté, se mettre à l'abri de tous reproches des prétendants avoir droit à la propriété desdits manuscrits, il s'est entendu, d'un côté, avec le citoyen Ginguené, Directeur général de l'instruction publique, et, d'un autre côté, avec le citoyen Arnoux, l'un des exécuteurs testamentaires dudit défunt Bonnot de MABLY, et un des légataires de tous ses livres ; et qu'il a été convenu entre eux que les scellés apposés sur la caisse dont il s'agit seraient levés par nous, Juge-de-paix, et de suite qu'il serait fait aussi par nous un état sommaire des livres et manuscrits renfermés dans ladite caisse, pour quoi il nous requiert de, à l'instant, procéder à la levée des scellés apposés par ledit sieur Carré, Commissaire au ci-devant Châtelet, suivant son procès-verbal, en date au commencement du vingt-trois avril mil sept cent quatre-vingt-cinq, le tout à la conservation des droits de qui il appartiendra, en présence dudit citoyen Arnoux, et encore en celle du citoyen Fourchy, Notaire public en cette ville, pour l'absence des autres prétendants avoir droit aux manuscrits dont il s'agit ; et a signé la minute des présentes.

Est aussi comparu le citoyen Guillaume Arnoux, rentier, demeurant à Paris, place Vendôme, n°. 108, section de même nom, premier arrondissement, au nom, et comme l'un des exécuteurs testamentaires de défunt Gabriel Bonnot de MABLY, et conjointement avec feu abbé Chalut à son décès, ancien Chanoine de Belleville,

Étienne Bonnot de Condillac

et Mousnier, rentier, demeurant à Paris, rue Hazard, légataires de la bibliothèque dudit défunt Bonnot de MABLY ; le tout suivant son testament reçu par Bontemps, qui en a gardé minute et son confrère, Notaires à Paris, le vingt-deux avril mil sept cent quatre-vingt-cinq, dûment insinué le huit juillet suivant Durey, expédition duquel testament, représentée par le citoyen Arnoux, a été à l'instant rendue.

Lequel, audit nom, a requis qu'il soit en sa présence procédé, en conséquence de l'invitation du Ministre de l'Intérieur, et de la lettre ci-devant énoncée, adressée à lui comparant le treize prairial présent mois, par le citoyen Ginguené, Directeur général de l'instruction publique, à la reconnaissance et levée des scellés apposés sur la caisse dont il s'agit, et de suite à la description des livres et manuscrits qui se trouveront dans ladite caisse, pour être, lesdits livres et manuscrits, transportés à la direction générale de l'instruction publique, conformément aux vues dudit citoyen Ministre, mais à là conservation de ses droits ; et a signé la minute des présentes.

Sur quoi, nous, Juge-de-paix susdit, avons donné acte aux parties de leurs comparutions, dires et observations respectives, et de suite, nous avons, sur la représentation dudit citoyen Commendeur, et en présence dudit citoyen Arnoux, et encore en celle dudit citoyen Fourchy, Notaire pour la conservation des droits des autres prétendants à la propriété des livres dont il s'agit, procédé aux dites opérations, ainsi qu'il suit :

Nous avons reconnu sain et entier, et brisé un scellé en cire noire à cacheter, portant pour empreintes trois carrés portés sur un entablement posé sur la tête d'un sauvage, surmonté d'une couronne, et entouré d'une branche de laurier, appliqué sur une bande de ruban, portant d'un bout sur le dessus, et d'autre bout sur le corps d'une caisse carrée de bois blanc, garnie d'une bandelette de fer, et fermée à serrure ; laquelle caisse, le dit citoyen Commendeur nous a déclaré lui appartenir, comme l'ayant achetée pour renfermer lesdits manuscrits ; et ouverture faite avec la clef, mise en nos mains par ledit citoyen Commendeur, nous avons fait description des livres et manuscrits qui s'y sont trouvés, ainsi qu'il suit :

Premièrement, deux volumes *in-douze*, reliés ; *Traité des*

Sensations par l'abbé de CONDILLAC, dans lesquels sont des notes marginales, et plusieurs carrés de papier collés à plusieurs endroits de chacun desdits volumes ; observons qu'est joint au second volume un imprimé en trois cahiers, intitulé à la première page n°. 185, *Extrait raisonné du Traité des Sensations*, dans lequel sont aussi des notes marginales et des carrés de papier, et finissant à la page 232.

Item, quinze volumes in-octavo, reliés en veau, *Cours d'études pour l'instruction du prince de Parme*, par le même abbé de CONDILLAC, édition de mil sept cent soixante-seize ; le premier volume contient quelques petites notes marginales, et à la 123ᵉ. page, un carré de papier en douze lignes, en remplacement d'un alinéa sur lequel il est collé ; le second volume contient aussi quelques petites notes marginales et corrections dans l'impression, et à la 63ᵉ. page, un carré de papier en neuf lignes, collé sur le bas de ladite page ; le troisième volume contient quelques corrections et petites notes marginales, plus, à la 122ᵉ. page, un feuillet de papier collé, écrit sur le verso en entier, et à la 307ᵉ. page, un autre carré en dix lignes, collé sur le bas de la dernière page ; le quatrième volume contient très peu de notes marginales, mais treize carrés de différentes grandeurs, collés aux cinquième, vingt-septième, quarante-unième, cinquante-deuxième, soixante-quatrième, soixante-septième, cent huitième, cent neuvième, cent trente-unieme, cent cinquante-cinquième, cent cinquante-sixième, cent soixantième, cent soixante-dix-neuvième, cent quatre-vingt-onzième et deux cent quatorzième pages ; le cinquième volume ne contient que très peu de notes marginales, et quelques corrections dans l'impression, le sixième contient aussi quelques notes marginales et cinq carrés, dont un imprimé, à la tête du quatrième livre de l'Histoire Ancienne, lesquelles notes sont collées aux deux cent soixante-quinzième, trois cent vingt-septième, trois cent quatre-vingt-douzième et trois cent quatre-vingt-treizième pages ; le septième contient quelques notes marginales et deux carrés collés aux troisième et deux cent quatre-vingt-neuvième pages ; le huitième volume ne contient que quelques corrections dans l'impression, et deux notes collées aux cent cinquante-cinquième et cent soixante dix-huitième pages ; le neuvième ne contient que quelques corrections dans l'impression ; le dixième contient plusieurs notes marginales ; les onzième, douzième et treizième volumes, ne contiennent que quelques corrections dans l'impression, ainsi que les quatorzième et quinzième.

Item, un volume in-douze, relié en veau, *Traité des Animaux*, par le même abbé de CONDILLAC, édition de mil sept cent soixante-six, dans lequel sont quelques corrections et additions, et un petit carré en cinq lignes, collé à la quatre-vingt-seizième page.

Item, un volume *in douze*, broché, *Traité des Systèmes*, où l'on en démêle les inconvénients elles avantages ; le bas de la page, contenant l'intitulé, est déchiré : cet ouvrage contient plusieurs notes et additions marginales, et en outre, à la huitième page , un carré collé, en neuf lignes ; à la neuvième, une feuille de papier à lettre, aussi collée, écrite sur les quatre pages ; à la quatre-vingt-quinzième, une note aussi collée, en quinze lignes ; à la trois cent cinquante-septième, une note aussi collée, en dix-huit lignes ; à la trois cent cinquante-huitième, une autre en cinq lignes ; à la trois cent soixante-quatorzième, une autre en trente-une lignes, dont quatre rayées ; à la trois cent soixante-quinzième, une autre en trente lignes ; à la trois cent soixante-seizième, une autre aussi en trente lignes ; à la trois cent soixante-dix septième, une autre en vingt-quatre lignes ; à la trois cent soixante-dix-huitième, une autre en treize lignes ; à la trois cent soixante-dix-neuvième, une autre en onze lignes ; à la trois cent quatre-vingt-quatrième, une autre en deux lignes ; à la trois cent quatre-vingt-sixième, une autre en quatorze lignes ; à la trois cent quatre-vingt-septième, une autre aussi en quatorze lignes ; à la quatre cent dix-huitième, une autre écrite sur le verso d'un feuillet de papier à lettre ; et à la quatre cent vingt-neuvième, un cahier écrit sur cinq feuillets entiers, et le recto du cinquième, intitulé, *Chapitre dix-septième, de l'Usage des Systèmes dans les Arts*, paraissant remplacer le dernier chapitre et faire le complément de l'ouvrage.

Item, un volume broché, couvert en papier bleu, intitulé, *du Gouvernement et des lois de Pologne*, Londres, mil sept cent quatre-vingt-un ; contenant plusieurs notes et additions marginales, corrections dans le corps de l'impression, et différentes notes, collées l'une à la page cent dix-huitième, en onze lignes ; l'autre à la page deux cent deuxième, en trente lignes ; une autre à la page deux cent troisième, en vingt-deux lignes ; une quatrième à la page deux cent vingtième, en onze lignes ; une cinquième à la page deux cent vingt-septième, en vingt-une lignes ; une sixième à la page deux cent cinquante-troisième ; servant d'avertissement, en dix-sept lignes ; une septième à la page deux cent soixante-sixième, en dix lignes ; une huitième à la page deux cent soixante-septième, en cinq lignes ; une neuvième à la page deux cent soixante-dix-septième, en sept lignes ; une dixième à la page deux cent quatre-vingt-neuvième, en neuf lignes ; et une onzième et dernière à la page trois cent trentième, en quatre lignes.

Item, un volume intitulé, *Éloge de M. l'abbé de Condillac*, prononcé dans la séance royale d'Agriculture, le 18 janvier mil sept cent soixante-un, ledit volume broché.

Item, un volume broché, intitulé, *le Commerce et le Gouvernement, considérés relativement l'un à l'autre* ; les trois premiers feuillets sont collés et barrés, comme devant être supprimés ; à la quinzième page est une note collée, en sept lignes ; plus, une autre en trois feuillets, faisant suite jusqu'à la vingt-unième page ; à la cinquante-quatrième, une note en trente-trois lignes ; à la cinquante-cinquième, une autre en trente-cinq lignes ; à la soixante-onzième, une feuille de papier à lettre, écrite jusqu'à la moitié de la quatrième page ; à la quatre-vingt-dixième, une note en huit lignes ; à la cent quatre-vingt-quinzième et cent quatre-vingt-seizième, deux notes en sous-lignes, formant la fin du dix-huitième chapitre ; il y a, en outre, dans le volume, plusieurs notes marginales et plusieurs corrections dans le corps de l'impression.

Item, dix cahiers, format *in-douze*, imprimés, faisant partie d'un ouvrage sur le Commerce, dans lequel est une note collée, en vingt-quatre lignes.

Item, un cahier de papier à la tellière, en quatre feuilles, daté de Paris, le vingt-six avril mil sept cent quatre-vingt-trois, signé Delerse, capitaine au corps royal du Génie, contenant des réflexions sur les Observations de l'Histoire de France, par MABLY. Il est observé que toutes les notes marginales, ainsi que les carrés ci-dessus désignés, sont de la main dudit défunt abbé de CONDILLAC.

Item, dans un carton, portant pour suscription *M. l'abbé de* CONDILLAC, mil sept cent soixante-huit, se sont trouvés les manuscrits ci-après :

Un cahier eu quatorze feuillets écrits, intitulé, *du Cours et de la*

Marche des Passions, considérées dans le corps entier de l'État.

Un cahier en onze feuillets pleins écrits, dont le premier est détaché.

Les deux cahiers ci-dessus sont de la main de l'abbé MABLY.

Une feuille de papier à la tellière, écrite sur les quatre pages, intitulée, *Éclaircissement que m'a demandés M. Poté, de la doctrine à Périgueux*, à laquelle est jointe une lettre dudit Poté, audit défunt abbé de CONDILLAC.

Un cahier de douze feuilles, *idem*, intitulé, *la Langue des Calculs*, ouvrage élémentaire, dont les observations, faites sur les commencements et sur les progrès de cette langue, démontrent les vices des langues vulgaires : et font voir comment on pourrait dans toutes les sciences réduire l'art de raisonner à une langue bien faite ; ledit cahier écrit sur le recto seulement de chaque feuillet.

Un cahier sur grand papier à lettre, intitulé, *Correction sur le traité des Systèmes*, en onze feuillets.

Vingt-un cahiers, papier à la tellière, intitulé, *des Opérations du Calcul avec les chiffres et avec les lettres*, le tout écrit sur le recto seulement de chaque feuillet.

Deux cahiers sur papier à lettre ordinaire, contenant ensemble douze feuillets écrits, intitulé, *Suites des corrections du cours d'Études*.

Un autre sur grand papier à lettre, en huit feuillets, intitulé, *Correction pour l'Art de Penser*.

Une feuille de pareil papier, *Correction pour l'art de Raisonner*.

Un cahier, *idem*, en huit feuillets, *Correction pour le Commerce*.

Un autre en douze feuillets, *Correction pour l'Extrait raisonné du Traité des Sens*.

Un autre en sept feuillets écrits, *Suite des corrections pour le Traité des Sensations*.

Un cahier de grand papier commun en deux feuilles, paraissant avoir rapport au Traité des Systèmes, le tout écrit de la main dudit défunt abbé de CONDILLAC.

Et enfin, un écrit en deux feuilles détachées, intitulé, *Aux peuples des Pays-Bas*, au bas duquel est une signature qui a été effacée ;

Procès-verbal de levée des scellés

Qui sont, tous les livres et manuscrits qui se sont trouvés dans la caisse dont il s'agit, tous lesquels sont, du consentement des autres parties, restés en la garde et possession dudit citoyen Commendeur, qui le reconnaît et s'en charge pour, au désir de la lettre du citoyen Ministre de l'Intérieur, ci-devant datée, remettre lesdits livres et manuscrits à la direction générale de l'instruction publique ; et ont lesdites parties, signé, sous toutes réserves de droits, avec nous et notre Greffier, la minute des présentes.

Plus bas est écrit : Enregistré à Paris, le vingt-trois prairial, an quatre de la République ; reçu vingt francs.

Signé Le Clerc.

Suit la teneur des deux lettres, l'une du Ministre de l'Intérieur, l'autre du Directeur général de l'instruction publique, qui ont donné lieu aux susdites opérations.

Paris, le vingt trois floréal, an quatre de la République, une et indivisible.

LE MINISTRE DE L'INTÉRIEUR,

Au citoyen Commendeur, Huissier-Priseur, Vieille rue du Temple, près celle Antoine.

« Il se prépare, citoyen, une édition nouvelle des Œuvres de Condillac ; comme ces ouvrages sont du nombre de ceux qui sont le plus utiles à l'éducation, je désire que l'édition qui va s'en faire, soit la plus complète possible. Je sais que vous avez en votre garde et sous les scellés, depuis plus de dix ans, une caisse de bois, renfermant plusieurs volumes des ouvrages de Condillac ; où cet écrivain a mis un grand nombre de notes marginales, et a joint quelques cahiers écrits de sa propre main. Je vous invite, citoyen, à remettre cette caisse à la direction générale de l'instruction publique, cinquième division de mon ministère, afin que les volumes qui y sont déposés servent à perfectionner l'édition complète qui va être donnée d'ouvrages aussi utiles au public. »

Plus bas : Salut et fraternité.

Étienne Bonnot de Condillac

Signé BÉNÉZECH.

En marge est écrit : Signé et paraphé au désir du procès-verbal de levée de scellés, et description faite par le Juge-de-paix de la section de l'Homme-Armé ; à Paris ce jourd'hui, vingt-deux prairial, an quatre.

Signé COMMENDEUR, *avec paraphe.*

Paris, le treize prairial, l'an quatre de la République française.

LE DIRECTEUR GÉNÉRAL
DE L'INSTRUCTION PUBLIQUE,

Au citoyen ARNOUX, place Vendôme, n° 108.

« Je vous préviens, citoyen, que le citoyen Commendeur a écrit au Ministre, et m'a assuré de vive voix qu'il est prêt à remettre les ouvrages imprimés et manuscrits de CONDILLAC, dont il est resté dépositaire, mais qu'il faut pour sa décharge que les scellés soient levés par un officier public. Il désire donc que vous vous concertiez avec lui à cet effet. Si vous voulez vous transporter chez lui, ou lui écrire pour prendre son jour et son heure, son adresse est présentement rue Sainte-Croix de la Bretonnerie, n°. 56. Il m'a prévenu qu'il serait à la campagne depuis le 20 jusqu'au 23 courant. »

Salut et fraternité.

Signé GINGUENÉ, *avec paraphe.*

Et en marge est écrit : Signé et paraphé au désir du procès-verbal de levée de scellés et description faite par le Juge-de-paix de la section de l'Homme-Armé ; à Paris, ce jourd'hui vingt-deux prairial, an quatre.

Signé ARNOUX.

Pour expédition conforme à la minute, demeurée au greffe de Paix de la section de l'Homme-Armé, à Paris.

FARIAU ; BIAUCH, *Secrétaire-greffier.*

Procès-verbal de levée des scellés

ISBN : 978-1523728893